3판

이 해 하 기 쉬 운

조리과학

UNDERSTANDING CULINARY SCIENCE

3판

이해하기 쉬운
조리과학

송태희 · 우인애 · 손정우 · 오세인 · 신승미 지음

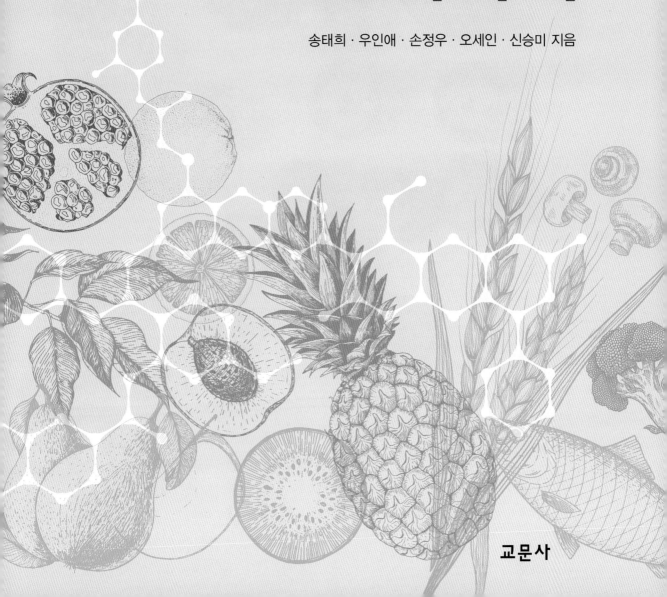

교문사

과학적인 기기가 없던 시절에도 우리 선조들이 조리에 적용한

원리는 참으로 과학적이었습니다. 예를 들면 식혜를 만들 때 아랫목에서 삭혀서 엿기름에 있는 β-amylase를 활성화시켰으며, 청국장에 짚을 넣고 따뜻한 곳에서 발효시키면서 *Bacillus subtillis*를 작용시키는 등 조리에 과학적인 원리를 적용시킨 것이 많습니다. 또한 "떡 줄 사람은 생각지도 않는데 김칫국부터 마신다."는 속담에서는 떡을 먹은 후에 동치미 국물을 마심으로써 무에 있는 전분 분해효소의 작용으로 소화를 시키는 원리 등 조리, 식품제조 및 식생활 전반에 걸쳐 다양한 과학적인 원리가 담겨 있습니다.

그러나 조리는 누구나 쉽게 할 수 있는 것이라 여기고, 과학적인 원리나 계량화, 과학화보다는 손맛이 중시되는 것이 안타까웠습니다.

이에 저자들은 강의하면서 수집한 조리의 과학적인 원리를 조리 및 식생활에 적용할 수 있도록 이해하기 쉽게 구성하였으며, 이 교재를 바탕으로 영양사, 영양교사, 조리사 등의 수험 준비를 쉽게 하기 위해서 일목요연하게 정리하였습니다.

이 책은 재료의 특성, 영양성분, 조리에 수반된 과학적인 원리와 적용 음식 및 실생활에 유용한 식품 조리 관련 용어나 식품학적 상식을 포함한 총 16장으로 구성하였습니다. 식품영양학, 조리학, 외식산업학 등 식품·조리 관련 전공자들이 단체급식 및 조리 현장에 적용되는 조리의 과학적인 원리를 이해하고 적용하길 바랍니다.

몇 번의 개정을 거쳤음에도 불구하고 아직도 부족한 부분이 있습니다. 4차 산업혁명시대에 새로 연구되는 과학적인 자료의 지속적인 보충과 여러 전문가들의 조언을 통해 보다 나은 조리과학의 지침서가 될 수 있도록 지속적인 보완을 해 나가겠습니다.

아울러 이 책이 출판되도록 도와주신 교문사 류제동 회장님, 영업부 정용섭 부장님과 편집부 이유나 선생님께 깊은 감사를 드립니다.

2020년 10월

저자 일동

06

밀가루

07

육류

10

우유 및 유제품

11

두류

13

채소류

12

유지류

14

과일류

15

해조류 및 버섯류

16

젤라틴과 한천

CHAPTER
01

: 조리과학의 개요

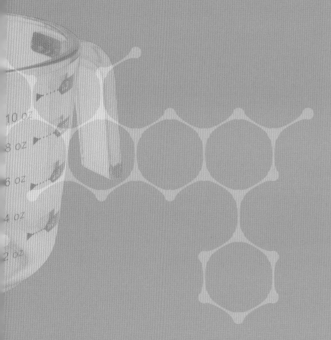

CHAPTER
01

: 조리과학의 개요

조리에 영향을 미치는 물, 온도 등의 특성과 과학적인 조리를 위한 올바른
계량법과 조리기구에 대해 이해함으로써 합리적인 조리법을 연구할 수 있다.

1. 조리과학의 정의 및 목적

1) 조리과학의 정의

사람은 식품재료를 조리해 먹음으로써 위생적, 영양적이며 식품의 특성을 향상시켜 기호성을 좋게 하고 건강을 증진시킨다. 음식은 그 민족의 자연환경, 역사, 문화의 변천에 영향을 받아 고유한 전통문화를 계승시키는 수단이 된다. 따라서 조리의 의미를 확대하면 식문화에 영향을 미치는 여러 가지 요소를 이해하여 이를 식사계획에서부터 식품선택, 조리방법 및 상차림 등 전반적인 과정에 포함시키는 것이다. 이와 같이 조리는 음식의 맛과 기쁨 그리고 건강 등에 대단히 중요한 일이다.

조리를 과학적으로 연구하기 위해서는 조리과정에서 일어나는 생물학적·물리화학적인 변화를 올바르게 이해하며, 그 외에도 식품재료의 종류, 식품성분의 기능, 조리조작의 의의 등을 아는 것이 중요하다. 더 나아가서 생산, 가공, 유통에 관련된 사항뿐만 아니라 식품학, 영양학, 위생학, 생리학 등을 포함하여 생물학, 화학, 물리학 등에 대한 지식을 포괄적으로 익혀야 한다.

이런 관점에서 조리과학은 식품을 구성하고 있는 성분들이 조리과정에서 일어나는 변화의 원인과 결과를 과학적으로 규명하여 합리적인 조리법을 연구하는 학문이다.

2) 조리의 목적

조리를 함으로써 식품에 함유되어 있는 영양소의 파괴를 방지하고 영양소를 보존하며, 소화흡수율을 증가시켜 소화성을 향상시키고, 풍미와 질감을 증진시키며, 유해성분을 제거하여 안전성 및 저장성을 향상시킬 수 있다.

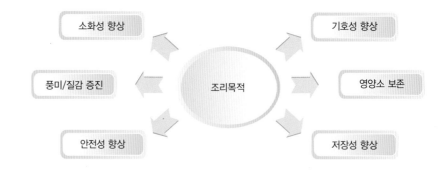

그림 **1-1**
조리의 목적

소화성 향상

기호성 향상

풍미/질감 증진

조리목적

영양소 보존

안전성 향상

저장성 향상

그러나 가열은 일부 영양소를 파괴할 수 있고, 부적절한 가열은 질감 또는 색을 변화시켜 식욕을 감소시키고, 발암성분을 생성하기도 한다.

2. 조리와 용액

1) 물의 성질

식품에 널리 존재하며 독특한 특성을 갖고 있는 물은 극성을 띠고 있어 용매로 식품성분이나 조미료를 용해시키는 등 조리 시 중요한 역할을 한다.

물의 구조는 두 개의 수소원자가 한 개의 산소원자에 결합되어 있는 형태이며, 결합각은 약 104.5°이다. 이 배열은 전자를 산소 쪽에 밀집되도록 하여 산소는 음전하를, 수소는 양전하를 띠게 되므로 물분자는 양극성을 나타낸다. 따라서 한 물분자의 산소와 다른 물분자의 수소가 수소결합으로 단단히 결합되어 있어 물은 다소 높은 온도에서도 액체상태로 존재할 수 있다.

물은 1기압하에서는 100℃에서 끓고, 0℃에서 언다. 비중은 4℃에서 1로 최대이며, 얼음은 물보다 가볍다. 물이 기화할 때에는 기화열100℃에서 539.7cal/g이, 얼음이 녹을 때에는 융해열0℃에서 79.7cal/g이 필요하다. 또 물의 비열은 대

> **비열(比熱)**
> specific heat
> 1g인 물체의 온도를 1℃(14.5℃ → 15.5℃) 높이는 데 필요한 열량
>
> **물의 비열**
> 1cal/g℃

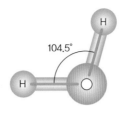

그림 **1-2**
물분자 구조

단히 커서 끓거나 냉각하기 어렵다. 이러한 특성은 가열조리와 관계가 깊다.

(1) 끓는점

물은 일정한 압력과 온도에서 기화氣化가 시작되는데, 이때 기화가 시작되는 온도를 끓는점boiling point이라 한다. 즉, 끓는점은 증기압이 대기압보다 높아지는 순간의 온도이다.

대기압은 끓는 온도에 영향을 주는데, 고도가 높아지면 대기압이 낮아져서 끓는 온도가 내려간다. 그러므로 산에서 조리할 때는 더 오래 가열해야

> **대기압**
> 지구를 둘러싸고 있는 대기가 그것과 접촉하고 있는 면에 대해 작용하는 단위면적당 힘으로, 대기압의 표시는 760mmHg로 하고 이를 1기압이라고 한다.
>
> **증기압**
> 액체 또는 고체가 증발하는 압력

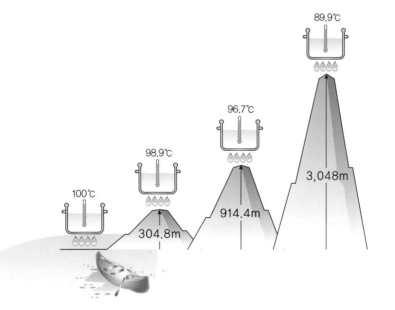

그림 **1-3**
대기압과 끓는점

그림 **1-4**
증기압과 끓는점

100.00℃   100.52℃   101.04℃

증류수   설탕물
(설탕 342.30g/물 1L)   소금물
(소금 58.45g/물 1L)

한다. 이때 가압냄비를 사용하면 냄비의 뚜껑이 잘 밀폐되어 수증기를 가두게 되고, 그 에너지가 냄비 안으로 전도되면서 압력이 높아져 물의 끓는 온도가 높아진다.

증기압은 끓는 온도에 영향을 주는 또 다른 인자이다. 설탕과 소금은 용액의 증기압을 낮춰 더 많은 열을 공급해야 용액이 끓는다. 실제로 설탕용액의 끓는 온도는 설탕$C_{12}H_{22}O_{11}$, 분자량: 342.30 1몰랄 농도당 0.52℃씩 높아지고, 소금 용액의 끓는 온도는 소금NaCl, 분자량: 58.45 1몰랄 농도당 1.04℃씩 높아진다. 그 이유는 소금은 물에 녹아 나트륨이온Na^+과 염소이온Cl^-으로 이온화되어 설탕과 같은 비이온화 물질보다 끓는 온도를 2배 증가시키기 때문이다. 그러나 교질용액이나 부유상태를 형성하는 큰 입자, 즉 단백질이나 불용성 입자들은 증기압에 크게 영향을 미치지 않는다.

몰랄 농도
molarity
용액의 농도를 나타내는 단위로 용매 1kg에 녹아 있는 용질의 몰수로 나타낸 농도(mol/kg)

몰
mole
1g 분자량

(2) 어는점

순수한 물은 0℃에서 얼지만 설탕물은 어는점freezing point이 설탕 1몰랄 농도당 -1.86℃씩 낮아지고, 소금 1몰랄 농도당 -3.72℃씩 낮아진다. 이 현상은 냉동식품, 특히 냉동후식을 제조, 저장하거나 제공할 때 중요한데, 설탕은 어는점을 낮추기 때문에 설탕 함량이 많은 냉동 후식류의 경우 설탕 함량이 적은 것보다 더 오래 얼려야 한다.

소금은 이온화되므로 설탕에 비해 어는점을 2배 감소시켜 어는 점을 약

-21℃까지 낮출 수 있다. 이런 성질을 이용하여 아이스크림 제조기의 외부를 얼음과 암염의 혼합물로 채운다.

2) 용매로서의 물

물은 자유수또는 유리수와 결합수가 있다. 자유수는 식품 중 염류, 당류, 수용성 단백질과 비타민 등 가용성 물질을 녹이거나 전분, 지질 등과 같은 불용성 물질을 분산시킬 수 있는 용매로 작용하는 물이고, 결합수는 다른 분자에 단단히 결합되어 용매로서 작용하지 못하는 물이다.

조리에 사용되는 물은 일반적으로 자유수로 유해한 화학물질, 미생물, 기타 건강에 해가 되는 물질이 없는 안전한 물이어야 한다.

칼슘이온이나 마그네슘이온 등의 염류를 비교적 많이 함유하고 있는 물을 경수라 하고, 염류를 비교적 적게 혹은 전혀 함유하지 않은 물을 연수라 한다. 경수는 탄산수소이온을 함유하고 있어 끓이면 연수가 되는 일시적 경수와 황산이온이 들어 있어 끓여도 연수가 되지 않는 영구적 경수로 나눌 수 있는데, 영구적 경수도 약품처리나 이온교환수지에 의해 연수로 만들 수 있다.

지하수, 우물물 등 경수는 단백질과 결합하여 단백질을 변성시킨다. 특히 콩이나 육류 등 단백질을 많이 함유한 식품의 조리에는 적합하지 않으며, 차나 커피의 경우 경수의 염과 음료의 탄닌이 상호작용하여 차를 혼탁하게 한다. 증류수와 수도물은 연수에 해당하며, 연수는 멸치 국물 우릴 때, 밥 지을 때, 차를 끓일 때 좋다.

TIP
-

경도hardness
물에 포함되어 있는 칼슘과 마그네슘 양을 탄산칼슘의 ppm으로 환산한 값으로 보통 물 1,000mL 속에 탄산칼슘이 1mg 포함되어 있는 것을 경도 1도라 정한다.

3) 분산상태

식품은 둘 또는 그 이상의 물질로 이루어진 혼합물 또는 분산된 상태인데 이 물질들은 여러 방법으로 서로 결합될 수 있다. 식품의 분산 형태를 결정하는 데 중요한 것은 분산되는 분자 또는 입자의 크기로, 이에 따라 진용액, 교질용액 그리고 현탁액으로 나눌 수 있다.

(1) 진용액

진용액은 1nm 이하의 크기가 작은 분자나 이온이 용해된 것으로 가장 안정한 상태이다.

조리에서 소금이나 설탕은 물에 용해되어 진용액을 형성하는데, 소금물과 설탕물에서 나트륨이온과 염소이온 그리고 설탕 분자는 용질이고 물은 용매이다.

용매의 온도가 높아지면 포화용액을 형성하기 위해 더 많은 용질이 녹는다. 따라서 20℃에서 포화된 설탕용액은 40℃에서는 불포화용액이 된다. 반대로 용액의 온도가 낮아지면 높은 온도에서 용해되었던 설탕을 모두 녹일 수 없으므로 100℃보다 높은 온도에서 끓는 설탕용액은 냉각시키면 과포화될 가능성이 있다.

(2) 교질용액

교질용액colloid은 진용액과 부유상태를 구성하는 입자의 중간 크기인 1~100nm 분자로 분산매dispersing medium와 분산질dispersed phase의 두 개의 상

용액
solution
어떤 물질이 다른 물질 속에 용해되었을 때 균질 상태를 형성한 것(예: 소금물)

용질
solute
용액에 용해되는 물질 (예: 소금)

용매
solvent
용질을 용해시키는 물질 (예: 물)

표 1-1
용액의 종류

종류	특징
불포화용액	일정 온도에서 용매가 용해시킬 수 있는 양보다 적은 용질이 녹아 있는 용액
포화용액	일정 온도에서 용매에 더 이상의 용질이 녹을 수 없는 상태의 용액
과포화용액	일정 온도에서 용매에 용해할 수 있는 용질의 양 이상으로 녹아 있는 불안정한 상태로 용질과 용매가 분리하려는 경향이 큰 용액

으로 이루어지며 이들은 고체, 액체 또는 기체로 구성되어 있다. 일반적으로 단백질은 교질용액을 형성하는데, 그 예로 우유, 두유, 젤라틴 용액을 들 수 있다.

교질용액을 형성하는 분산질의 입자는 브라운 운동Brown movement에 의해 모든 방향으로 움직이고 있기 때문에 분자들끼리 충돌해서 가라앉지 않는다. 그러나 분산질이 성장하게 되면 중력에 의해 가라앉게 되는데 이를 방지해 주는 요인이 두 가지 있다. 하나는 전하로 분산질들이 브라운 운동에 의하여 서로 반발하는 성질이 있어 교질용액으로서의 안정성을 지니게 된다. 또 하나는 친수성 교질hydrophilic colloid성질로서 비교적 큰 분산질이 분산매인 수분을 흡착하는 것으로, 흡착된 수분으로 인해 서로 합쳐지는 것을 방지하므로 안정성을 유지한다. 그러나 소수성 교질hydrophobic colloid성질은 친수성 교질성질과는 반대로 수분을 흡수하지 않아 전해질을 가하면 쉽게 안정성이 깨져 응결현상을 일으킨다. 예를 들어, 우유나 두유에 산이나 무기염 등을 첨가하면 단백질이 응고하므로 치즈나 두부를 만들 수 있다.

"기름과 물은 섞이지 않는다."라는 말과 같이 서로 혼합되지 않는 물질을 흔들어 준다거나 제3의 물질을 첨가하면 혼합된 상태가 된다. 이와 같이 섞이지 않는 두 가지 물질이 혼합된 상태를 유화乳化, emulsion라 한다. 이때 제3의 물질을 유화제emulsifier라 한다.

유화액은 하나의 액체가 서로 섞이지 않는 다른 액체 내에 작은 방울로 분산되어 있는 콜로이드계로, 각 상을 구성하는 액체의 종류에 따라 수중유적형 유화액o/w과 유중수적형 유화액w/o으로 분류한다.

유화안정성은 연속상의 점도, 유화제의 존재와 농도, 방울의 크기, 분산매에 대한 분산질의 비율에 의해 결정되는데, 유화의 형성과 안정성에 영향을 주는 가장 중요한 인자는 유화제의 존재이다.

유화제의 특성은 유화액의 종류에 영향을 주는데, 예를 들어 유화제가 기름보다 물에 더 큰 친화력을 보이면 물의 표면장력은 기름보다 작아져 수중유적형 유화액을 형성한다.

브라운 운동
액체 속 물체의 표면은 끊임없이 액체 분자와 충돌하여 불규칙적인 운동하는 것

콜로이드 입자의 브라운 운동의 경로
○─● 은 30초마다의 움직임을 나타낸 것

분산매
dispersing medium
분산질이 흩어져 있을 수 있게 하는 하나의 연속된 물질

분산질
dispersed phase
작은 단위로 쪼개져 다른 연속된 물질 중에 흩어져 있는 것

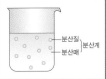

분산질
분산계
분산매

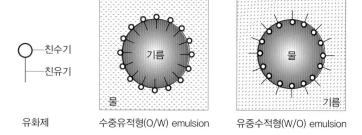

그림 **1-5**
유화제의 작용

친수기
친유기

유화제　　수중유적형(O/W) emulsion　　유중수적형(W/O) emulsion

HLB_{Hydrophilic - Lipophilic Balance} 값은 유화제의 친수성과 소수성 비율로 이 값은 계면활성제의 친수성을 숫자로 나타낸 것이다. 친수성과 소수성의 힘의 균형에 따라 세정, 유화 또는 거품제거 등의 특징을 나타낸다.

표 **1-2**
HLB 값과 용도

HLB 값	용도
0	친유성이 가장 큰 것
1.5~3	거품 제거 작용
3.5~6	유화작용(W/O형 emulsion : 버터와 마가린 제조 시)
8~18	유화작용(O/W형 emulsion : 아이스크림이나 마요네즈 제조 시)
13~15	세정작용
20	친수성이 가장 큰 것

(3) 현탁액

현탁액_{suspension}은 분산되어 있는 물질의 크기가 지름 100nm 이상으로, 물에 용해되지도 않고 크기가 커서 중력에 의해 쉽게 가라앉는다. 가장 대표적인 예가 냉수에 전분이나 밀가루를 풀어 놓은 상태이다.

표 1-3 식품의 분산상태

종류		입자형태(nm)	분산매	분산질	예
진용액		1 이하	액체	고체	설탕물, 소금물 등
교질용액	유화(emulsion)	1~100	액체	액체	샐러드 드레싱, 마요네즈
	졸(sol)		액체	고체	사골국, 젤라틴용액, 우유, 그레비gravy
	겔(gel)		고체	액체	달걀찜, 족편, 커스터드
	거품(foam)		액체	기체	맥주, 사이다, 난백거품
현탁액		100 이상	액체	고체	된장국, 전분액

3. 조리와 온도

최근 냉각에서 가열에 이르기까지 여러 가지 조리기구의 발달로 인해 온도 조절이 가능하게 되고, 식품재료, 식문화의 세계화에 발맞추어 온도와 조리의 관계는 점점 다양해지고 있다.

1) 온도의 단위

온도는 세 종류의 단위에 의해 측정되고 있는데, 섭씨Celsius, ℃와 화씨 Fahrenheit, ℉가 상용되고, 절대온도Kelvin, K는 과학적 용도에 사용된다.

섭씨온도는 1기압에서 물과 얼음이 공존하는 온도를 0℃, 물이 끓는 온도를 100℃로 하여 그 사이를 100등분한 것이다. 화씨온도는 물의 어는점을 32℉로 하고, 끓는 점을 212℉로 하여 두 점 사이를 180으로 균등하게 구분한 것이다.

섭씨와 화씨의 상호 환산법은 다음과 같다.

$$섭씨 = \frac{5}{9}\,(°F - 32)$$

$$화씨 = \frac{9}{5}\,(℃) + 32$$

그림 **1-6**
화씨와 섭씨 온도의
비교

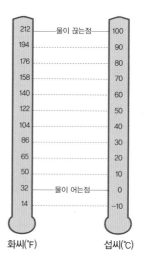

화씨(°F)　　　섭씨(℃)

2) 열의 이동

물이나 기름, 공기 및 수증기 등 식품에 직접 열을 전달하는 것을 열매체라고 한다. 열원에서 식품으로의 열 이동 형식은 전도, 대류, 복사의 세 종류가 있다. 조리조작에 의해 이것이 단독으로 또는 복합적으로 식품에 열을 전달하고 열손실도 가져온다.

(1) 전도

전도conduction에 의한 열전달은 물질 이동 없이 열에너지가 높은 온도에서 낮은 온도로 이동한다. 이 이동하는 열에너지의 크기는 온도차와 물질이 갖고 있는 열전도율에 비례한다. 기체의 열전도는 액체에 비해 상당히 작아

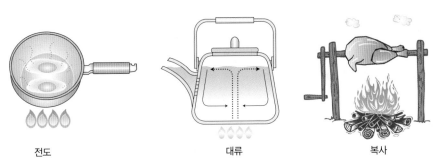

그림 **1-7**
열의 이동

전도   대류   복사

열을 전달하기 어렵다. 극성이 큰 물과 다가알코올과 같은 액체의 경우 기름
에 비해 열전도율이 크다. 또 액체와 기체의 경우 실제로는 대류와 함께 열
이 전달되며, 고체의 경우 열전도율은 밀도와 불순물 등에 의해 영향을 받
기 때문에 주의가 필요하다.

> **전도율**
> 열의 전달 정도를 나타
> 내는 물질에 관한 상수

조리기구 등의 재질에는 은, 구리, 알루미늄, 철 등 금속이 유리나 도자기
보다도 열전도율이 커서 열을 전달하기 쉽다. 한편 열전도율이 나쁜 톱밥,
석면, 유리섬유, 코르크 등은 단열재로 보온, 보냉에 이용된다.

원소기호	열전도율(cal/cm·s·℃)
은(Ag)	1
구리(Cu)	0.94
알루미늄(Al)	0.57
철(Fe)	0.175
백금(Pt)	0.165
주석(Sn)	0.156
티탄(Ti)	0.037
유리	0.002
공기	0.000051

표 **1-4**
각종 물질의 열전도율

TIP -

라면을 알루미늄 냄비에 끓이면 맛있는 이유는?
알루미늄은 열전도율이 높아 조리수가 끓는점까지 단시간에 올라가기 때문이다. 또한 라면을 끓일 때 한
꺼번에 여러 개를 끓이는 것보다 한 개씩 끓이는 것이 맛이 더 좋다.

(2) 대류

액체나 기체는 온도에 따라 부피와 밀도가 달라진다. 즉, 온도가 높아지면 부피가 커지고 밀도는 작아져서 위로 올라가게 되고, 온도가 낮아지면 부피는 작아지고 밀도가 커져서 아래로 내려오게 된다. 이런 밀도의 차에 의해 액체나 기체가 이동하면서 열이 전달되는 현상이 대류convection이다.

대류는 온도 차에 의해 자연적으로 발생하는 자연대류와 외부의 힘에 의해 강제적으로 열을 전달하는 강제대류가 있다. 젓기 등으로 강제대류를 하면 열전달속도가 빠르고, 단시간에 온도 차가 적어진다.

점성이 있는 액체나 고형물이 있는 경우 자연대류가 일어나기 어렵기 때

> 밀도
> g/cm³
> 일정 온도에서 물질의
> 단위 부피당 질량

그림 **1-8**
조리 시 열의 이동의 예

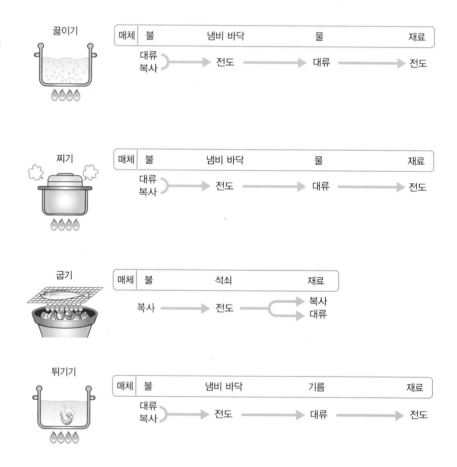

끓이기	매체	불	냄비 바닥	물	재료
		대류 복사 →	전도 →	대류 →	전도 →

찌기	매체	불	냄비 바닥	물	재료
		대류 복사 →	전도 →	대류 →	전도 →

굽기	매체	불	석쇠	재료
		복사 →	전도 →	복사 대류

튀기기	매체	불	냄비 바닥	기름	재료
		대류 복사 →	전도 →	대류 →	전도 →

문에 신속하게 온도를 올리기 위해 젓기가 필요하지만, 반대로 식히기 어렵기 때문에 보온성은 좋다. 부채질하는 것은 식품주변의 공기를 강제 대류시켜 빨리 냉각시키는 방법이다.

(3) 복사

복사radiation는 열을 전달해 주는 물질없이 열에너지가 직접 식품에 전달되는 현상으로 복사열이 일단 식품의 표면에 흡수된 후 전도에 의해 식품 내부로 이동한다. 특히 숯불구이와 같은 가열은 복사에 의해 전달되는 열량이 많다. 조리기구의 재질은 복사열 흡수에 영향을 주는데 표면이 검은색이거나 거친 것일수록 복사열의 흡수는 크다.

3) 조리와 관련된 온도

조리와 관계가 있는 온도는 조리온도, 식품 또는 식품성분이 변화하는 온도, 체온, 환경 온도, 급식 온도 등이 있다.

(1) 조리온도

보통 가열조리법은 삶기, 찌기, 튀기기, 굽기로 대략적인 온도는 삶기가 70~100℃압력솥에서는 110~120℃, 찌기는 85~100℃, 튀기기는 120~200℃, 구이는 100℃ 이상의 고온이다.

비가열조리법과 발효는 일반적으로 실온에 가까운 온도에서 이루어진다.

실온보다 낮은 온도에서 냉각하는 조리는 젤라틴을 이용한 음식으로 0~10℃에서 이루어지고, 아이스크림 등 빙과는 0℃ 이하의 냉동고에서 이루어진다.

(2) 체온과 환경온도

실온, 체온 부근에서 변화가 일어나는 것은 주로 지방의 융점과 관계가 있다. 버터는 20℃ 이상이 되면 부드럽게 되기 시작하기 때문에 냉장고에 보관한다. 파이를 만들 때 실온이 낮은 계절, 또는 냉방이 잘된 실내에서 만들면 용해된 버터의 가소성이 손상되고 또한 빨리 조작하지 않으면 손의 체온으로 녹아버리게 된다. 돼지고기나 닭고기 등 지방의 융점이 체온으로 녹는 경우에 입안에서 촉감이 좋고, 사람의 체온보다 지방의 융점이 약간 높은 쇠고기나 마가린 등의 경우는 따뜻하게 먹는 것이 맛이 좋다.

> **가소성**
> 고체지방이 외부에서 가해지는 힘에 의해 자유롭게 변하는 성질
>
> **융점**
> 고체가 녹아서 액체가 되기 시작하는 온도로 녹는점이라고도 한다.

(3) 급식 온도

급식 시 온도를 조절하는 것도 조리인데 뜨거운 음식은 60~65℃에, 차가운 음식은 5~10℃에서 맛있게 먹을 수 있다.

표 **1-5**
식품과 식품성분이
변화하는 온도

온도 범위	작용
약 −20~0℃	• 아이스크림, 셔벗 등 만드는 온도
0~20℃(실온)	• 젤라틴 젤리가 굳는 온도 • 올리브유나 땅콩기름이 하얗게 굳는 온도
20~50℃	• 한천 젤리가 굳는 온도 • 육류와 조류의 지방 융점 온도 • 미생물이 잘 번식하여 음식물이 부패하기 쉬운 온도 • 발효 온도
50~100℃	• 전분의 호화가 일어나는 온도 • 단백질의 열응고가 일어나는 온도 • 채소 조직의 연화가 일어나는 온도 • 육류 등 육색소의 변화가 일어나는 온도
100~200℃	• 구이, 튀김의 온도 • 아미노카르보닐 반응이나 캐러멜화 반응 등으로 인한 향기와 갈변화가 일어나는 온도 • 캔디 제조 온도 • 잼 등 펙틴 젤리를 졸이는 온도 • 전분의 호정화가 일어나는 온도
200~300℃	• 단시간에 표면처리를 행하는 경우 사용되는 온도 • 시간이 경과하면 표면이 흑색으로 타게 되고 내부까지 건조하여 부피가 줄어드는 온도

온도(℃)	예
−2~0	• 김치 맛이 변하지 않는 온도
4	• 요구르트가 맛있는 온도
5	• 채소 보관에 적당한 온도 • 사이다, 소다수가 맛있는 온도
8~12	• 주스, 맥주가 맛있는 온도 • 쌀 보관에 적절한 온도
12~14	• 와인 보관에 적절한 온도 • 바나나가 숙성되는 온도
32~33	• 현미가 발아하는 온도 • 초콜릿이 녹는 온도
36~38	• 아기의 우유 온도
40	• 요구르트, 청국장이 발효하는 온도
50~60	• 청주가 맛있는 온도
65	• 커피, 홍차의 최적 온도
70	• 수프, 된장국의 최적 온도
91~96	• 전골의 최적 온도 • 커피 끓이는 물의 온도

표 **1-6**
식생활과 관련된
최적 온도

4. 조리와 조리기구

조리조작이 재현성을 갖고 계획적으로 이루어지기 위해서는 식품, 조미료의 정확한 계량, 적절한 조리온도, 시간의 계측 등에 관해 기본적인 조작 능력이 있어야 한다. 특히 정확한 계량을 하기 위해서는 적합한 계량기구를 사용하여야 하며, 올바른 사용기술이 필요하다. 부피를 측정할 때는 액체 표면의 아랫부분meniscus을 눈과 같은 높이로 맞추어 읽어야 하며, 저울을 사용할 때는 0으로 맞춘 후 재료를 올려놓고 재야 한다.

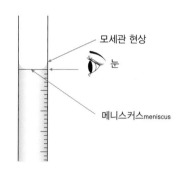

그림 **1-9**
부피 측정용 기구
읽는 법

모세관 현상

눈

메니스커스meniscus

1) 계량기구

(1) 중량

중량은 일반적으로 저울을 사용한다. 중량으로 계량하는 것이 정확하지만, 소량을 조리할 때는 용량으로 환산하여 계량스푼을 사용하는 것이 간단하다. 다량조리에서 식품, 조미료를 사용할 때는 중량에 의하는 경우가 많으므로 자주 쓰는 식품의 목측량을 알아두면 좋다.

그림 **1-10**
저울의 종류

저울   전자저울(대용량)   전자저울(소용량)

(2) 용량

액체, 가루 등의 용량은 계량컵이나 계량스푼을 사용하여 계량하는 것이 편리하고 효율적이다. 일상적으로 자주 사용하는 식품이나 조미료 등은 용량과 중량의 관계를 알아두면 편리하다.

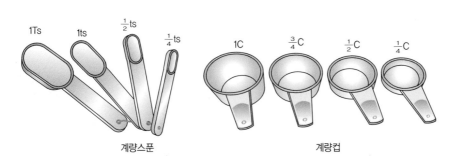

그림 **1-11**
계량스푼과 계량컵

계량스푼

계량컵

(3) 온도

튀김, 구이, 찜, 겔 식품, 빵 발효 등의 조리조작 과정에서는 온도관리가 필수적이다. 온도계는 100℃, 200℃, 300℃ 용의 온도계가 있는데 식품의 내부 온도, 표면 온도 측정 등 사용목적에 따라 선택하는 것이 좋다.

① 유리 막대 온도계

알코올이나 수은이 들어 있는 유리 막대 온도계는 파손 시 유리나 맹독성 수은의 혼입 위험성이 있어 식품의 온도 측정에는 적합하지 못하다.

② 탐침 온도계

바이메탈의 열팽창 차이를 이용한 탐침 온도계는 탐침 끝 1~2mm 부분에서 온도를 감지한다. 식품 속에 넣어 온도를 측정해야 하기 때문에 사용 시 탐침부위는 70% 알코올로 소독하여 오염을 방지하여야 한다. 바비큐 그릴 온도계 등 육류용과 높은 온도를 측정하는 튀김용 온도계 등이 있다.

③ 유압식 다이얼 온도계

유압식 다이얼 온도계는 대형 냉장고walk-in cooler나 냉동고 벽면에 부착하여 내부의 온도를 나타내는 용도로 많이 사용된다. 이 경우 중간의 코일 부분을 꺾이지 않게 감고 온도감지 센서 부분이 수직으로 유지되도록 해야 바른 온도를 나타낼 수 있다.

그림 **1-12**
온도계의 종류

유리 막대 온도계   탐침 온도계   적외선 비접촉식 온도계   포켓용 온도계

④ 적외선 비접촉식 표면온도계

온도확인은 식품을 검수할 때와 식품을 취급할 때 필요한데 적외선 비접촉식 표면온도계는 식품검수 시, 식품취급 중 온도확인 등에 대단히 유용하다. 식품에 접촉하지 않으므로 온도계의 살균처리가 필요 없고, 식품이나

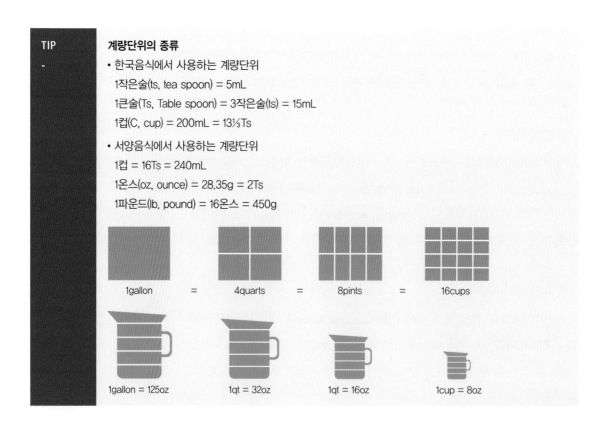

TIP
-

계량단위의 종류

• 한국음식에서 사용하는 계량단위

   1작은술(ts, tea spoon) = 5mL

   1큰술(Ts, Table spoon) = 3작은술(ts) = 15mL

   1컵(C, cup) = 200mL = 13⅓Ts

• 서양음식에서 사용하는 계량단위

   1컵 = 16Ts = 240mL

   1온스(oz, ounce) = 28.35g = 2Ts

   1파운드(lb, pound) = 16온스 = 450g

1gallon = 4quarts = 8pints = 16cups

1gallon = 125oz   1qt = 32oz   1qt = 16oz   1cup = 8oz

포장에 손상을 주지 않으며, 온도를 순간적으로 읽을 수 있다는 장점이 있기 때문이다.

이외에도 식품이나 식자재의 열처리 후 살균 적합 여부를 라벨의 색상변화로 확인할 수 있는 비가열식 써모라벨thermolabel 등이 있다.

(4) 시간

시간의 계측은 작업능률을 높이고, 에너지를 절약하는 데 중요하다. 튀김기, 오븐, 전자레인지 등의 조리기구에는 타이머가 내장되어 있기 때문에 그것을 활용하는 것이 좋고, 일반적으로는 타이머를 이용하는 것이 편리하다.

(5) 당도, 염도, 산도

일반적인 계량 이외에 단맛, 짠맛, 신맛 등을 측정할 경우가 있다. 과일이나 잼 등의 단맛의 정도는 당도계를, 간장이나 국물 등의 짠맛의 정도는 염도계를, 김치의 숙성 정도나 육질 평가 또는 신맛의 정도를 측정할 때는 pH 미터를 사용한다.

2) 계량법

(1) 고체

① 밀가루

일반적으로 밀가루는 입자가 미세하여 저장하는 동안 눌려서 덩어리가 생기고 부피가 줄어든다. 밀가루는 계량하기 전에 한번 체에 친 후 계량컵에 담아 직선으로 된 칼등이나 스파튤라로 수평으로 깎아서 계량한다. 단, 퀵 브레드quick bread, 발효빵, 전밀가루whole flour, 밀배아, 콘밀corn meal, 고운 빵가루 등은 체에 치지 않고 잘 휘저어 가볍게 한 후 계량한다. 그러나 일반적으로 부피보다는 무게로 재는 것이 더 정확하다.

그림 **1-13**
밀가루 계량법

② 설탕

백설탕은 휘저은 다음 계량컵이나 계량스푼으로 계량한다. 흑설탕은 설탕 표면에 시럽의 피막이 있어 설탕입자를 서로 밀착시키려는 경향이 있다. 따라서 흑설탕은 꾹꾹 눌러 담아 수평으로 깎아서 계량한 후 엎었을 때 컵이나 스푼의 모형이 나타나도록 한다.

그림 **1-14**
흑설탕 계량법

③ 지방

지방은 무게를 측정하는 것이 정확하나, 부피로 측정 시 실온에서 계량기구에 꾹꾹 눌러 수평으로 깎아서 계량한다.

그림 **1-15**
고체 지방 계량법

④ 종자치환법(종실법)

빵, 떡, 만두와 같은 고체식품의 부피를 잴 때 좁쌀 등의 종실을 이용하여 부피를 측정하는 방법이다.

즉, 비커에 좁쌀 등의 종실을 가득 담고 부피를 측정하고, 그 종실을 비운 비커에 빵 등의 고체식품을 넣고 그 위에 덜어냈던 종실을 가득 채워 윗면이 수평이 되게 한 후 남은 종실의 부피를 측정하여 빵 등 고체식품의 부피를 측정하는 방법이다.

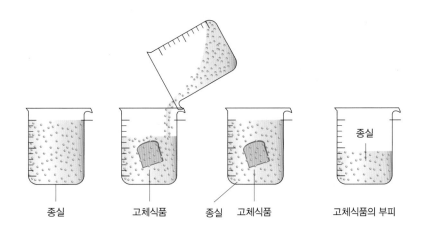

그림 **1-16**
고체식품의 종자치환법

종실   고체식품   종실   고체식품   고체식품의 부피

⑤ **기타**

베이킹파우더, 식소다, 소금, 향신료 등 대체로 적은 양을 측정할 때는 덩어리가 지지 않게 잘 저어서 수북이 채운 후 수평으로 깎아서 계량한다. 견과류, 채소, 과일 다진 것, 건포도, 치즈 간 것은 누르지 말고 가볍게 담아 측정한다. 쌀, 팥 등 입자형 식품은 컵에 가득 담아 살짝 흔들어 윗면을 수평이 되도록 깎아 잰다.

(2) 액체

유리와 같은 투명한 기구를 사용하여 액체 표면 아랫부분을 눈과 수평으로 하여 읽는다. 꿀이나 기름과 같이 점성이 높은 것은 1컵, 3/4컵, 1/2컵, 1/4컵으로 나누어진 할편컵을 사용하는 것이 좋다. 조리용 그릇에 옮길 때는 부드러운 고무주걱으로 잘 긁어 옮긴다.

(3) 달걀

일반적으로 달걀은 중란을 기준으로 하여 개수로 나타낸다. 그러나 경우에 따라 계량컵이나 계량스푼 단위로 표시되어 있을 경우 달걀을 깨뜨려 난백과 난황을 잘 섞은 후 계량한다.

3) 가열조리기구

전기나 가스의 보급에 의해 취반용 전기솥이나 가스솥, 그릴, 오븐, 자동 프라이팬 등이 발달하였다. 또한 전자레인지의 출현으로 가열용기의 범위가 확대되었고 여러 가지 가열방법이 가능하게 되었다. 이와 같이 열원의 변화는 가열조리기구나 용기 사용에 변화를 가져왔고, 그 결과 조리방법에도 영향을 주었다.

TIP
-

냄비의 변색 제거법은?
알루미늄 냄비가 변색되었을 때는 사과 껍질이나 레몬 껍질을 얇게 썰어 물과 함께 10분 정도 삶으면 원래의 색깔로 돌아온다. 또한 스테인리스 냄비가 하얗게 얼룩이 생기면 사과 껍질이나 레몬 껍질에 물을 조금 넣고 끓여낸 후 중성세제로 씻어 주면 된다.

CHAPTER
02

: 조리방법과 기본양념

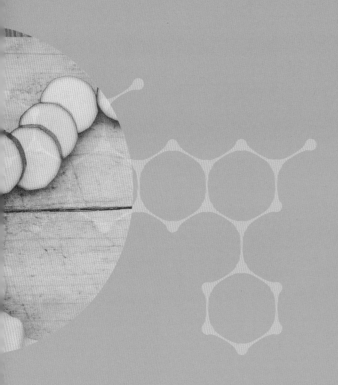

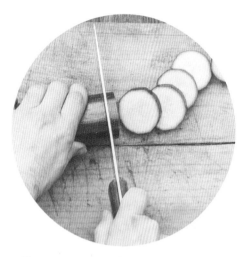

CHAPTER
02

: 조리방법과 기본양념

식품을 사용하여 먹을 수 있는 상태로 음식물을 만드는 조리방법에는 기본
조리조작법인 다듬기, 씻기, 담그기, 썰기, 섞기, 냉각, 냉동, 해동 등이 있으며,
또한 재료를 가열하지 않고 생것 그대로 이용하는 비가열조리법과 열을
가하는 가열조리법이 있다.

1. 기본 조리조작

1) 다듬기

다듬기는 식품재료를 조리할 수 있도록 전처리하는 과정으로, 이 과정에서 먹을 수 없는 부분이 제거된다. 폐기율은 식품 전체의 무게에 대하여 폐기되는 식품의 무게를 백분율로 나타낸 것으로 채소류는 6~10%, 생선류는 30~50%, 육류는 30% 정도이다. 조개류, 생선류, 뼈를 포함한 육류 등은 폐기율이 높고 곡류, 채소류 등은 폐기율이 낮다.

$$폐기율(\%) = \frac{폐기된\ 식품의\ 무게(g)}{식품\ 전체의\ 무게(g)} \times 100$$

2) 씻기

조리를 위생적으로 하기 위하여 제일 먼저 이루어지는 단계는 씻기이다. 그 목적은 식품에 부착된 불순물과 미생물, 기생충알, 농약 등의 유해물을 없애고 나쁜 맛을 내는 성분을 제거하기 위함이다. 주로 흐르는 물을 이용하여 씻는데, 어패류 등은 2~3%의 소금물을 이용하여 표면의 점액질이나 세균을 제거한다. 채소나 과일은 전용 세정제를 최소 농도로 사용하기도 하는데, 세제를 사용할 경우는 사용기준에 따라 단시간에 씻고 깨끗이 헹구어 세제가 식품에 남지 않도록 한다. 식품은 수용성 성분의 손실을 줄이기 위해서 썰기 전에 씻는 것이 바람직하며, 쌀을 씻을 때 씻는 횟수가 적을수록 비타민 B군의 손실이 적으므로 3회 정도 씻는 것이 적당하다. 또한 쌀을 씻은 후에 오래도록 불리는 것은 쌀겨 냄새가 나는 원인이 되기도 할 뿐만 아

그림 **2-1**
쌀 씻는 요령

쌀 분량의 2~3배 물을 붓고 가볍게 섞듯이 씻는다.

물을 2~3회 갈아 헹구어 내면서 씻는다.

2배 정도의 물을 부어 30분에서 1시간 정도 불린다.

니라 밥알의 모양도 뭉개져 밥맛이 떨어지므로 오히려 좋지 않다.

3) 담그기

담그기는 식품을 물이나 조미액에 담그는 과정으로 건조식품에 수분을 공급하고 조직을 연화시키며 떫은맛, 쓴맛 등의 수용성 성분이나 불필요한 성분을 용출시키고, 식품의 갈변을 방지하며 조미료를 침투시키는 효과가 있다.

그림 **2-2**
찹쌀과 멥쌀의
흡수율

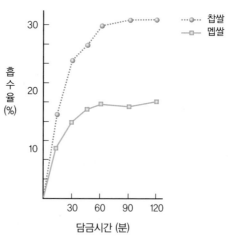

자료: 貝沼やす子(調理科學研究會 編)(1984). 調理科學(p.248). 光生館.

(1) 수분흡수

곡류, 두류, 채소류, 버섯류, 어패류, 해조류 등의 건조식품은 가열하기 전에 물에 담가 수분을 흡수시키면, 조직이 연화되고 팽윤하여 열전도가 빠르고 고르게 된다. 식품에 따라 흡수시간, 흡수속도, 흡수량이 다르며 흡수속도는 수온이 높을수록 빠르고, 흡수량은 흡수속도와 흡수시간에 의하여 결정된다. 쌀은 30분경에 급속히 흡수되어 2시간이면 포화되므로 쌀을 씻은 후 최소한 30분은 담그어 두는 것이 좋다.

또한 건조식품이 수분을 흡수하면 무게가 증가하는데, 쌀은 1.2~1.3배, 미역은 8~9배의 증가율을 보인다. 식품을 조리할 때는 증가한 양을 고려하여 조미료와 양념을 사용하여야 한다.

(2) 성분의 용출

고사리, 도라지, 우엉 등의 떫은맛이나 쓴맛, 아린맛 성분은 주로 수용성이므로 물에 담그는 과정에서 제거된다. 고등어자반, 염장 미역, 염장 다시마 등과 같이 염도가 높은 식품은 1.5% 정도의 소금물에 담가 짠맛을 감소시킨다.

(3) 변색 방지

사과, 감자, 연근, 우엉 등의 껍질을 벗겨 공기 중에 방치하면 갈색으로 변하는데, 이는 식품 중 산화효소에 의한 것이다. 이와 같은 갈변현상을 방지

표 2-1
건조식품의 무게 증가율

건조식품	무게 증가율(배)	건조식품	무게 증가율(배)
미역	8~9	고사리	6~7
다시마	4~5	해삼	4~5
당면	6~7	홍합	2~3
표고버섯	6~7	콩(대두)	2~3
목이버섯	7~8	쌀	1.2~1.3

하기 위해서 물에 담가 산소와의 접촉을 피하거나 소금물, 식초물에 담가 효소의 활성을 억제시킨다.

(4) 조미료의 침투 효과

식품을 조미액에 담그면 삼투압 작용에 의하여 양념 중의 맛 성분이 식품에 배어 드는 효과가 있으며, 피클이나 장아찌처럼 농도가 짙은 조미액에 오랜 시간 담가 두면 저장성이 높아진다.

또한 맛을 내기 위하여 조미료를 넣을 때는 설탕, 소금, 식초, 간장, 된장 등의 순서로 넣는다. 설탕의 분자량은 342.30으로 25℃ 수용액에서 확산계수가 2.094×10^{-6}cm/sec이고, 소금은 분자량이 58.45로 확산계수는 1.09×10^{-5}cm/sec이다.

분자량과 확산계수에 의해 침투가 느린 설탕을 먼저 넣고, 그 다음 소금을 넣는다. 식초, 간장, 된장은 휘발성분이 있어 정미성분이 손실되므로 나중에 넣는다.

4) 썰기

썰기는 가장 많이 사용되는 조리조작 과정으로, 식품의 먹을 수 없는 부분이나 불필요한 부분을 제거하고 먹기 좋은 크기나 보기 좋은 형태로 만든다. 또한 표면적을 증가시켜 열전도율을 높이고, 조미료의 침투를 쉽게 하며, 가열시간도 단축시키고, 소화 흡수도 증가시킨다. 육류의 경우 써는 방향에 따라 연한 정도가 달라지고, 결의 반대 방향으로 썰면 연해지는데 육회, 편육 등이 그 예이다.

써는 방법도 식품 재료의 맛에 영향을 미칠 수가 있는데, 육류나 생선류는 세포막이 약하므로 채소처럼 눌러서 칼을 앞뒤로 잡아당기면서 썰지 않고 단번에 썰어야 세포 안의 감칠맛 성분이 빠져나오지 않는다. 그래서 육류용 칼이나 특히 생선회 칼은 길쭉하면서 칼날 전체가 약간 휘어져 있다.

5) 섞기

재료를 균일하게 섞는 과정으로 혼합mixing, 블랜더를 이용한 교반blending, 밀가루 등의 점탄성 있는 재료의 반죽kneading이 여기에 속한다. 무침이나 조림은 섞기 과정에서 조미액이 균일하게 침투되어 맛을 증가시킬 수 있다. 머랭meringue, 휘핑크림whipping cream, 마요네즈mayonnaise, 나물 무침 등의 예가 있다.

6) 다지기

당근, 양파, 마늘 등의 채소를 일정한 크기의 아주 작은 조각으로 자르는 것을 다지기chopping라 하며 조리 용도에 따라 크기는 정해진다.

7) 압착 · 여과

압착·여과는 식품에 물리적인 힘을 가해 물기를 짜내어 고형물과 액체를 분리하고 조직을 파괴시켜 균일한 상태로 만드는 것으로, 음식에 따라서는 팥고물처럼 고형물을 이용하는 경우도 있고 녹즙 등과 같이 즙만 이용하기도 한다. 예를 들면, 두부의 물기 짜기, 녹즙, 과즙 등이 있다.

> 그라인딩
> grinding
> 믹서나 그라인더를 이용하여 작은 입자형태로 만드는 것
>
> 매싱
> mashing
> 삶은 감자, 두부 등을 으깨는 것

8) 냉각

냉각은 가열조리된 음식의 온도를 낮게 식히는 과정으로 자연바람, 냉수, 냉장고 등을 이용한다. 샐러드나 냉채와 같이 냉각하여 음식을 차게 하면 맛이 좋아지는 것도 있고, 미생물의 번식을 억제하거나 묵이나 젤리처럼 겔화가 완성되어 응고되는 것도 있다.

냉각시킬 때는 식품 주위의 열전도율이 높고, 표면적이 크고, 온도 차이가 클 때 빨리 진행되므로 찬 공기보다는 찬물이 효과가 크고 얼음물에 담그는 것이 더욱 효과적이다. 또 식품의 크기는 크고 두꺼운 것보다는 작고 얇은 것이 냉각속도가 더 빠르다. 냉각을 이용한 예로 묵, 젤리, 양갱, 족편 등이 있다.

9) 냉동

냉동은 식품을 0℃ 이하로 냉각시켜 식품 중 수분을 동결시키는 방법으로 수산물, 빙과류, 냉동가공식품 등의 식품 저장법으로 널리 이용된다. 냉동은 식품을 동결함으로써 미생물의 번식을 억제하고, 식품 중의 효소작용 및 산화를 억제하여 품질저하를 막는다. 냉동을 할 때는 급속히 동결될수록 작은 크기의 얼음결정이 형성되어 식품의 조직파괴가 적다. 반면에 서서

그림 **2-3**
냉동식품의 표면
변질 과정

세포 안에서 얼음결정이
자란다.

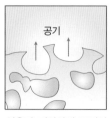

얼음이 기화하여 구멍이
생긴다.

공기와 닿아 건조·산화
되어 변질된다.

히 동결되면 얼음의 결정이 커지면서 조직이 파괴되어 해동 시 세포로부터 수분이 많이 빠져나오는 드립drip현상이 생겨 식품의 질이 떨어진다. 그러므로 식품을 냉동시킬 때는 -40℃ 이하로 급속동결시켜야 식품의 조직파괴를 방지할 수 있다.

10) 해동

해동은 냉동된 식품을 냉동 전의 상태로 만드는 것으로, 녹이는 과정에서 식품의 변화가 많이 일어난다. 특히 단백질 변성으로 인한 조직의 파괴로 정미성분 등이 손실된다. 해동방법에는 급속해동과 완만해동이 있는데, 0℃ 가까운 온도에서 완만하게 해동하는 것이 표면과 중심부의 온도 차이가 적어서 원래 상태로 회복되기가 쉽다. 급속해동의 경우 반조리 또는 조리된 상태의 냉동식품을 그대로 가열하거나 전자레인지를 이용한다. 따뜻한 물이나 따뜻한 실온에서 해동시키는 것은 드립의 생성이 많고 수용성 성분의 손실이 크므로 식품의 맛과 질이 떨어진다. 그러므로 해동은 냉장고나 흐르는 물, 실온의 서늘한 곳에서 하는 것이 좋고 일단 해동된 식품은 다시 냉동시키지 않도록 한다.

2. 조리방법

식품의 조리법에는 재료를 생것 그대로 이용하는 비가열조리법과 열을 이용한 가열조리법이 있다. 가열조리법에는 습열조리, 건열조리, 복합조리, 초단파조리 등이 있다.

1) 비가열조리법

식품 고유의 독특한 색과 맛, 향, 질감을 살려 신선한 상태로 조리하는 방법이다.

주로 이용되는 음식으로는 채소나 과일의 신선한 맛을 그대로 살린 생채, 냉채, 샐러드 등이 있고, 어패류회와 육회 등이 있다. 가열하지 않은 생조리는 영양성분, 특히 수용성 성분의 손실이 적고 식품 고유의 맛을 그대로 살릴 수 있으며 조리방법이 간단한 장점이 있다. 반면에 위생적으로 처리하지 않으면 농약이나 병원균 등의 오염으로 안전성에 문제가 생길 수 있으므로 깨끗이 세척하고 최대한 빠른 시간 내에 조리하여야 한다.

2) 가열조리법

식품의 대부분은 가열에 의하여 조리되는데, 물을 열전달매체로 이용하는 습열조리moist heat method와 공기나 기름을 이용하는 건열조리dry heat method, 습열과 건열의 조리방법이 모두 사용되는 복합조리, 식품 내부에서 발생하는 열을 이용하여 조리하는 초단파조리 등으로 나눌 수 있다.

가열조리는 소화율을 높이고 식품의 안전성을 증가시키며, 질감을 연화시키고 풍미가 증가되며, 불미성분을 제거하는 등의 장점이 있으나, 지나치게 가열하면 향미와 질감이 떨어지고 영양성분이 파괴되기도 한다. 그러므로 식품의 종류에 따라 가열조리시간을 적절하게 조절해야 한다.

(1) 습열조리
식품을 가열할 때 식품 자체가 가지고 있는 수분 외에도 열전달매체로 물을 이용하는 조리법으로 끓이기, 삶기, 찌기, 데치기, 시머링, 포우칭, 스튜잉, 조리기, 수비드 등이 있다.

그림 **2-4**
습열조리

끓이기   삶기   찌기

① 끓이기

끓이기boiling는 물속에서 가열하는 조리법으로 식품에 함유된 맛성분을 우려내어 국물까지 이용하므로, 영양소의 손실은 비교적 적고 조직의 연화, 전분의 호화, 단백질의 응고, 콜라겐collagen의 젤라틴화 등이 되어 소화흡수를 돕는다. 또한 끓는 온도를 100℃로 유지할 수 있어 음식물을 고르게 익힐 수 있고, 조리온도의 조절이 가능하며 가열 도중에 조미할 수 있는 특징이 있다. 예로 국, 찌개, 전골 등이 있다.

② 삶기

삶기는 끓는 물속에 재료를 넣고 익을 때까지 가열하는 방법으로 조리시간을 단축하기 위해서 주로 뚜껑을 덮고 조리한다. 삶기는 조직의 연화, 단백질의 응고, 감칠맛 성분의 증가, 불필요한 지방 및 맛 성분 제거 등의 목적이 있으며 최대한 수용성 성분의 손실을 막도록 조리하여야 한다. 예로 수육, 편육, 마른국수 삶기, 죽순이나 연근과 같이 단단한 채소 삶기 등이 있다.

③ 찌기

찌기steaming는 물이 100℃로 끓을 때 발생하는 수증기의 기화열539.7cal/g을 이용하여 식품을 가열하는 조리법이다. 육류나 어패류, 채소류, 감자류 등을 찔 때 이용되고 특히 설기떡은 쌀가루를 수증기로 쪄서 전분을 호화시킨 찌는 떡의 대표적인 예이다. 찌는 조리법은 식품의 모양을 그대로 유지할 수 있고, 식품에 직접 물을 첨가하지 않으므로 식품 자체의 맛 성분이나 수용성 성분의 손실은 적으나, 간접적인 가열이므로 가열시간이 비교적 길고 연료도 많이 소비된다.

가열시간을 단축하기 위하여 압력솥을 이용하는 경우, 조직이 연한 채소류에는 적절하지 않으며 근채류나 육류 등에 적합하다. 찌는 음식은 가열 도중에 조미를 할 수 없으므로 미리 간을 하여 찌거나, 쪄낸 다음에 간을 해야 한다.

④ 데치기

데치기blanching는 끓는 물에 재료를 넣어 순간적으로 익혀 내는 조리법으로 주로 채소나 어패류에 이용하여 색을 고정시켜 주거나 좋은 질감을 유지해 준다. 특히 채소를 냉동저장하거나 건조채소를 만들 때 전처리과정으로 이용하며, 효소의 불활성화로 변색을 억제하고, 채소류 특유의 불쾌한 냄새나 불순물을 제거할 수 있다. 예로 시금치나 무청 데치기, 오징어 숙회, 토마토 껍질 벗기기 등이 있다.

⑤ 시머링

물의 끓는 점 이하에서 은근하게 끓여 주는 방법으로, 곰국이나 백숙처럼 오랜 시간 고는 것을 시머링simmering이라 한다. 단백질을 응고시키고 조직을 연화시켜 감칠맛 성분을 증가시키므로 국물을 이용하는 음식에 적합한 조리법으로 곰국, 스톡stock 끓이기, 뭉근하게 고으기 등이 있다.

⑥ 포우칭

포우칭poaching은 70~80℃의 물에서 재료를 담가 익히는 조리법으로, 주로 생선, 달걀 등을 서서히 익혀 섬세하게 조리할 때 이용된다. 포우칭에는 수란, 샤브샤브 등을 조리할 때처럼 물을 많이 넣고 익히는 딥포우칭deep poaching과 물을 적게 넣고 익히는 샬로우포우칭shallow poaching이 있다. 갈치나 가자미처럼 조직이 연한 생선을 양념장 또는 소스에 조릴 때 소량의 액체를 사용하여 낮은 온도에서 조리는 것도 이에 해당된다.

⑦ 스튜잉

서양조리에서 뚜껑이 있는 스튜잉용 냄비에 작은 덩어리의 육류나 채소, 과일을 낮은 온도에서 은근하게 비교적 오랜 시간 끓이는 것을 스튜잉stewing이라 한다. 스튜잉을 이용한 조리법으로는 비프스튜, 치킨스튜 등이 있다.

⑧ 조리기

조리기는 음식 재료에 양념을 넣은 다음, 처음에는 센 불로 가열하여 끓기 시작하면 낮은 온도로 서서히 조리하는 방법으로 생선을 조리거나 육류 및 콩을 조릴 때 이용된다.

⑨ 수비드

수비드sous vide는 육류를 밀폐된 포장재에 넣고 55~60℃ 정도의 비교적 낮은 온도의 물에서 장시간 익히는 조리법으로 닭가슴살, 스테이크, 수육 등에 이용된다. 살이 비교적 퍽퍽한 닭가슴살을 수비드 하면 수분을 유지하여 식감이 부드럽고 맛과 향 등이 보존된다. 채소를 수비드 조리할 때는 육류보다는 높은 온도에서 해야 하며 시간이 많이 소요되는 단점이 있다.

(2) 건열조리

열 전달매체로 물이 아닌 기름을 사용하거나 조리기구가 열원에 의하여 고온으로 되었을 때 생기는 복사열에 의한 조리법으로 굽기, 볶기, 지지기, 튀기기 등이 있다.

① 굽기

굽기는 기름이나 물을 사용하지 않고 높은 열로 빠른 시간 내에 조리하기 때문에 수용성 영양소의 손실이 적고 식품 자체의 성분이 용출되지 않으므로 식품 고유의 맛을 살릴 수 있으며, 당질의 캐러멜화, 지방의 분해 등으로 풍미를 증가시킬 수 있다.

- **직접구이**　석쇠 등의 조리기구를 불 위에 직접 올려놓고 조리하는 방법으로, 직화구이라고도 하며 육류나 어패류, 채소류에 이용하며, 대표적인 음식으로는 너비아니구이, 생선양념구이, 더덕구이 등이 있다. 서양조리에는 상단 직화구이인 브로일링broiling, 하단 직화구이인 그릴링grilling, 바비큐 등이 있는데, 식품 재료가 열원의 위 또는 아래에서 조리되는 형태를 말한다. 스테이크 등의 연한 고기를 구울 때, 생선이나 채소 등을 구울 때 사용되며 높은 열로 빠르게 조리하는 것이 특징이다.

- **간접구이**　열원 위에 팬 등의 조리기구를 올려 놓고 간접적으로 조리하는 방법으로 철판구이, 팬구이 등이 있다. 서양조리에서는 팬 브로일링 pan broiling이 여기에 속하는데, 가열된 냄비나 프라이팬에 센불로 고기의 표면을 익힌 후 불을 약하게 하여 식품 속까지 익히는 방법이다.

- **오븐구이**　오븐을 이용한 조리법으로 오븐이 가열되어 생긴 복사열과 뜨거워진 공기의 대류열에 의하여 오븐 안의 재료를 익힌다. 주로 쇠고기나 돼지고기, 닭고기나 칠면조 고기를 덩어리째 오븐에서 조리하는 방법을

그림 **2-5**
건열조리

직접구이　　　간접구이　　　볶기

로스팅roasting이라고 하고 식빵, 케이크 등을 굽는 것을 베이킹baking이라고 한다.

② 볶기

볶기sauteing는 소량의 기름을 사용하여 냄비나 팬을 달군 상태에서 식품을 넣고 빠르게 익히는 조리법으로 고온에서 단시간에 조리하므로, 수용성 성분의 용출이 적으며 비타민의 파괴도 적다. 또한 볶는 과정에서 식품의 수분이 빠져나오는 대신 기름이 흡수되므로 풍미를 증가시킬 수가 있다.

식품을 볶을 때는 팬을 달군 상태에서 재료를 넣고 강한 화력을 유지시키는 것이 식품의 고유한 색과 질감, 향을 살릴 수가 있고, 재료의 양은 조리용기의 반을 넘지 않도록 한다.

중국조리에는 저으면서 볶는 방법stir frying이 있는데, 무거운 금속으로 만든 경사진 둥근 바닥 모양의 중화팬인 웍wok을 사용하여 뜨거운 기름으로 조리한다.

③ 지지기

지지기pan frying는 넓고 얇은 팬에 약간의 기름을 사용하여 재료를 익혀내는 방법으로 육류, 생선, 채소 등에 이용된다. 지지는 재료에 따라 재료를 그대로 지지는 경우도 있고 밀가루나 빵가루 등을 입혀 식품 속의 수분이 빠져나오는 것을 방지하기도 한다. 밀가루를 입혀 지지는 대표적인 한국 음식에는 생선전, 풋고추전, 육원전, 표고전 등이 있다.

④ 튀기기

튀기기deep fat frying는 기름을 열 전달매체로 이용하여 고온의 기름에 식품을 넣고 가열하는 조리법이다. 기름의 사용 온도범위는 150~200℃로 물보다 높은 온도를 이용하므로 단시간에 조리할 수 있고 영양소의 파괴가 적다. 튀김은 식품재료 중의 수분과 튀김 기름의 교환이 이루어져 풍미를 증가시키며, 튀기는 도중에는 조미가 되지 않으므로 가열 전후에 조미를 하여야 한다.

식품을 튀길 때는 튀김옷을 입히거나 식품 그대로 튀기는 방법이 있고, 식품의 종류나 식품재료의 성분에 따라 튀기는 온도와 시간이 달라진다. 즉, 전분식품은 호화에 시간이 걸리므로 비교적 저온에서 오래 튀기고, 단백질 식품은 고온에서 단시간에 튀긴다. 잘 된 튀김은 표면이 노란빛을 띠는 갈색으로 바삭바삭함을 유지하며 기름이 식품 외부로 흐르지 않아야 한다.

(3) 복합조리

복합조리는 건열조리와 습열조리가 함께 사용되는 조리법이다. 복합조리의 대표적인 예는 브레이징braising으로 고기나 채소를 볶은 후 소량의 물을 붓고 뚜껑을 덮어 푹 끓이는 조리법이고 완자탕, 두부전골, 카레 등도 이에 해당된다.

(4) 초단파조리

초단파조리microwave cooking는 외부로부터 열이 전달되는 것이 아니라 식품 자체에 있는 물분자가 급속히 진동하여 열이 발생되는 원리를 이용한 조리법으로 유전가열 조리라고도 한다. 극초단파를 이용한 조리기구로는 전자레인지 등이 있으며 식품의 내부와 외부에서 동시에 가열되므로 가열시간이 매우 짧아서 영양소의 손실이 극히 적다.

TIP
-

전자레인지의 특성
- 열효율이 높아 조리시간이 단축된다.
- 가열에 따른 식품 표면의 눌음 현상이 없다.
- 영양소 파괴가 적고 색, 형태, 맛을 그대로 유지시킨다.
- 냉동식품의 해동이 단시간에 가능하다.
- 음식물의 수분 증발이 심하므로 이를 방지하기 위하여는 랩 등을 씌워 조리한다.
- 갈변 반응이 일어나지 않는다.

초단파조리는 많은 음식을 단시간에 고르게 익히는 장점이 있으나, 가열에 의하여 수분 증발이 심하므로 뚜껑을 사용하는 것이 좋고 재료가 여러 가지인 음식일 경우는 가열시간이 다르므로 재료의 성질에 따라 사용하는 것이 좋다. 초단파는 수분은 흡수하고 종이, 유리, 자기, 플라스틱 등은 투과하나, 금속이온은 반사하므로 법랑 등 금속류의 그릇은 초단파 조리기구로 사용할 수 없다.

(5) 분자요리

분자요리分子料理, Gastronomie moléculaire, Molecular gastronomy는 음식의 질감과 조직, 요리과정 등을 과학적으로 분석해 새로운 맛과 질감을 개발하는 일련의 활동을 말한다.

식재료에 대한 이해와 존중감을 갖고 고객에게 먹는 즐거움을 선사한다는 원칙을 갖고 식재료에 대한 이해를 바탕으로 21C에 발명된 모든 도구를 이용하여 원재료의 맛과 풍미의 궁극을 찾아내는 것이 분자요리의 핵심이다. 또한 원재료를 가장 잘 보존할 수 있는 신기술로 식재료의 구조를 파악하고, 그 구조를 해체하여 재조합하는 것이 분자요리의 기본 원리이다.

예를 들어, 물과 당근만으로 요리를 한다고 하면, 단순히 당근을 물에 데침으로써 '먹는 즐거움'을 앗아간 요리를 하는 것이 아니라 당근이라는 식재료의 구조를 이해하고 당근의 껍질, 줄기, 즙 등 다양한 형태의 '해체된 당근'을 이용한다거나, 특히 40℃ 물에서 데친 당근의 섬유질을 이용하여 즙을 내고 그 즙을 거품기로 저어 거품을 내는 식의 시도를 해볼 수도 있다.

분자요리의 특징으로는 식재료와 조리법에 대한 과학적인 접근, 액상의 소스를 거품을 내거나 액체를 액체질소에 냉동하여 파우더로 만들거나 젤라틴화 시키는 생소한 조리법, 색상의 다양화, 익숙한 음식 재료를 전혀 다른 맛과 질감으로 표현, 시각, 미각, 후각을 뛰어 넘어 요리를 보고 느끼고 듣고 사색하는 경지에 까지 끌어올린 아방가르드한 시도라고 볼 수 있다.

표 2-2
가스레인지와
전기레인지의
비교

특성 \ 종류	가스레인지	전기레인지	
		인덕션	하이라이트
열원	가스	전기	전기
열전달 방식	가스	자기유도 가열방식	코일 열선
외관	가스불꽃이 보임	불꽃이 보이지 않음	상판에 직접 열기발생
열효율	열기분산으로 열효율이 낮음	열효율이 높음	가스레인지보다는 열효율이 높음
사용용기	다양한 가열용기 가능	IH 전용용기 사용	용기사용 용이
가열속도	중간	빠름	느림
전자파	없음	발생	적음
장점	직화요리 가능	• 청소 용이 • 화구 자체의 온도가 낮아 안전한 편	인덕션보다는 전기요금이 적게 나옴
단점	불완전 연소 시 유해가스 발생 가능	• 장시간 사용 어려움 • 작은 소음 발생 • 전기요금이 하이라이트보다 많이 나옴	• 열판에 잔열이 오래 남아 있음 • 직화 등 조리테크닉 구사가 어려움
특이사항	–	열판에 자기유도 용기가 있으면 전원이 켜지고 용기가 없으면 꺼짐	예열시간이 오래 걸림

에어프라이어
air fryer
에어프라이어는 최대 200℃로 가열된 고온의 공기를 대류 순환시켜 조리하는 가열조리기구로 기름 없이 조리함으로써 딥프라이어보다 70~80% 정도의 기름을 덜 사용하고 짧은 시간에 재료의 수분과 기름을 배출하여 겉은 바삭하고 속은 부드럽게 조리할 수 있다. 최근에 보급된 조리가열기구로서 HMR 냉동제품 조리에 많이 사용된다.

3) 가열조리기구

전기나 가스의 보급에 의해 취반용 전기솥이나 가스솥, 그릴, 오븐, 자동 프라이팬 등이 발달하였다. 또한 전자레인지뿐만 아니라, 광파오븐레인지, 에어프라이어 등의 가열조리기구의 범위가 확대되었고 여러 가지 가열방법이 가능하게 되었다. 이와 같이 열원의 변화는 가열조리기구나 용기사용에 변화를 가져왔고, 그 결과 조리방법에도 영향을 주었다.

3. 기본양념

식품에 단맛, 신맛, 짠맛, 감칠맛, 매운맛 등을 더하거나 원래의 맛을 두드러지게 하고, 식품의 맛과 어울려 새로운 맛을 내게 하는 목적으로 사용되는 조미료는 우리나라에서는 양념이라고 부른다. '약이 되도록 염두에 둔다'는 뜻으로 한자로는 약념藥念이라고 표기한다.

맛	물질	한계값(%)
짠맛	소금	0.2
단맛	설탕	0.5
신맛	초산	0.012
	염산	0.007
	주석산	0.0015
	구연산	0.0019
쓴맛	황산김네마	0.00005
	카페인	0.006
감칠맛	L- 글루탐산나트륨	0.03
	5′ – 이노신산나트륨	0.025
	5′ – 구아닐산나트륨	0.0125

표 **2-3**
맛의 한계값

자료: 島田淳子, 下村道子編(1993). 調理科學講座1 調理とおいしさの科學(p.110). 朝倉書店.

1) 소금

소금은 짠맛을 내는 조미료로 음식의 기본인 간을 맞추는 데 사용될 뿐만 아니라, 미생물의 작용을 억제하는 방부작용, 배추 절임에서의 탈수작용, 녹색 채소를 데칠 때 색을 보존하는 등 여러 가지 역할을 한다. 소금에는 나트륨Na의 함량이 약 40%이므로 소금 1g을 섭취하면 나트륨을 약 400mg 섭취하는 결과가 되므로 고혈압, 위암 등이 있는 사람들은 소금 섭취에 주의하여야 한다.

표 **2-4**
조리에 사용되는 소금 농도

조리방법	소금농도(%)	조리방법	소금농도(%)
채소 데치기	1.0~2.0	찜	0.8~0.9
국	0.6~0.8	구이	1.0~1.5
찌개	0.6~0.9	초무침	1.2~2.0
김치류	2.0~2.2	겉절이	2.0~3.0

소금은 단맛을 강하게 하기도 하므로 단팥죽을 만들 때 설탕과 함께 소금을 조금 넣어주면 단맛이 더 강해지는 대비현상을 나타내기도 한다. 또한 신맛을 부드럽게 하므로 식초가 들어가는 음식의 간은 소금으로 하는 것이 좋다. 소금은 요리의 양이 증가할 때 비례적으로 증가하는 것이 아니므로, 재료의 양이 2배 증가할 때 소금의 양은 1.7배 정도 증가시키는 것이 바람직하다.

소금은 크게 바닷물을 염전에서 자연을 이용하여 수분과 함께 유해성분을 증발시켜 제조한 천일염天日鹽과 천일염을 가공한 정제염精製鹽으로 분류된다.

(1) 천일염굵은 소금, 호렴

정제되지 않은 소금으로 염화나트륨을 70% 이상 함유하고 있다. 천일염 입자가 굵고 불순물이 있어 색이 검고 간수를 뺀 것일수록 좋다. 장이나 젓갈을 담글 때, 배추를 절일 때, 오이지 등을 담글 때, 채소와 생선을 절일 때 사용한다. 천일염은 불순물에 함유된 칼슘 등의 2가 이온이 펙틴과 결합하여 배추나 오이의 조직을 단단하게 한다.

(2) 재제소금고운 소금, 꽃소금

천일염을 정제하여 만든 것으로 88% 이상의 염화나트륨을 함유하고 있는 소금이다. 가정에서 일반적으로 사용하는 색이 희고 결정이 고운 소금으로 음식의 간을 맞출 때 사용한다. 국에는 약 0.7%, 생선구이에는 약 2%, 생채나 무침 등은 재료 무게의 약 3% 정도를 넣는 것이 바람직하다.

(3) 정제소금식탁염

순수한 염화나트륨만을 분리·정제하며 염화나트륨 함량이 95% 이상인 소금으로 식탁에서 음식의 간을 맞추거나 김을 구울 때 사용한다.

(4) 가공소금

가공소금은 소금에 식품 또는 식품첨가물을 가하여 가공한 염화나트륨 함량이 35% 이상 소금으로 그 종류로는 죽염, 구운 소금, 맛소금 등이 있다. 죽염은 대나무 속에 천일염을 넣고 구운 소금이며, 맛소금은 정제염에 MSG 를 첨가하여 만든 소금으로 희고 작은 입자이다.

2) 설탕

깔끔한 단맛을 내는 설탕은 색에 따라 백설탕, 황설탕, 흑설탕으로 구분된다. 설탕은 신맛, 쓴맛, 짠맛을 부드럽게 하므로 요리에 많이 사용되며, 단맛을 내는 역할 이외에도 육류의 연화 및 식품의 부패방지에 사용된다.

식품을 조릴 때 사용하면 캐러멜화로 갈변 반응이 일어나고 캐러멜향을 낸다. 펙틴과 신맛이 있는 과일에 설탕을 넣으면 겔화하므로 잼을 만들 수도 있다. 양갱과 팥소 등에 사용하면 전분의 노화를 지연시키며, 빵 등에 이스트의 작용을 촉진하기 위하여 사용되기도 한다. 설탕의 양을 많이 사용하여

표 **2-5**
조리의 설탕기준 농도

조리	농도(%)	조리	농도(%)
무침	2~8	크림의 기포성	6~10
초절이	3~5	음료	8~10
단팥죽	20~50	푸딩, 젤리	10~12
잼	60~70	방부효과	50 이상

자료: 小川安子(監修), 加田靜子, 高林節子(1982). 調理学-理論と 實際. 朝倉書店.

야 할 때는 여러 번 나누어 넣어야 부드럽게 된다. 황설탕과 흑설탕은 약식이나 수정과 등 갈색이 나는 음식을 하는 데 사용된다. 설탕과 소금을 함께 사용할 때는 분자량이 크고 재료에 스며드는 속도가 느린 설탕을 소금보다 먼저 넣어야 간이 고르게 된다.

3) 조청 · 꿀

조청은 물엿이라고도 하며 전분을 맥아로 당화시키고 농축하여 묽게 곤 것으로 독특한 향이 있으며 음식에 윤기를 주어 조림 등에 사용한다. 꿀은 꿀벌이 모은 화밀花蜜을 농축한 것으로 독특한 향뿐만 아니라 단맛 및 촉촉한 감촉을 준다. 약과, 약식 등에는 꿀로 단맛을 내며, 촉촉한 감촉을 원하는 빵과 떡에도 꿀을 사용하면 좋은데 이때는 설탕을 사용할 때보다 액체 사용량을 줄이고 낮은 온도에서 조리해야 한다.

4) 식초

식초는 신맛을 내는 조미료로 곡류, 과실류, 주류 등을 주원료로 하여 발효시켜 제조한 양조식초, 빙초산이나 초산을 물로 희석하여 만든 합성식초가 있다. 식초의 산도는 3~4% 정도이며 초산 함량을 높인 2배 식초도 있다. 식초는 생채, 겨자채 등에 사용하여 신맛과 상쾌한 맛으로 식욕을 돋우어 주고, 생선의 비린내를 제거한다. 식초를 넣어 단백질 식품의 등전점이 되면 단백질이 응고되므로 생선살을 단단하게 하며, 수란을 만들 때 끓는 물에 식초를 조금 넣으면 모양이 흐트러지지 않는다. 살균과 방부 효과도 있어 마늘장아찌를 만들 때나 초밥에 식초를 넣어 보존 효과를 높이기도 한다. 식초는 휘발성이 강하고 클로로필을 페오피틴으로 황변시키는 성질이 있으므로 녹색 채소에 식초를 넣을 때는 먹기 직전에 사용하는 것이 좋다. 또한 자색 양배추, 생강처럼 안토시아닌 색소를 함유한 식품에 식초를 넣으면 붉은색으로 변화하며, 무, 양파 등 안토잔틴을 함유한 식품에 첨가하면 선명한 백색을 유지하게 한다.

5) 고추

붉게 익은 고추를 잘 건조시켜 갈아 만든 고춧가루의 캡사이신capsaicin은 음식에 매운맛을 주고 캡산틴capsanthin은 붉은색을 부여한다. 고춧가루는 입자의 크기에 따라 용도가 다른데, 굵은 것은 겉절이와 열무김치, 고운 것은 나박김치, 생채, 젓갈용, 고추장 제조용으로 사용되고, 김치와 깍두기를 만들거나 일반적인 음식에는 중간 정도의 것을 사용한다. 말리지 않은 다홍고추는 물고추라고 하며 굵게 갈아서 열무김치 등에 사용하고, 실고추는 나박김치, 고명 등으로 사용한다.

6) 기름

참기름은 참깨를 볶아 짠 기름으로 독특한 향기가 있어 나물을 무치는 등 각종 음식에 쓰인다. 참기름을 가열 조리에 넣을 때는 마지막에 넣어야 향을 살릴 수 있다. 들깨에서 얻은 들기름은 나물을 볶을 때나 김을 구울 때 사용하고, 식용유는 전이나 부침, 튀김 등 일반 요리에 사용한다.

7) 화학조미료

일반적으로 화학조미료는 MSG와 핵산조미료, 이 둘을 섞은 복합조미료 등이 감칠맛을 내는 데 사용되고 있다.

(1) MSGMono sodium glutamate

다시마의 맛성분인 글루탐산glutamic acid에 나트륨Na이 결합된 것으로 감칠맛을 나타낸다. 일반적으로 많이 사용되는 조미료로 나트륨이 함유되어 다량 섭취하는 것은 주의해야 한다.

(2) 핵산조미료

마른 표고버섯의 감칠맛인 5′-GMP5′-구아닐산이나트륨과 가쓰오부시가다랑이의 감칠맛 성분인 5′-IMP5′이노신산이나트륨이 있으며, 호박산succinic acid의 맛과 짠맛이 합쳐진 호박산이나트륨은 간장, 수산가공품, 햄, 소시지, 절임류 등에 첨가한다. 핵산조미료의 감칠맛의 크기는 5′-GMP, 5′-IMP, 5′-XMP의 순으로 감소한다.

(3) 복합조미료

MSG에 핵산조미료를 1~2% 정도 첨가하여 적은 양으로 감칠맛을 낼 수 있다.

(단위: g)

표 **2-6**
조미료의 부피와 무게

식품명	1ts	1Ts	1C	식품명	1ts	1Ts	1C
간장	6	18	230	설탕	3	9	120
된장	6	18	230	소금	5	15	200
고추장	6	18	230	후춧가루	3	9	120
고춧가루	2	6	80	깨소금	3	8	120
파다진 것	3	9	120	식초	5	15	200
마늘다진 것	3	9	120	식용유	4	13	180
생강다진 것	3	9	120	–	–	–	–

자료: 김완수 외(2004). 조리과학 및 원리(p.27). 라이프사이언스.

CHAPTER
03

: 곡류 및 감자류

CHAPTER
03

: 곡류 및 감자류

곡류는 주로 화본과[벼과]에 속하며 쌀, 맥류, 잡곡으로 분류한다.
감자류는 감자, 고구마 등으로 특히 전분이 많아 그대로 조리에 이용되기도
하지만 전분, 알코올, 물엿, 포도당 등 가공 원료로도 널리 이용되고 있다.

1. 곡류

곡류는 우리나라 사람들이 주식으로 상용하는 쌀 그리고 보리, 밀, 귀리, 메밀 등의 맥류와 조, 기장, 수수, 옥수수 등 잡곡이 있다. 곡류는 한국인 하루 필요 열량의 약 65%를 차지하고 있는데, 이는 열량의 우수한 공급원이고 소화흡수가 쉬우며 담백한 맛이 주식으로 적합하기 때문이다.

1) 구조

곡류 입자의 구조는 외피, 배아, 배유로 되어 있으며 외피外皮는 곡류 입자의 가장 외부에 존재하는데, 도정과정에서 대부분 제거된다. 벼의 왕겨를 제거한 것을 현미라 하며 현미로부터 과피, 종피, 호분층을 제거하는 것을 도정milling이라 한다. 배아胚芽는 단백질과 지질, 무기질, 비타민의 함량이 높으나 도정과정에서 쉽게 떨어져 나가며, 배유胚乳는 쌀의 91~92% 정도로 우리가 주로 먹는 부분이며 전분형태의 탄수화물이 대부분이고 단백질, 지질, 무기질, 비타민은 적은 편이다.

쌀의 도정도와 도정율

쌀의 종류	도정도 (%)	도정율 (%)
현미	0	100
5분도미	50	96.0
7분도미	70	94.4
백미	100	92.0

*현미에서 겨와 배아를 제거한 무게를 약 8% 정도로 보고 1분도미는 현미 중량의 0.8%가 감소된 것임

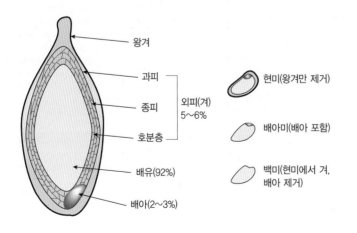

왕겨

과피
종피 ┐ 외피(겨) 5~6%
호분층 ┘

배유(92%)

배아(2~3%)

현미(왕겨만 제거)

배아미(배아 포함)

백미(현미에서 겨, 배아 제거)

그림 3-1
곡류(쌀)의 구조

쌀의 도정 정도를 나타내는 법

- 도정: 벼의 겨층을 제거해서 배유를 얻는 것
- 도정도(%): 현미에서 겨층을 제거한 정도로 백미10분도미는 100%, 7분도미는 70%, 5분도미는 50%의 도정도를 보인다.
- 도정율(%): 현미 무게에 대한 도정된 쌀의 무게 비율로 1분도미는 현미중량의 0.8%가 감소된다. 현미가 100일 때, 5분도미는 96%, 7분도미는 94.4%, 백미10분도미는 92%의 도정율이 된다.

표 3-1 곡류의 성분

(가식부 100g 당)

곡류		에너지 (kcal)	수분 (g)	단백질 (g)	지질 (g)	회분 (g)	탄수화물 (g)	식이섬유 (g)	무기질			비타민		
									칼슘 (mg)	인 (mg)	철 (mg)	B₁ (mg)	B₂ (mg)	니아신 (mg)
멥쌀	백미	363	13.4	6.4	0.4	0.4	79.5	–	7	87	1.3	0.23	0.02	1.2
	현미	363	11.5	7.4	2.0	1.3	77.8	–	3	262	1.5	0.28	0.05	2.4
	7분도미	368	12.3	6.9	1.1	0.6	79.1	–	24	179	0.9	0.19	0.05	2.7
찹쌀	백미	377	9.6	7.4	0.4	0.7	81.9	–	4	151	2.2	0.14	0.08	1.6
	현미	361	12.9	7.3	2.8	1.3	75.9	–	15	228	1.3	0.33	0.05	6.5
쌀보리		342	13.5	9.3	1.8	1.0	74.4	12.8	30	206	2.6	0.06	0.16	1.8
겉보리(할맥)		354	10.5	9.3	1.7	1.4	77.7	17.0	31	163	2.0	0.22	0.06	1.0
겉보리(압맥)		343	13.4	8.7	1.7	0.8	75.4	11.0	30	161	2.4	0.23	0.05	2.0
밀(도정)		333	10.6	10.6	1.0	2.0	75.8	–	52	254	4.7	0.43	0.12	2.4
귀리(겉귀리)		373	9.4	11.4	3.7	2.0	73.5		16	175	6.6	0.13	0.21	2.3
메밀(도정)		363	13.1	13.6	3.4	2.0	67.8	6.3	21	453	2.8	0.46	0.26	5.2
차조		360	14.2	9.6	3.6	1.0	71.1	5.1	14	341	3.8	0.51	0.16	3.7
기장		360	11.3	11.2	1.9	1.5	74.6	–	15	226	2.8	0.42	0.09	2.9
수수(도정)		338	14.2	9.9	3.0	1.5	71.5	10.3	9	358	2.3	0.35	0.20	2.8
찰옥수수		142	63.6	4.9	1.2	0.9	29.4	–	21	131	2.2	0.25	0.11	2.6

자료: 농촌진흥청(2020). 국가표준식품성분 DB 9.2
– 표시는 수치가 애매하거나 측정되지 않음

2) 성분

곡류는 탄수화물 저장형태인 전분이 75% 이상, 단백질이 약 10%, 지질과 무기질이 약 2%를 차지하며 배아에는 티아민, 리보플라빈 등을 함유하고 있다.

3) 종류

(1) 쌀

쌀은 그 형태에 따라 일반적으로 일본형Japonica과 인도형Indica으로 나눌 수 있고 그 중간 형태의 자바니카형Javanica이 있다. 일본형은 단립종으로 우리나라와 일본에서 주로 상용하는 것으로 쌀알이 굵고 짧으며 둥근 형태로 밥을 지으면 점성이 강하고, 인도형은 장립종으로 쌀알이 길고 가늘며 부스러지기 쉽고 밥의 점성이 약하다. 자바니카형인 중립종은 단립종보다 길고 통통하며 점성이 덜하고 전분이 많아 주로 리조또, 빠에야, 스시초밥 등으로 많이 사용된다. 우리나라에서 생산되는 품종은 대부분 단립종으로 삼광,

| 일본형 | 자바니카형 | 인도형 |

그림 **3-2**
쌀의 종류

TIP
-

탑라이스
탑라이스는 농촌진흥청에서 주관하는 쌀 혁명 프로젝트명으로 최고등급의 품질을 목표로 생산계획에 의해 생산된 쌀로 생산, 품질관리 매뉴얼에 따라 생산된 품질 브랜드이다. 탑라이스 쌀은 단백질 함량을 6.5%로 낮추고 완전미 비율을 95% 이상으로 높인 친환경 쌀로 밥 특유의 단맛과 쫄깃한 찰기가 뛰어난 것이 특징이다.

다양한 쌀의 종류
- 기능성 쌀: 인삼쌀, 자운영쌀, 강황쌀, 키토산쌀, 상황버섯쌀, 동충하초쌀, 홍국쌀, 황금쌀, 게르마늄쌀, 카테킨쌀, 뽕잎쌀, 당뇨쌀, 미네랄쌀, 아미노산쌀 등
- 특수 쌀: 발아현미, 흑미, 향미, 배아미, 씻어나온 쌀 등
- 친환경 쌀: 오리농법쌀, 무농약쌀, 저농약쌀, 무비료쌀 등

운광, 고품, 호품, 고시히카라, 추정아끼바레, 신동진, 오대쌀 등이 밥맛이 좋은 쌀로 유명하다.

쌀의 주성분은 탄수화물로 75% 이상이 전분으로 구성되어 있으며 그 이외에 덱스트린dextrin, 섬유소 등이 있다. 쌀 단백질은 오리제닌oryzenin으로 단백질 함량은 적지만, 단백가가 74로 곡류 중에는 가장 질이 좋다. 비타민은 티아민, 리보플라빈 등이 외피와 배아에 많이 함유되어 있으나, 도정과 밥 짓는 과정에서 대부분 손실된다.

또한 쌀은 전분 성분인 아밀로오스amylose와 아밀로펙틴amylopectin의 함량에 따라 멥쌀과 찹쌀로 구분하는데, 멥쌀은 아밀로오스 20~25%, 아밀로펙틴 75~80%로 구성되어 있고, 찹쌀은 거의 아밀로펙틴으로 되어 있다.

(2) 보리

보리대맥, barley는 쌀, 밀, 옥수수 다음으로 많이 재배되며 종류로는 쌀보리와 겉보리가 있다. 쌀보리는 껍질이 종실에서 분리되기 쉽고 배유 부분이 많아 밥에 섞어 먹을 수 있으나, 겉보리는 껍질이 분리되기 어렵고 배유도 적어 볶아서 보리차를 만들거나 발아시켜서 엿기름으로 이용한다.

주성분은 탄수화물로 전분이 대부분이다. 주된 단백질은 호르데인hordein으로 약 10% 정도 함유되어 쌀보다는 많은 편이나, 리신, 트레오닌, 트립토판 등 필수아미노산 함량이 적어 질적으로 우수하지는 않다. 칼슘, 인, 철 등 무기질과 비타민 B복합체가 풍부한 편이며 식이섬유인 β-글루칸β-glucan은 콜레스테롤 함량을 저하시키는 효과가 매우 좋다.

쌀보리

겉보리

할맥

압맥

보리의 가운데 골진 부분에는 섬유소가 많아서 정장작용에 좋으나 소화율이 낮다. 이러한 보리의 낮은 소화율을 개선하기 위하여 보리를 분할하여 할맥을 만들거나 호화가 빨리 되고 부드럽게 하기 위하여 미리 찐 다음 기계로 눌러 압맥을 만들기도 한다.

보리는 맥주, 위스키, 맥아, 식혜, 보리차, 된장, 고추장 등의 원료로도 사용된다.

(3) 밀

밀소맥, wheat의 입자는 외피 13~18%, 배아 2~3%, 배유 80~85%로 구성되어 있으며 외피는 딱딱하지만, 배유의 중심부로 갈수록 전분이 많아진다.

밀

밀의 성분은 주로 탄수화물인 전분이고, 단백질 함량은 7~16%로 많은 편이나 리신, 트립토판 등 필수아미노산이 적다. 지질은 2% 정도 함유되어 있으며 무기질은 대부분 인과 칼륨이고 비타민은 거의 없다.

밀 단백질의 75~85%를 차지하는 글루텐gluten은 글루테닌glutenin과 글리아딘gliadin으로 구성되어 있으며 밀가루의 특수한 성질을 결정한다.

(4) 귀리

귀리연맥, oats는 곡물 중 단백질과 지질 함량이 가장 많고 칼슘, 인, 철분 등의 무기질과 비타민 B군의 함량도 많다. 또한 도정과정에서 겉껍질만 제거되고 배유와 배아의 대부분이 남아 있으므로 영양소의 손실도 적다.

귀리

귀리는 증기로 가열한 후 눌러서 오트밀oat meal로 가공하여 주로 식용을 하는데, 소화가 잘 되어 유아용, 환자용, 노인용으로 많이 이용된다. 그 외에도 알코올, 종국, 장류 등에 이용되며 밀가루와 함께 제과, 제빵용으로도 이용된다.

(5) 메밀

곡류는 대부분 화본과에 속하는데, 메밀buckwheat은 여귀과에 속하며 춥고

메밀

기름지지 않은 땅에서도 잘 자란다.

메밀은 밀보다 단백질이 비교적 우수한 편인데, 필수아미노산인 트립토판, 트레오닌, 리신과 비타민 중 티아민, 리보플라빈 함량이 많다. 이와 같이 영양이 우수하고 소화도 잘 되며 잎과 꽃에는 혈관 강화작용이 있는 루틴rutin이 5.9~6.8mg% 정도 함유되어 있다. 주로 외피를 제거하고 제분하여 사용하며 점성이 부족하여 밀가루와 섞어 국수를 만드는데, 특히 메밀국수, 냉면, 메밀묵, 제과 등에 이용한다.

(6) 조

조

조Italian millet는 곡류 중 가장 종실이 적고 저장성도 강하다. 탄수화물은 대부분 전분이며 단백질은 리신 함량은 적지만 루이신, 트립토판이 많은 편이다. 칼슘과 비타민 B군 함량이 많고 소화율이 99.4%로 높아 유아의 이유식, 치료식으로 이용된다.

조는 메조와 차조가 있으며 차조는 단백질, 지방 함량이 메조보다 많다. 주로 밥, 죽, 떡, 엿, 소주, 종국의 원료로 이용된다.

(7) 기장

기장

기장millet은 조보다 성숙이 빠르고 메마른 땅에서도 잘 견디어 주로 산간 지방에서 재배한다. 메기장과 찰기장이 있으며 탄수화물은 주로 전분이며 단백질, 지질, 비타민 함량이 높다. 쌀과 섞어 밥을 지어 먹거나 떡, 엿, 소주의 원료로 사용된다.

(8) 수수

수수

수수sorghum는 메수수와 차수수가 있으며 품종은 외피의 색에 따라 흰색, 갈색, 노란색 등이 있는데, 식용으로는 주로 갈색이 이용된다. 외피는 단단하고 탄닌tannin을 함유하고 있어 다른 곡류에 비하여 소화율이 떨어진다. 단백질은 주로 글루테린이며 차수수는 메수수보다 단백질 함량이 약간 많은

품종	용도
경립종flint corn	옥수수 전분, 포도당, 고급 풀, 소주 등의 원료
감미종sweet corn	통조림, 냉동 옥수수
폭열종pop corn	팝콘

표 3-2
옥수수의 품종에 따른 용도

편이다.

수수는 오곡밥을 지을 때 이용하는데, 탄닌이 많아 떫은맛이 있으므로 세게 문질러 씻는다. 제분하여 수수경단, 수수부꾸미 등의 떡, 과자, 전분, 주정, 엿 등의 원료로도 이용된다.

(9) 옥수수

옥수수corn는 황색, 백색이 대부분이나 적색, 흑색, 청자색 등도 있으며 곡류 중 가장 저장성이 좋다. 탄수화물은 주로 전분이고 단백질은 제인zein으로 리신, 트립토판 함량이 적고 트레오닌 함량이 비교적 많다. 지질은 대부분 배아에 있으며 주로 올레산, 리놀레산으로 구성되어 있고 옥수수유corn oil에는 비타민 A와 E 함량이 많다. 옥수수는 품종이 매우 다양하나, 주로 경립종, 감미종, 폭열종이 사용되며, 특히 옥수수 전분corn starch은 순도가 높고 순백, 무취로 제과, 조리용 등으로 많이 이용된다.

옥수수

4) 조리 특성

곡류를 조리하는 목적은 소화율을 높이고 맛을 좋게 하기 위해서이다. 그러므로 곡류의 주성분인 전분을 적당한 수분과 충분한 가열온도에서 완전히 호화시켜야 한다.

(1) 밥

쌀은 밥을 지을 때 물에 씻어 담그는 과정에서 쌀 입자가 약 30%의 수분을 흡수하게 되는데, 이때 쌀 입자에 수분이 고르게 분포되어 가열 시 열전도율을 높이고 호화를 도와 맛있는 밥이 된다. 가열 전에 쌀을 씻으면 수용성 영양성분이 손실되며 특히 티아민의 손실이 가장 많으므로 최대한 빨리 씻고 쌀을 담가 두었던 물은 버리지 않고 사용하는 것이 좋다.

① 밥 짓는 원리

밥은 쌀에 분량의 물을 붓고 가열하면 60~65℃에서 호화되기 시작하여 70℃에서 호화가 진행되고 100℃에서 20분 정도 지나면 완전히 호화가 된다. 이때 약한 불로 조절하여 밥물이 쌀에 완전히 흡수되면 불을 끄고 여열로 뜸을 들이며 쌀 표면의 수분이 흡수되어 호화가 완성되면서 맛있는 밥이 된다. 이러한 밥 짓는 과정은 화력 조절을 3단계로 해서 이루어진다.

- **온도 상승기** 센 불로 가열하여 최고 온도에 도달하는 과정으로 물이 끓기 시작하면 용기 안의 쌀 온도가 일정하게 되어 흡수가 균일하게 일어난다. 보통 10~15분 정도 걸리며 이 시간은 수온, 기온, 쌀의 양, 화력 등에 의하여 달라질 수 있다.

- **비등 유지기** 밥이 끓기 시작하면 쌀이 물을 따라 심하게 움직이게 되고 물을 많이 흡수하게 되므로 크게 팽윤한다. 또한 끓는 것이 계속 유지되도록 불을 조절하여야 한다. 이때 쌀 전분은 계속 호화되고 쌀 외부에 있던 물은 쌀 속으로 스며들어가 거의 남지 않게 되며 쌀알은 움직이지 않고 점성은 강해진다. 이 기간은 5~10분이면 충분하며 중간불로 화력을 조절한다.

- **뜸들이기** 쌀알의 중심부까지 호화가 진행되는 단계로 쌀 주위에 있던

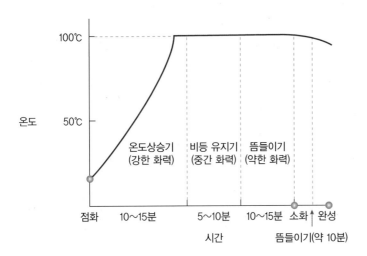

그림 **3-3**
밥 짓는 단계

약간의 수분까지 충분히 쌀알의 내부로 스며들도록 하며, 되도록 쌀알 중심부에 있는 전분까지 완전히 호화되도록 한다. 이 기간은 약한 불로 10~15분이면 충분하며 온도의 유지를 위하여 뚜껑을 열지 않도록 한다.

② 밥맛을 좌우하는 요인

밥맛은 쌀의 품종에 따라 다르지만, 같은 품종이라도 밥 짓는 조건에 따라 차이가 생긴다. 맛있는 밥의 수분 함량은 약 65%이고 중량이 2.2~2.4배 증가한 것으로 밥맛을 좌우하는 데는 다음과 같은 많은 요인들이 있다.

- **쌀의 건조상태** 쌀은 수분 함량이 약 13~14% 정도이지만, 수확 후 오래되어 지나치게 건조된 쌀은 갑자기 수분을 흡수해야 하므로 팽창이 골고루 되지 않아 조직이 파괴되어 질감이 나빠지므로 밥맛이 좋지 않다. 또한 햅쌀로 지은 밥의 맛이 좋은 것은 수분 함량이 묵은 쌀에 비하여 많고 포도당 및 가용성 맛성분이 많기 때문이다.

- **밥물과 pH** 밥물은 쌀 중량의 1.5배, 부피의 1.2배가 적당하나, 햅쌀의 경우는 1.0배의 물을 사용하는 것이 좋다. 밥물은 pH 7~8일 때 가장 밥

맛이 좋고 산성일수록 맛이 떨어진다. 또한 밥을 지을 때 소금을 0.03% 정도 넣으면 밥맛이 좋아진다.

- **밥 짓는 용구** 밥 지을 때의 용구는 재질이 두껍고 뚜껑이 꼭 맞으며 무거운 것으로 무쇠나 곱돌로 만든 것이 가장 좋다. 무쇠는 열의 전도가 느리므로 끓인 후의 열의 지속율이 높아 뜸들이는 상태가 좋고 곱돌은 재질이 두껍고 무게가 무거워서 이상적이라 할 수 있다. 과거에는 무쇠로 만든 가마솥을 많이 사용하였다. 이 원리를 과학적으로도 규명하여 개발한 것이 압력솥이라 할 수 있다.

- **밥 짓는 열원** 밥 짓는 열원으로는 장작, 숯, 연탄, 가스, 전기 등이 있는데, 장작불을 사용한 것이 밥맛이 좋다.

③ 찹쌀밥

찹쌀로 밥을 지을 때는 밥물의 양이 약 0.9배로 멥쌀보다 적게 필요한데 이 정도로는 쌀이 물에 잠기지 않으므로 멥쌀로 밥을 할 때처럼 센 불로 충분히 끓여 줄 수 없다. 그러므로 찹쌀로 밥을 할 때는 물에 충분히 불린 다음 수증기를 이용하여 찜통에서 찌는 방법을 많이 이용하며 이때 찌는 과정에서 2~3회 물을 뿌려 주어야 충분히 호화가 된다. 최근 대나무통밥은 대나무통에 불린 쌀을 넣어 찜통에 찌는데, 물을 붓고 지을 때보다는 조리시간이 오래 걸린다.

(2) 죽

죽은 곡류에 5~6배의 물을 가하여 끓인 반유동식으로 주로 사용되는 곡류는 쌀, 찹쌀, 차조, 메조 등이 있다. 죽은 호화가 충분히 되어 점성을 유지하는 것이 잘 끓인 상태이다. 특히 지질 함량이 많은 견과류를 이용하여 끓인 죽은 쌀가루가 충분히 호화된 후 갈아 놓은 잣이나 깨를 넣어야 하는데,

이는 잣에 전분을 분해하는 아밀라아제가 많기 때문이다. 잣죽의 경우는 일 반적인 죽보다 물의 양을 적게 해야 하므로 곡류의 약 4배 정도의 물을 사용한다.

(3) 국수

밀가루를 이용하여 만든 마른 국수는 삶을 때 국수 무게의 6~7배의 물로 고온에서 단시간 내에 조리한다. 끓는 물에 국수를 넣은 다음 물이 비등점 까지 단시간에 오를 수 있도록 센 불에서 삶아야 표면이 거칠어져 맛이 저 하되는 것을 막아 준다. 국수가 다 삶아지면 바로 찬물에 넣어 잘 씻어서 표 면의 끈기를 제거하는데, 이는 삶은 국수들이 서로 붙는 것을 막고 표면의 전분을 β화시켜 흡수성을 저하시키고 여분의 수분 침투에 의하여 맛이 떨 어지는 것을 막기 위한 것이다.

TIP -	국수를 삶을 때 찬물shock water을 넣는 이유는? 끓어 넘치는 것을 방지해 주며 면의 내부까지 충분히 익히려면 표면이 지나치게 삶아지지 않도록 끓어 오 를 때 찬물을 넣어 표면온도를 낮추면서 삶는다. 이렇게 하면 맛이 더 좋아진다.

(4) 떡

떡은 곡식을 빻아 가루로 낸 다음 찌거나 익힌 것으로 만드는 방법에 따 라 찌는 떡, 치는 떡, 지지는 떡, 빚는 떡, 발효떡으로 분류한다. 떡의 수분 함량은 40~50%이므로 쌀가루가 충분히 호화되도록 적당한 수분 함량과 충분한 가열을 해야 한다. 또한 쌀가루를 체에 치거나 손으로 많이 치대면 미세한 공기가 혼입되어 입에서 촉감이 좋아지고 백색도도 증가된다. 또한 떡을 찔 때 소금을 넣으면 맛이 좋아질 뿐만 아니라 소금 중 염소이온Cl^-이 전분의 호화를 도와 더 잘 쪄진다.

떡의 종류에 따른 수분 함량

종류	수분함량(%)
가래떡	46.4
절편	46.2
백설기	42.6
송편(깨소)	46.4
시루떡	53.7
증편	50.2
인절미(콩고물)	42.4

자료: 농촌진흥청(2020), 국가 표준식품성분 DB 9.2

① 떡의 원리

떡은 곡류의 전분이 가열에 의하여 호화되는 과정으로 백설기, 시루떡, 가래떡, 절편, 찰시루떡, 경단, 화전, 증편 등이 있다.

- **담그기** 쌀을 씻어 물에 충분히 불리면 쌀 전분입자 내의 미셀구조의 결합력이 감소하고 조직이 연화된다. 쌀가루로 빻았을 때 전분입자가 미세화되고 가열 시 전분의 호화가 쉽게 된다. 멥쌀의 최대흡수율은 27% 정도, 찹쌀의 최대흡수율은 38% 정도로 찹쌀의 흡수율이 큰 이유는 찹쌀이 아밀로펙틴 함량이 대부분을 차지하고 있기 때문이다. 이러한 현상으로 멥쌀로 떡을 할 때는 반드시 수분을 보충하여야 하고 찹쌀의 경우는 거의 수분을 보충하지 않아도 된다.

익반죽
곡류의 가루를 끓는 물로 하는 반죽

- **반죽하기** 송편이나 경단, 화전 등을 반죽할 때는 끓는 물로 익반죽하는데, 이는 쌀 단백질이 점성을 나타내는 글루텐이 없기 때문에 쌀 전분의 일부를 호화시켜서 점성이 생기게 하기 위해서이다. 부재료로 마른 가루를 쌀가루에 첨가하여 떡을 만들 때는 보통 때보다 수분을 더 넣어야

표 3-3
곡류 조리에 따른 물의 양

곡류 조리	물의 양(배)	곡류 조리	물의 양(배)
흰밥	1.2	미음	8~10
찰밥	0.9	국수(삶는 물)	6~7
죽	5~6	시루떡(불린 쌀가루)	0.1

표 3-4
떡의 분류 및 특성

떡의 분류	특성	종류
찌는 떡	수증기를 이용하여 쌀가루를 호화시킴	백설기, 팥시루떡, 잡과병 등
치는 떡	호화된 쌀가루를 쳐서 점성을 높임	가래떡, 절편, 인절미 등
빚는 떡	쌀가루 반죽을 그대로 빚거나 호화시켜 빚어 모양을 냄	경단, 송편, 대추단자 등
지지는 떡	식용유에 지지거나 튀겨냄	화전, 부꾸미, 주악 등
발효떡	효모를 이용하여 발효시켜 부풀림	증편

하며 생 쑥처럼 식이섬유소가 많은 재료를 섞어 쑥떡을 만들면 수분함량이 높아지는데, 이는 쑥의 식이섬유소가 수분결합력이 커서 보수성을 가지기 때문이다.

- **뜸들이기** 시루떡, 설기떡 등 찌는 떡은 예열된 찜기에서 수증기에 의해 찌는 과정이 끝나면 불을 끄고 뜸들이기를 보통 5분 정도 해주는데, 이는 찌는 과정에서 호화되지 않은 전분 입자들을 완전 호화시켜서 더 맛있는 떡을 만들기 위함이다.

2. 감자류

1) 성분

감자류薯類는 식물의 뿌리로 감자, 고구마, 토란, 마, 곤약, 아콘 등이 있으며 주성분은 탄수화물이지만, 수분 함량이 70~80%가 되므로 곡류에 비하여 열량은 낮은 편이다.

2) 종류

(1) 감자

감자potato는 1년생 식물로 땅속에 덩이줄기를 이루고 있는 부분이 비대하여 형성된 괴경tuber을 식용한다. 감자의 괴경 형태는 구형, 타원형, 장타원형, 원통형 등이 있으며 껍질의 색은 황색, 자색, 적색 등이 있다. 품종으로는 껍

표 3-5 감자류의 성분

(가식부 100g 당)

감자류	에너지 (kcal)	수분 (g)	단백질 (g)	지질 (g)	회분 (g)	탄수화물 (g)	식이섬유 (g)	무기질				비타민		
								칼슘 (mg)	인 (mg)	철 (mg)	칼륨 (mg)	B_1 (mg)	B_2 (mg)	C (mg)
감자(수미)	70	81.1	1.90	0.03	0.87	16.07	1.7	6	62	0.4	335	0.03	0.04	4.5
고구마(호박)	141	63.9	1.20	0.20	0.96	33.77	2.0	21	55	0.5	379	0.09	0.03	14.5
토란	71	80.8	2.08	0.14	1.21	15.77	2.8	11	55	0.6	520	0.08	0.02	1.2
마(단마)	63	83.1	1.84	0.12	0.89	14.05	2.4	9	52	0.4	417	0.12	0.05	3.8
돼지감자	35	81.4	2.18	0.09	1.41	14.92	1.8	17	100	0.5	561	0.04	0.09	1.3
곤약(판형)	6	96.7	0.12	0.01	0.11	3.06	2.4	67	3	0.1	13	0.09	0.002	0.1

자료: 농촌진흥청(2020). 국가표준식품성분 DB 9.2

질이 얇고 수분이 많은 '수미' 품종의 생산이 가장 많고 남작, 조풍, 세풍, 만서, 대지, 대서 등이 있다.

① 성분

감자

감자의 성분은 수확시기에 따라 다르나, 숙성함에 따라 수분과 당분 함량은 감소하고 전분 함량이 현저하게 증가하며 단백질 함량도 약간 증가한다. 수확 후 저장 중에는 전분의 당화효소인 아밀라아제에 의해 단맛이 증가한다.

감자는 수분이 80% 정도이며 탄수화물은 대부분 전분의 형태로 존재한다. 전분의 조성은 다른 곡류와 같아서 아밀로오스와 아밀로펙틴이 2:8의 비율이지만, 곡류에 비하여 입자가 커서 빨리 호화된다. 단백질은 10% 정도로 주된 단백질은 튜베린tuberin이다. 필수아미노산 조성은 곡류와는 다르게 리신을 비롯하여 대부분이 풍부하지만 메티오닌이 부족하다.

비타민은 비교적 많으며 특히 비타민 C가 많고 무기질 중 칼슘은 거의 없지만, 칼륨 함량이 많은 알칼리성 식품이다.

감자의 유해성분인 솔라닌solanin은 감자가 햇빛에 노출되어 생긴 껍질의 녹색 부분이나 발아 중인 싹에 존재하고 섭취하면 두통, 어지러움 등을 나타내며 썩기 시작하면 셉신sepsin이라는 독성물질이 생겨 심한 중독증상을 가져온다.

> **TIP**
> **-**
>
> **감자를 가열조리해도 비타민 C가 많이 남는 이유는?**
> 감자의 전분이 호화되면서 비타민 C와 결착되어 열에 의하여 파괴되는 것을 막아주기 때문이다. 또한 감자는 껍질에 비타민 C가 많으므로 껍질째 삶는 것이 좋다.

② 점질감자와 분질감자

감자는 점성粘性과 분성粉性의 성상에 따라 조리의 용도가 달라지는데, 이러한 점성과 분성을 나타내는 정도를 식용가palatability factor로 표시한다.

$$\text{식용가(P.F.)} = \frac{\text{감자의 단백질량(g)}}{\text{감자의 전분량(g)}} \times 100$$

감자의 단백질량이 많을수록 식용가는 높아져 점성을 나타내고 전분량이 많아질수록 식용가는 낮아져 분성을 나타낸다.

- **점질감자** 점질감자waxy potato는 세포 내 전분입자의 함량이 낮은 것으로 가열하면 육질이 약간 불투명해지고 찰진 질감을 가지는 감자로 비중이 1.07~1.08로 낮은 편이다. 찌거나 삶아도 잘 흩어지거나 부서지지 않으므로 기름으로 볶는 요리에 적합하며 샐러드, 볶음, 조림 등에 이용된다.

- **분질감자** 분질감자mealy potato는 세포 내 전분입자의 함량이 높은 것으로 가열하였을 때 작은 입상조직이 보이며 불투명하고 건조한 흰색을 띠며 보실보실하면서 윤이 나지 않는 파삭한 질감을 가지는 감자로 비중이 높아 1.11~1.12가 된다. 찐 감자, 화덕이나 오븐을 이용한 구운 감자나 메쉬드 포테이토mashed potato, 프렌치 프라이드 포테이토french fried potato 등에 적합하다. 또한 메쉬드 포테이토를 만들 때는 감자의 온도가 내려가

그림 **3-4**
분질감자의 조리 및 이용

| 메쉬드 포테이토 | 구운 감자 | 프렌치 프라이드 포테이토 |

면 끈기가 생기므로 감자가 뜨거울 때 으깨야 한다.

③ 감자의 효소적 갈변

감자는 껍질을 벗긴 표면이 적갈색을 거쳐 갈색으로 변하는 것을 볼 수 있는데, 이는 효소에 의한 갈변으로 감자 중의 아미노산인 티로신tyrosin이 티로시나제tyrosinase에 의하여 산화되면서 멜라닌melanin 색소를 형성하기 때문이다. 이러한 갈변을 방지하려면 껍질을 벗긴 감자를 물에 담가 수용성 물질인 티로신을 제거하거나 산소와의 접촉을 피하고 산을 첨가하거나 환원성 물질인 아스코르빈산ascorbic acid이나 0.25%의 아황산을 첨가하는 방법 등을 사용한다.

④ 조리 및 이용

감자는 찌거나 굽거나 튀기거나 으깨어서 조리 용도로 사용하는 것 외에도 가공되어 다양하게 이용된다. 즉, 감자칩, 감자전분, 과자, 물엿, 포도당, 주정 등의 원료로 사용된다.

(2) 고구마

고구마sweet potato는 열대나 아열대에서 재배되는 1년생 식물로 껍질 색은 적색계통을 띠며 감자보다는 당분 함량이 많아 단맛이 강하다.

① 성분

고구마는 감자보다 수분 함량이 적고 당질이 많아 열량이 높으며 탄수화물은 대부분 전분이고 맥아당, 자당, 포도당, 과당 등이 탄수화물 중 약 20%를 차지하기 때문에 단맛이 강하다. 단백질은 이포메인ipomain이며, 감자보다 양은 적지만 질은 우수하고 무기질은 칼륨의 함량이 많다. 비타민은 황색고구마에 카로틴이 들어 있고 비타민 B군과 비타민 C가 풍부하다.

고구마

고구마의 특수성분으로 고구마를 잘랐을 때 나오는 유액의 성분인 얄라핀jalapin인 수지배당체가 있다. 이 성분은 강한 점성을 가지고 물에 녹지 않으며 공기 중에 노출되면 산화되어 흑색으로 변하게 되는데, 제거하기 어렵다.

또한 고구마는 껍질이 벗겨진 표면이 공기 중에 노출되면 갈변하는데, 이는 고구마에 있는 클로로겐산chlorogenic acid, 폴리페놀polyphenol에 폴리페놀옥시다제polyphenol oxidase가 작용하여 갈변물질을 생성하기 때문이다.

고구마는 표피가 코르크층으로 되어 있고 색소가 있어 고구마의 색을 결정하며, 껍질은 약간 두껍고 전분과 탄닌을 함유하고 있다. 대부분의 전분은 유조직에 함유되어 있으며 실제의 가식 부분이다.

② 조리 특성

고구마는 조리할 때 주성분인 전분의 호화가 일어나는데, 호화에 필요한 수분은 고구마 자체에 함유된 수분을 이용한다. 그러므로 찌거나 삶거나 구울 때 따로 물을 첨가하지 않아도 자체 내의 수분으로 충분히 호화가 된다.

고구마의 β-아밀라아제는 전분을 가수분해하여 맥아당을 만들어 단맛을 내게 된다. 이와 같은 현상은 온도가 높아질수록 잘 일어나는데, 햇빛에 말린 고구마나 군고구마는 보통 β-아밀라아제의 활성이 가장 활발하게 일어나는 50℃ 정도에서부터 활성을 잃게 되는 70℃까지 계속 진행되므로 달게 된다.

고구마를 홍수 등으로 인해 수중에 오래 방치하면 고구마 세포가 죽어 굽거나 삶아도 연화되지 않는 관수현상이 발생한다. 이는 세포가 살아 있을

> **군고구마를 맛있게 하는 방법은?**
> 고구마를 화덕에서 구우면 복사열에 의하여 너무 강하지도 약하지도 않은 중간불에 수분이 증발되고 가열되는 동안 충분히 β-아밀라아제에 의해 당화되어 맛있게 된다.

때는 세포액 중에서 삼투작용을 하던 칼슘이나 마그네슘 등의 금속이온이 세포막 중의 펙틴과 결합하여 칼슘펙테이트calcium pectate를 형성하기 때문이며 이 물질은 아무리 열을 가하여도 세포의 결합이 연화되지 않는다. 고구마를 조리할 때 너무 낮은 온도에서 가열하거나 삶다가 중지한 상태에서 오래 방치해도 제대로 연화되지 않는데 이것도 관수현상 때문이다.

또한 고구마는 저장기간 동안 리조푸스 니그리칸스*Rhizopus nigricans*에 의한 연부병이나 흑반병으로 상하기 쉽고 냉장 저장하면 냉해를 일으키는 등 저장성이 떨어지므로 13℃ 정도의 온도와 85~90%의 습도 조건으로 저장하는 것이 좋다. 흑반병에 걸린 고구마의 쓴맛성분은 이포메아메론*ipomeamerone*이다.

③ 조리 및 이용

고구마는 찐고구마, 군고구마, 튀김, 샐러드 등으로 다양하게 이용될 뿐만 아니라 고구마 전분, 제과, 당면, 물엿, 잼, 고추장, 주정의 가공원료로 사용된다. 또한 고구마줄기는 채소로서 반찬류로 이용된다.

(3) 토란

우리나라에서는 대개 7월 중순경부터 수확하여 추석 전후에 많이 이용하는데, 생산량의 97% 이상이 생토란으로 이용되며 가공되는 양은 극히 적다.

토란taro의 성분은 수분이 약 80%, 탄수화물은 약 13%로 대부분이 전분이며 갈락탄, 펙트산, 텍스트린 등이 함유되어 있고 무기질로는 칼륨이 많다.

토란

갈락탄
galactan
갈락토오스로 이루어진
다당류

토란의 미끈거리는 점성물질은 갈락탄galactan이라는 다당류이다. 이 물질은 전분과 더불어 토란의 맛을 내지만, 가열조리 중 국물에 녹아서 거품이 일어나 끓어 넘치는 원인이 된다. 또한 국물에 점도가 생겨 열의 전도나 조미료의 침투를 방해하기도 하나, 1%의 소금을 첨가하면 이 점질물은 응고되어 점성도 적고 국물도 맑아진다. 그러므로 토란을 조리할 때는 쌀뜨물이나 소금물에 데쳐서 점질물을 없앤 다음, 조미료를 첨가해야 맛이 잘 침투

된다.

토란껍질을 만지면 수산칼슘이 많아서 손이 가렵게 되는데, 가열하거나 식초에 담그면 활성이 없어진다. 토란의 아린맛은 호모겐티스산homogentisic acid으로 소금물에 데치면 아린맛을 제거할 수 있다.

토란은 토란탕, 토란병 등에 이용되고 토란줄기는 껍질을 벗겨 건조시켜 저장 채소로 이용한다.

(4) 마

마yam는 다년생의 넝쿨성 식물로 주성분이 전분이며 점성이 강하다.

점질물은 뮤신mucin이며 α-아밀라아제 등 효소를 많이 함유하고 있어 소화를 촉진시킨다. 참마는 갈아서 생식하거나 삶아서 이용한다. 또한 식용뿐만 아니라 한약재료로도 이용되며 강장 및 기능성 식품으로 알려져 소비가 증가하고 있다.

마

(5) 구약감자

구약감자는 토란과에 속하며 수용성 식이섬유인 글루코만난glucomannan이 특유의 겔 형성력을 이용하여 묵처럼 겔화시켜 곤약을 만든다. 곤약konjak의 성분은 수분 약 95%, 당질 약 3%인 저칼로리 식품이며 섬유소와 무기질이 소량 함유되어 있다. 특유의 향이 있으므로 조리할 때는 끓는 물에 반드시 데쳐서 사용한다.

구약감자

(6) 돼지감자

돼지감자jerusalem artichoke는 국화과에 속하는 1년생 뿌리식물로 우리나라 전역에서 야생하며 뚱딴지라고도 불린다. 주성분은 과당의 다당류인 이눌린inulin으로 산이나 효소로 가수분해하여 과당의 원료, 엿, 알코올 제조용, 사료 등으로 이용된다. 사람의 체내에는 이눌린을 분해하는 효소가 없어 소화시키지 못한다.

돼지감자

(7) 카사바

카사바

카사바cassava는 타피오카tapioca 전분의 원료로 당질이 주성분이다. 감미종은 소형으로 단맛이 있고 약 30%의 전분을 함유하고 있어 고구마처럼 삶아서 식용하기도 하나 고미종은 대형으로 쓴맛이 강하여 그대로 식용하지 못하고 전분제조 원료로 사용된다. 최근에는 우동을 만들 때나 인조미 형태의 곡류대용품, 깨찰빵, 버블티 같은 음료 등에 이용한다.

(8) 야콘

야콘

야콘yacon은 국화과 다년생 식물로 포도당, 과당, 자당, 올리고당의 형태로 탄수화물을 저장한다. 고구마처럼 단맛이 나고 수분이 많으며 아삭한 질감이 있어 생것은 샐러드나 과일로 이용되며 삶거나 구워 먹기도 한다. 또한 야콘즙은 음료로도 이용되고 농축하여 찬카카chancaca라는 갈색의 엿을 만들기도 한다. 가공한 야콘전분은 야콘냉면, 야콘국수 등에 이용된다.

(9) 물밤

물밤

물밤water chestnut은 마름열매marce, 남방개라고도 하며 고소한 맛과 아삭아삭 씹히는 질감이 있다. 마름은 유럽 수생식물의 열매로 밤처럼 소금물에 삶거나, 볶아 먹기도 하고 퓌레를 만들기도 한다. 남방개는 아시아 수생식물로 익혀서 코코넛 밀크, 열대과일, 과일 소르베 등과 함께 먹기도 한다. 물밤은 전분을 내어 요리에 사용하거나 물밤묵 등을 만들 때 이용한다.

CHAPTER
04

: 전분

CHAPTER
04

: 전분

전분은 식물체의 저장탄수화물로 곡류와 감자류의 주성분이며 포도당이 수백
개 또는 수만 개까지 결합된 다당류이다. 식물체의 종류에 따라 전분 입자의
형태와 크기가 다른데, 이는 전분의 조리에 많은 영향을 미친다.

1. 전분의 특성

1) 구조

전분 분자는 가열 시 엉기는 성질이 있는 아밀로오스amylose와 끈기를 가지는 아밀로펙틴amylopectin으로 구성되어 있다. 아밀로오스는 α-포도당이 직선상으로 연결된 α-1, 4결합으로 나선형을 이루고, 아밀로펙틴은 직선상의 α-1, 4결합에 α-1, 6결합으로 여러 개의 가지를 친 분지상을 이룬다.

전분은 결정 부분과 비결정 부분으로 결합되어 있으며 결정 부분은 분자의 결합이 치밀하나 이에 비하여 비결정 부분은 비교적 엉성하게 결합되어 있으면서도 분자배열이 규칙성을 나타내는데, 이러한 구조를 미셀micelle이라고 한다.

> 미셀
> micelle
> 콜로이드용액에서 분자
> 의 집합체

2) 종류

전분은 식물체의 종류에 따라 전분 분자 구성이 다르며 그 크기와 형태도 다르다. 대부분의 전분은 아밀로오스와 아밀로펙틴으로 구성되어 있다. 멥

그림 **4-1**
아밀로오스와 아밀로펙틴
분자

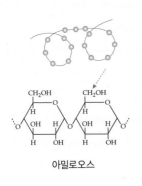

아밀로오스

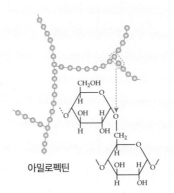

아밀로펙틴

표 **4-1** 전분의 종류와 특징

종류		입자형태	평균 크기(μm)	아밀로오스 함량 (%)	전분 6%		겔 상태	투명도
					호화개시 온도(℃)	최고점도 (BU)		
종실 전분	쌀	다면형	5	17	67.0	112	깨지기 쉽다. 단단하다.	약간 불투명
	밀	비교적 구형	21	25	76.7	104	깨지기 쉽다. 단단하다.	약간 불투명
	옥수수	다면형	15	28	73.5	260	깨지기 쉽다. 단단하다.	불투명
	녹두	달걀형	15	34	73.5	900	깨지기 쉽다. 단단하다.	약간 불투명
근경 전분	얼레짓 가루	달걀형	25	18	54.2	980	깨지기 쉽다. 탄력성	투명
	타피오카	구형	20	18	62.8	750	강한 점착성	투명
	칡	달걀형	10	23	66.3	450	탄력성	투명
	고구마	구형, 타원형	15	19	68.0	510	깨지기 쉽다. 단단하다.	투명
	감자	달걀형	33	22	63.5	2200	깨지기 쉽다. 단단하다.	투명

자료: 川端晶子, 畑明美(2004). ブックヌ 調理学(p.115). 建帛社.

쌀은 아밀로오스가 20~25%, 아밀로펙틴이 75~80% 함유되어 있고 찹쌀은 대부분이 아밀로펙틴으로 구성되어 있다.

전분의 형태는 원형, 타원형 등 여러 가지의 모양을 가지며 일반적으로 감자류가 곡류보다 전분 입자의 크기가 커서 호화되기 쉽다.

2. 전분의 조리 특성

1) 호화

전분 입자는 결정 부분과 비결정 부분이 수많은 수소결합에 의하여 빽빽한 상태의 미셀구조를 이루고 있다. 생전분은 냉수에 녹지 않고 소화효소의 작용을 받기도 어려우며 비중이 1.55~1.65로 커서 물에 가라앉으며, β-전분이라 한다.

생전분에 물을 넣고 가열하면 흡수와 팽윤이 서서히 진행되고 60~65℃ 정도가 되면 전분 입자는 급격히 팽윤swelling하며 온도가 더욱 상승하면 전분용액의 점성과 투명도가 증가하면서 반투명의 콜로이드 상태로 된다. 이 현상을 호화α화·gelatinization라 하며 이러한 상태의 전분을 호화전분 또는 α-전분이라 한다.

호화는 분자 간 수소결합이 열에 의하여 끊어지면서 생전분의 규칙적 배열상태인 미셀구조가 규칙성을 잃고 흐트러지면서 미셀 내부에 생긴 공간 사이에 물 분자가 들어가서 활발히 움직여서 생긴다.

호화에 영향을 미치는 조건에는 전분의 종류와 전분 입자의 크기, 수침시간과 가열온도, 첨가물, 젓는 정도 등이 있다.

> **팽윤**
> **swelling**
> 건조상태의 겔이 분산매를 흡수하여 부푸는 현상
>
> **콜로이드 용액**
> 어떤 물질의 아주 작은 입자 또는 큰 분자가 액체에 균일하게 분산된 액

(1) 전분의 종류

아밀로오스는 아밀로펙틴보다 호화되기 쉽다. 그러므로 일반적으로 찹쌀이 멥쌀보다 조리시간이 길다.

(2) 입자의 크기

전분 입자의 크기가 클수록 호화되기 쉽다. 즉, 감자나 고구마 같은 감자류는 곡류의 입자보다 커서 호화가 잘된다.

(3) 수침시간과 가열온도

가열하기 전에 전분을 수침하면 호화되기 쉽고 균질한 질감을 얻을 수 있으며 가열온도가 높을수록 단시간에 호화되기 쉽다.

(4) 첨가물

전분에 첨가하는 물의 양이 많으면 호화되기 쉽다. 완전히 호화되기 위한

물의 양은 전분의 약 6배가 이상적이다.

전분에 산을 첨가하면 가수분해가 일어나 점도가 낮아지고 호화가 잘 되지 않는다. 전분에 산을 첨가해서 소스를 만들 때는 전분을 먼저 호화시킨 다음에 산을 첨가하는 것이 좋다.

설탕을 첨가하면 호화가 방해된다. 적은 양의 설탕은 호화에 영향을 미치지 않으나, 20% 이상이 되면 호화를 억제하므로 탕수육 소스같이 신맛과 단맛을 주면서 점도를 유지하려면 먼저 전분을 호화시킨 다음에 설탕, 식초를 첨가하는 것이 좋다.

지방은 전분의 수화를 지연시키고 점도가 증가되는 것을 방해한다.

(5) 젓는 정도

전분의 균일한 용액을 만들기 위해서는 호화가 시작될 때 잘 저어 주어야 하지만, 계속해서 지나치게 저어 주면 전분 입자가 팽창하여 파괴되면서 점도가 낮아진다. 이는 죽을 끓일 때나 풀을 쑬 때 점성을 유지하기 위하여 호화 초기에는 잘 저어 주어야 하나, 그 이후에는 지나치게 저어 주지 말아야 하는 이유이기도 하다.

2) 노화

호화된 전분을 공기 중에 방치하면 불투명해지고 흐트러졌던 미셀구조가 규칙적으로 재배열되면서 생전분의 구조와 같은 물질로 변하는 현상을 노화β화·retrogradation라 한다. 식은 밥이나 굳은 떡처럼 노화가 일어나면 맛이 없어지고 소화효소의 작용도 받기 어려워진다.

그림 **4-2**
전분의 호화와 노화

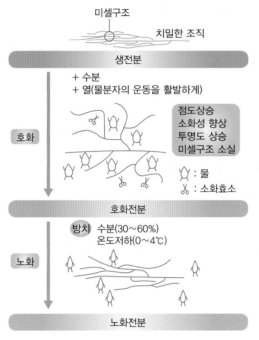

자료: 南出隆久, 大谷貴美子, 松井元子 編(2000). 榮養科学シリーズNEXT 調理学(p.76). 講談社.

(1) 노화에 영향을 주는 요인

① 전분 입자의 종류

아밀로오스는 직선상 분자이므로 입체장애가 없어서 노화되기 쉬우나, 이에 반하여 아밀로펙틴은 분지상 구조로 입체장애를 받으므로 노화속도가 늦다. 즉, 아밀로펙틴으로만 구성된 찹쌀밥이나 찰떡은 빨리 굳지 않는다.

② 온도와 수분 함량

전분의 노화는 0~4℃의 냉장온도에서 쉽게 일어나는데, 이는 0~4℃에서 분자 간 수소결합이 안정되며 결합을 촉진시키기 때문이다. 수분 함량은 30~60%일 때 가장 노화되기 쉽다.

표 4-2
전분의 호화와 노화가 잘 되는 요인

구분	호화가 잘 되는 요인	노화가 잘 되는 요인
전분의 종류	아밀로오스가 많을수록	아밀로오스가 많을수록
전분입자의 크기	클수록	-
수침시간	길수록	-
온도	높을수록	0~4℃
pH	알칼리성	산성
수분 함량	많을수록	30~60%
설탕의 첨가량	적을수록	적을수록
기타	지방의 양이 적을수록	유화제 첨가가 적을수록

③ pH

노화는 수소결합에 의한 것이므로 묽은 염산, 황산용액은 노화속도를 증가시킨다.

(2) 노화를 방지하는 요인

① 수분 함량과 온도

호화용액의 수분 함량을 60% 이상 또는 15% 이하로 유지하면 노화를 방지할 수 있고 60℃ 이상의 온도에서는 거의 노화가 일어나지 않는다. 이러한 원리로 보온 밥통이나 밥을 보관하는 온장고의 온도를 60~70℃로 하면 노화가 억제된다.

② 냉동법 및 탈수법

0℃ 이하로 급속 냉동시키거나 급속 탈수하여 수분 함량을 15% 이하로 조절하면 노화를 방지할 수 있다. 냉동 건조미는 이러한 원리를 이용하여 만든다.

③ 당

설탕이나 맥아당 등을 많이 첨가하면 당의 흡습작용에 의하여 수분 함량이 감소하는 것을 방지하여 노화를 방지할 수 있다.

④ 지방과 유화제

호화된 전분에 지방을 넣으면 지방이 수소결합을 방해하여 노화를 방지한다. 전분 교질용액에 모노글리세라이드, 디글리세라이드 같은 유화제를 첨가하면 안정도가 증가하고 노화도 억제된다.

3) 호정화

전분을 비교적 높은 온도인 160~170℃의 건열로 가열하면 전분분자는 글리코시드 결합이 끊어지면서 가용성의 덱스트린dextrin으로 분해된다. 이러한 과정을 전분의 호정화dextrinization라 한다.

호정화는 호화와는 달리 화학적인 분해가 일어난 상태로 물에 녹기 쉬운 가용성 전분soluble starch으로 용해성이 증가한 반면에 점성은 낮아진다.

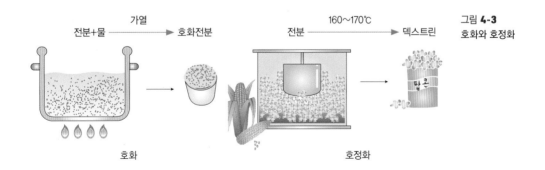

전분+물 → (가열) → 호화전분   전분 → (160~170℃) → 덱스트린

그림 **4-3**
호화와 호정화

호화   호정화

TIP -	**강냉이와 팝콘의 차이는?**
	팝콘은 전분밀도가 높아 터질 수 있는 온도에 도달하기까지 외부에서 열만 가해 주면 딱딱한 껍질이 내부 압력을 견디지 못해 터지는 것이고, 강냉이는 내부의 밀도가 팝콘보다 낮아서 뻥튀기 기계와 같은 밀폐된 공간에서 열을 가해야 터질 수 있다.

전분의 호정화 현상은 빵을 구울 때 빵의 표면이나 곡물의 가루를 볶을 때 일어나는 현상으로 미숫가루, 누룽지, 토스트, 뻥튀기팽화식품, 루roux 등에서 볼 수 있다.

4) 당화

전분에 산이나 효소를 작용시키면 단당류, 이당류 또는 올리고당으로 가수분해 되어 단맛이 증가하는데 이런 과정을 전분의 당화saccharification라고 하며 물엿, 조청, 시럽, 식혜, 고추장 등은 전분의 당화를 이용한 식품이다.

식혜는 보리를 싹틔운 엿기름을 이용하는데, 엿기름에는 전분 분해효소인 β-아밀라아제가 있다. β-아밀라아제는 55~60℃에서 전분을 부분적으로 당화시켜서 맥아당을 만들고, 이 용액을 농축시킨 것을 조청이라 하며 더욱 농축시키면 갈색의 엿이 된다.

표 4-3 감자 전분, 고구마 전분, 옥수수 전분의 특성

특성 \ 종류	감자 전분	고구마 전분	옥수수 전분
입자형태	달걀형	구형, 타원형/ 다면형	다면형
색	흰색	옅은 회색	옅은 미색
아밀로오스(%)	22	19	28
입자 평균크기(μm)	33 / 50	15 / 18	15 / 16
투명도	투명	투명	불투명
겔 상태	강함	보통	약함
호화개시온도/ 호화온도	63.4℃ / 64.5℃	68.0℃ / 72.5℃	73.5℃ / 86.2℃
용도	탕수육소스, 튀김옷, 감자떡, 감자옹심이 등	냉면, 당면의 원료 어묵, 소시지 등	제과, 조리용 등

자료: 정강현(2007). 식품가공학. 문운당.

5) 겔화

전분을 냉수에 풀어서 열을 가하면 호화가 일어나는데, 호화된 전분이 급속히 식어서 굳어지는 현상을 전분의 겔화gelation라 한다. 이것은 아밀로오스가 부분적으로 결정을 만드는 것으로, 고구마, 감자 전분의 아밀로오스는 겔화가 잘 일어나지 않으나, 도토리, 녹두, 메밀, 동부 전분은 겔화가 잘 일어난다. 이러한 성질을 이용한 음식으로는 도토리묵, 청포묵, 메밀묵, 오미자편 등이 있다.

전분의 성질	음식
호화	밥, 죽, 국수, 떡 등
호정화	미숫가루, 누룽지, 토스트, 뻥튀기팽화식품, 루 등
당화	식혜, 조청, 엿, 물엿, 고추장 등
겔화	도토리묵, 청포묵, 메밀묵, 오미자편 등

표 4-4
전분의 성질을 이용한 음식

6) 조리 및 이용

전분은 조리에서 농후제, 안정제, 결착제, 보습제, 겔형성제 등으로 이용되는데, 호화되고 균질한 상태로 일정한 점성을 가지고 있어야 한다.

전분의 기능	음식
증점제	소스, 수프, 그레이비gravy, 스튜 등
겔형성제	묵, 과편, 푸딩, 젤리 등
안정제	샐러드 드레싱 등
결착제	소시지, 어묵, 게맛살 등
보습제	케이크 토핑 등
피막제	오브라이트oblate 등
희석제	베이킹 파우더, 케이크믹스, 건조수프믹스 등

표 4-5
전분의 기능에 따른 식품

천연 전분과 변성 전분

천연 전분은 주로 감자, 고구마, 옥수수, 타피오카 등에서 분리하여 제조하는데, 물에 녹지 않고 가라앉는 성질을 이용한다. 감자, 고구마, 타피오카 전분은 호화되었을 때 투명하고 노화도 잘 되지 않으나, 옥수수 전분은 유백색을 띠며 점도가 낮다. 조리할 때 농후제로는 감자 전분, 고구마 전분을 많이 사용한다.

변성 전분은 전분을 물리·화학적·효소적 방법으로 처리하여 전분의 성질을 변화시킨 전분으로 천연 전분의 단점을 보완하여 가공적성이 높고, 그 종류로는 호화 전분, 산처리 전분, 산화 전분, 가교결합 전분, 인산화 전분, 덩어리 전분 등이 있다.

CHAPTER
05

: 당류

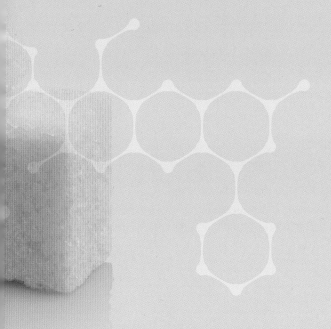

CHAPTER
05

: 당류

당은 단맛이 있고 갈변현상에도 관여하며 여러 가지 음식과 캔디 등의 제조에
사용된다.

1. 당류의 종류

당류는 단맛을 내며 감미료로 사용된다.

1) 설탕

설탕sugar은 자당이라고도 하며, 사탕무나 사탕수수에서 얻는 당으로 백설탕, 황설탕, 흑설탕, 분당, 각설탕, 커피슈가 등이 있다. 설탕은 α, β의 이성질체가 없어 온도에 따른 단맛의 변화가 없으므로 10% 설탕 용액이 감미의 기준 물질이 된다.

조리에 사용되는 설탕의 양은 보통 무침에는 2~8%, 초무침에는 3~5%, 잼에는 60~70%가 사용되며, 방부의 목적으로 설탕을 사용할 때는 50% 이상을 사용한다.

> **분당**
> powdered sugar
> 흰 설탕을 곱게 갈아 옥수수 전분을 혼합한 것으로 케이크프로스팅, 도넛이나 과자 위에 뿌린다.

2) 전화당

전화당invert sugar은 설탕을 산이나 전화 효소invertase에 의해 가수분해하여 생성되는 과당과 포도당의 동량 혼합물로 벌꿀의 주요 당 성분이다. 설탕보다 단맛이 강하고 결정화가 되지 않아 양갱 및 케이크 등에 사용된다.

TIP
-

무설탕 껌이나 음료의 칼로리는?
무설탕 껌이나 음료도 당알코올을 함유하고 있으면 1g당 2~3kcal의 열량을 내기 때문에 무설탕이라고 해서 모두 칼로리가 0은 아니다. 최근에는 설탕과 자일로스가 혼합된 자일로스 설탕, 무화과나 포도 등의 단맛성분으로 저칼로리인 알루로스가 있다.

3) 포도당

포도당glucose은 포도를 비롯한 과일에 많고 설탕, 맥아당, 유당 등 이당류와 올리고당, 다당류 등의 구성당이다. 또한 동물의 혈액에 0.1% 정도 함유되어 있다.

4) 과당

과당fructose은 과일과 꿀에 많으며, 감미도는 설탕의 1.8배 정도로 천연의 당 중에서 감미도가 가장 높고 흡습성이 커서 결정화하기 어렵다. 혈당지수가 낮아 당뇨병 환자에게 사용되는 당이다. 과당은 온도가 낮아지면 α형보다 β형이 더 많아지게 되는데, β형 과당이 α형 과당보다 3배나 더 달기 때문에 과당이 많은 과일을 냉장하면 더 달게 느껴진다.

> **혈당지수**
> Glycemic Index, GI
> 순수 포도당을 100이라고 하였을 때 섭취한 식품의 혈당상승 정도와 인슐린 반응 정도를 비교하여 수치로 표시한 지수로 당뇨병에 대한 식사요법의 기준이 된다.

5) 당알코올

당이 환원되어 생성된 당알코올은 설탕의 0.4~0.7배의 감미도를 가지는 설탕 대체물로, 청량감이 있고 혈당을 높이지 않는 특징이 있어 식품에 많이 사용된다. 그중에서 포도당이 환원된 솔비톨은 비타민 C의 합성원료, 무설탕 음료, 저열량 식품에 사용된다. 만노오즈mannose에서 환원된 만니톨mannitol은 당뇨병 환자의 대체 감미료로, 자일로오즈xylose에서 환원된 자일리톨xylitol은 충치예방 효과가 있다고 알려져 껌, 아이스크림, 무설탕제품 등에 단맛을 내기 위해 사용된다.

TIP

-

당류 이외의 감미료

천연감미료

- 꿀honey: 여러 가지 꽃에 꿀벌들이 소화효소를 작용시켜 설탕을 포도당과 과당이 함유된 전화당으로 전화시킨 것이다. 꿀은 과당의 양이 많아 흡습성이 강하므로 꿀로 만든 빵이나 과자는 촉촉함이 오래 유지된다.
- 시럽syrup: 설탕 시럽은 설탕에 물을 넣고 중불에서 젓지 않고 끓여 제조하는데 이때 저으면 결정이 생기므로 주의하여야 한다. 또한 옥수수 전분에 산분해효소를 넣어 가수분해하여 만든 콘시럽corn syrup과 단풍나무 즙액에서 추출한 단풍시럽maple syrup이 제과·제빵에 다양하게 사용되고 있다.
- 물엿malt syrup: 고구마, 쌀 등의 전분 함유 식품에 산 또는 맥아에 의한 β-아밀라아제에 의해 전분이 가수분해되어 생성된 맥아당이 주원료인 감미료이다. 물엿은 조림 등의 요리에 사용하면 윤기 있고 부드러운 질감을 얻을 수 있다.

특수감미료

- 감초: 한약에 단맛을 내기 위해 사용되는 감초licorice는 글리시리진glycyrrhizin이 단맛을 내는데 너무 진하면 쓴맛이 난다.
- 감차: 감차의 피로둘신phyllodulcin은 설탕의 약 400~500배의 단맛을 낸다.
- 자소: 자소의 잎에 함유된 페릴라틴perillatine이 단맛을 낸다.
- 스테비아: 스테비아 잎에서 추출한 스테비오사이드는 설탕의 약 300배 정도의 단맛을 갖는 감미료로 탄산음료, 청량음료, 유산균 음료 등에 사용되는 무칼로리 감미료이나 일부 품목에는 사용할 수 없도록 되어 있다.

합성감미료

합성감미료는 단맛을 내고 열량이 거의 없으나 안정성에서 논란의 여지가 있다.
- 아스파탐: 두 개의 아미노산인 페닐알라닌과 아스팔트산을 합성하여 만든 아미노산계의 인공감미료이다. 설탕의 약 150~200배의 단맛을 내지만 열량이 적어 캔디, 시리얼, 냉동디저트, 음료수 등에 첨가하여 저칼로리제품으로 사용된다. 페닐알라닌이 있어 페닐케톤뇨증Phenylketonuria, PKU 환자는 섭취에 주의하여야 한다.
- 사카린: 설탕의 200~700배의 단맛을 내는 인공감미료로 열량이 없고, 충치도 유발하지 않는다. 김치, 음료수, 어육 가공품, 시리얼류, 뻥튀기 등의 식품 재료에 사카린나트륨염으로 사용된다.

6) 올리고당

천연식품에서 합성하거나 다당류를 효소에 의하여 가수분해해서 얻는 당으로 프락토 올리고당과 이소말토 올리고당이 판매되고 있다. 올리고당은 소화, 흡수가 되지 않아 저열량 감미료로 사용된다. 비피더스균의 증식 인자로 작용하며 저충치성으로 알려져 있다.

2. 당류의 조리 특성

1) 단맛

과일, 시럽과 꿀 등은 포도당, 과당 또는 전화당이 주성분으로 그 구성 당의 종류에 따라 각각 독특한 단맛을 가지고 있다.

설탕의 단맛은 이성체가 없어 온도에 따른 단맛의 변화가 없으므로 10% 설탕용액이 단맛의 기준이 된다. 과당은 단맛이 가장 큰 당이며, 전화당, 자당설탕, 포도당, 맥아당, 갈락토오스, 유당의 순으로 단맛이 감소한다. 과당은 온도가 낮을수록 단맛이 강해져 과당이 많은 과일은 차게 해서 먹는 것이 더 달다.

2) 용해도

당류는 일반적으로 물에 잘 녹지만 단맛이 강한 과당이 가장 잘 녹고, 단맛이 약한 유당이 가장 잘 녹지 않는다. 또한 온도에 따라서도 다른데, 설탕은 0℃에서는 100mL의 물에 179g이 용해되지만 100℃에서는 487g이 용해

온도(℃)	0	20	40	60	80	100
설탕(g)	179.2	203.9	238.1	287.3	362.1	487.2

표 5-1
설탕의 온도에 대한 용해도

자료: 常用化学便覧編輯委員會 編(1976). 常用化学便覧 (p.545, p.549). 誠文堂新光社.

되는 것과 같이 온도가 높을수록 당류는 더욱 잘 용해된다.

3) 결정성

당용액은 용매에 용해되는 당의 양에 따라 불포화, 포화, 과포화용액으로 구분된다. 과포화용액은 용매에 녹을 수 있는 양보다 용질의 양이 많아 저어 주거나 충격을 가하면 결정을 형성하기 쉽다.

과포화된 설탕용액을 100℃ 이상으로 가열한 후 냉각시키면 용해도가 낮아져 과포화된 부분이 핵을 형성하기 시작하고 그 후 핵을 중심으로 결정이 형성되는 것을 결정화crystalization라고 한다. 이때 빠른 속도로 핵을 형성하기

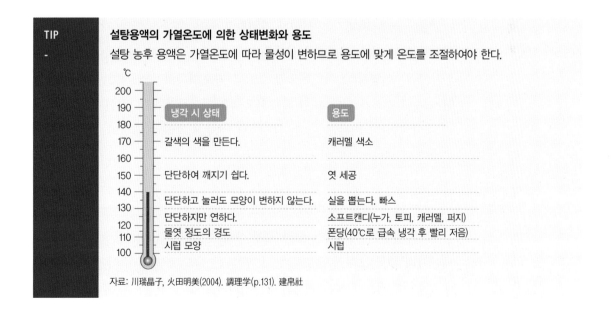

TIP
-

설탕용액의 가열온도에 의한 상태변화와 용도

설탕 농후 용액은 가열온도에 따라 물성이 변하므로 용도에 맞게 온도를 조절하여야 한다.

℃	냉각 시 상태	용도
170	갈색의 색을 만든다.	캐러멜 색소
150	단단하여 깨지기 쉽다.	엿 세공
140	단단하고 눌러도 모양이 변하지 않는다.	실을 뽑는다. 빠스
130	단단하지만 연하다.	소프트캔디(누가, 토피, 캐러멜, 퍼지)
120	물엿 정도의 경도	폰당(40℃로 급속 냉각 후 빨리 저음)
110	시럽 모양	시럽
100		

자료: 川瑞晶子, 火田明美(2004). 調理学(p.131). 建帛社

위해 미리 고운 결정을 넣는 것을 씨뿌리기seeding라고 한다. 이러한 당의 결정화 성질을 이용하여 캔디를 만들 수 있다.

결정성은 캔디 제조에서 중요한 과정이며 결정의 형성이나 억제는 캔디 품질 결정의 중요한 요인이 된다. 당의 결정형성 여부에 따라 결정형 캔디crystalline candy와 비결정형 캔디amorphous candy로 나눌 수 있다. 당의 결정화에 영향을 주는 요인은 다음과 같다.

(1) 용질의 종류

용액을 이루는 용질의 종류에 따라 다른 결정을 형성하는데 포도당은 서서히 결정을 형성하며 설탕은 빨리 결정을 형성한다.

(2) 용액의 농도

설탕용액의 농도가 높으면 높을수록 핵이 더욱 많이 생기고, 결정의 크기는 작아지며 결정은 더욱 많아진다.

(3) 용액의 온도

설탕이 녹을 때까지는 서서히 가열하고 녹은 후에는 빨리 가열하여야 결정화가 되기 쉽다. 한꺼번에 설탕을 많이 녹이면 온도가 서서히 올라가 결정화가 되기 어렵지만, 가열온도가 높으면 과포화되어 불안정한 시럽을 만들어 쉽게 결정화가 된다. 또한 과포화용액을 일정한 온도로 식힌 후에는 빠르게 저어 주어야 되는데, 높은 온도에서 젓기 시작하면 결정의 크기가 커져서 거칠게 된다.

(4) 젓기

과포화설탕용액을 저어 주면 쉽게 핵이 형성되어 결정화가 된다. 이때 미세한 결정을 얻으려면 온도를 내린 후 빠른 속도로 저어 주어야 한다. 시럽을 만들 때 저으면 핵이 형성되어 결정화되므로 젓지 않도록 주의하여야 하지만, 폰당 같은 결정형 캔디를 만들려면 계속 저어 미세한 결정을 만들어야 좋은 캔디가 된다.

(5) 결정 형성 방해 물질

과포화설탕용액 안에 난백, 젤라틴, 시럽, 꿀, 우유, 크림, 초콜릿, 한천, 유기산, 주석영cream of tartar, 전화당 등 설탕 이외의 이물질이 있으면 이물질들이 핵 주위를 둘러싸서 결정이 생기는 것을 막아 준다. 또한 이물질이 강하게 흡착하거나 이물질의 양이 많으면 설탕 용액의 과포화도가 높더라도 결정의 성장이 정지되어 결정의 크기가 작아진다.

4) 갈변

당을 가열하면 캐러멜화 반응caramelization과 메일라드 반응Maillard reaction에 의하여 갈변을 일으킨다.

(1) 캐러멜화 반응

캐러멜화 반응은 설탕을 170℃ 이상의 고온에서 가열하여 특유의 냄새를 갖는 흑갈색의 캐러멜을 형성하는 비효소적 갈변현상이다. 푸딩, 아이스크림 토핑, 디저트 소스, 피넛 브리틀, 캐러멜, 약식과 춘장의 색이 캐러멜화 반응에 의한 색이다.

(2) 메일라드 반응

메일라드 반응은 당류와 단백질을 가열하거나 일정기간 저장할 때 환원당과 아민이 만나 갈색물질인 멜라노이딘melanoidin을 형성하는 비효소적 갈변반응이다. 간장, 된장, 커피, 홍차, 식빵 등의 색이나 향기 형성에 도움을 준다.

5) 가수분해

(1) 산에 의한 가수분해

이당류는 묽은 약산에 의해 가수분해된다. 이 중 설탕이 가장 쉽게 가수분해되고 유당과 맥아당은 가수분해가 천천히 일어난다.

(2) 효소에 의한 가수분해

설탕을 전화효소invertase로 가수분해하면 전화inversion작용에 의하여 포도당과 과당이 같은 비율로 혼합된 전화당invert sugar이 생성된다. 전화당은 설탕보다 단맛이 더 강하다. 꿀은 벌의 침속에 있는 효소에 의해 설탕이 가수분해되어 전화당이 된다.

(3) 가열에 의한 가수분해

설탕을 가열하여 캔디를 만들 때 당의 가수분해가 일어나 포도당과 과당으로 된다. 캔디를 일반적인 방법으로 만들 때 가열 정도와 사용되는 성분에 따라 가수분해 정도가 달라진다.

6) 융해점

설탕을 가열하여 160℃가 되면 결정상태의 설탕이 액체로 되는데 이 온도를 융해점이라고 한다. 설탕의 융해점은 순도와 당의 형태에 따라 다르다.

7) 흡습성

당류는 수분을 흡수하는 성질이 있어 장마가 지난 후에 설탕이 덩어리가지는 원인이 되며, 식품의 촉촉함과 조직감에 영향을 준다. 특히 과당은 흡습성이 높아 과당을 함유한 꿀이나 전화당을 넣어 만든 케이크는 촉촉한 상태를 오랫동안 유지할 수 있다.

8) 설탕용액의 끓는점과 어는점

설탕용액은 설탕 1몰랄 농도가 녹아 있을 때마다 끓는 온도boiling point가 0.52℃씩 상승하며, 어는 온도freezing point는 −1.86℃씩 감소한다.

9) 기타 조리 특성

설탕은 전분의 노화를 억제하고, 방부성이 있어 50% 이상의 설탕용액은 효모나 세균의 번식을 억제하여 저장성을 부여한다. 산화를 방지하므로 껍질 벗긴 과일을 설탕물에 넣으면 효소적 갈변을 억제할 수도 있다. 당은 이

> **끓는점**
> 액체의 증기압이 대기압보다 높아져 그 액체가 끓는 온도
>
> **어는점**
> 액체를 냉각시켜 고체로 상태 변화가 일어나기 시작할 때의 온도

조리 특성	용도
감미료	음료, 아이스크림, 과자류, 시럽
전분의 노화 방지	카스테라, 케이크, 떡
겔 형성	잼, 젤리, 마멀레이드
방부성	정과, 잼, 연유, 편강
발효성	술, 빵
갈변	캐러멜 소스, 과자
기포성	머랭meringue
결정성	결정형 캔디(폰당, 퍼지, 디비너티)
효소적 갈변 억제	과일
단백질 응고 억제	커스터드 푸딩

표 5-2
당의 조리 특성 및 용도

스트의 발효에 사용되어 알코올과 탄산가스를 형성하여 빵 반죽을 부풀게 한다. 또한 설탕은 식품의 조직감에도 영향을 주는데, 설탕 없는 청량음료는 입안에서 밋밋한 느낌을 준다.

3. 당류의 조리 및 이용

1) 캔디

(1) 결정형 캔디

결정형 캔디는 과포화 설탕용액이 결정화되는 성질을 이용하여 만든 것으로 쉽게 깨물 수 있는 캔디를 말한다. 결정형 캔디의 종류로는 퍼지fudge, 폰당fondant, 디비너티divinity 등이 있다. 결정형 캔디는 과포화 용액을 100℃ 이상으로 가열한 후 냉각시키면 용해도가 낮아져 과포화된 부분이 핵을 형성한다. 핵이 만들어지면 결정형성 속도가 빨라지므로 40~50℃까지 냉각시킨 후 작은 결정체를 용액에 넣어 주는 씨뿌리기seeding를 하고 계속 저어 주면 많은 수의 작은 결정이 생겨 부드러운 결정형 캔디를 만들 수 있다.

표 5-3
결정형 캔디의 가열온도

캔디의 종류	최종 온도(℃)
폰당	114
퍼지	112
디비너티	122~127

(2) 비결정형 캔디

과포화 설탕용액에 결정형성 방해물질을 넣거나 고온으로 가열하여 결정형성을 못하게 만든 것으로 끈적끈적한 캔디를 말한다. 비결정형 캔디는 캐러멜caramel, 브리틀brittle, 태피taffy, 토피toffee, 마시멜로marshmallow 등이 있다.

캔디의 종류	최종 온도(℃)	설탕 농도(%)	성분
캐러멜	118	83	설탕, 물엿, 버터, 크림
태피	127	89	설탕, 물엿, 물
브리틀	143	93	설탕, 물엿, 황설탕, 버터, 물, 식소다
토피	148	95	설탕, 버터, 밀가루, 바닐라, 소금, 베이킹파우더, 코코아 파우더[1]

표 5-4
비결정형 캔디 제조 조건

> 달고나의 원리
> 설탕에 식소다를 넣고 가열하면 이산화탄소가 발생하여 부풀어 오른다.

자료: Margaret Mcwilliams(2005). Foods-experimental Perspectives (fifth ed.), p.157. Pearson Prentice Hall.
1) http://toffeesensations.com/what is toffee.htm

2) 숙실과

밤을 삶아서 체에 내린 후 꿀로 반죽하여 밤모양으로 빚어 잣가루를 묻힌 율란, 대추를 다져서 꿀에 졸이고 대추 모양으로 빚은 조란 등이 있다. 밤초, 대추초 등은 밤, 대추를 모양 그대로 설탕시럽에 조린 후 계피가루와 잣가루를 뿌린 것이다.

율란, 조란

3) 정과

연근, 도라지, 인삼, 생강 등에 설탕시럽과 물엿을 넣고 만든 연근정과, 도라지정과, 인삼정과, 생강정과 등이 있다.

TIP
-

정과를 부드럽게 만들려면?
정과를 만들 때 물엿을 넣으면 결정이 생기는 것을 방해하여 부드럽고 윤기가 난다.

4) 젤리

펙틴pectin에 산과 설탕을 넣어 가열하면 젤리jelly가 된다. 이때 가열 중 설탕을 2~3회 나누어 넣는 것이 좋으며 다 완성될 때의 온도를 105℃ 내외로 하면 설탕 농도는 65% 정도가 된다. 잼, 마멀레이드 등도 젤리와 함께 겔화를 이용한 예이다.

5) 설탕옷

볶은 콩, 찹쌀떡 등에 설탕액을 115~120℃로 열을 가하여 재료를 넣고 재빨리 섞어 설탕옷糖衣을 씌운다.

6) 빠스

고구마, 바나나, 포도, 딸기 등의 과일이나 아이스크림을 튀겨 설탕시럽을 묻힌 것으로 중국요리의 디저트에 자주 나오는 음식이다. 빠스拔絲는 설탕을 녹여 시럽이 될 때 나무젓가락으로 시럽을 묻혀 양손으로 서로 다른 방향으로 잡아당기면 실이 나온다는 뜻의 요리이다. 빠스를 낼 때는 얼음이 동동 뜬 물과 함께 내는데 반드시 물에 담갔다 먹어야 입이 데지 않고 시럽이 찬물에 들어가 바삭바삭해져서 더 맛있게 먹을 수 있다.

CHAPTER
06

: 밀가루

CHAPTER
06

: 밀가루

전 세계 인구의 60% 정도가 주식으로 사용하고 있는 밀은 화본과에 속하는
일년생으로, 다른 곡류에 없는 독특한 단백질 특성 때문에 대부분 가루로
만들어 면류나 제과, 제빵에 이용되고 있다.

1. 밀가루의 종류

밀의 종류는 20여 종이 알려져 있는데 그중 90% 이상이 보통밀이고, 5~7%가 듀럼밀이다. 보통밀은 빵, 면, 과자용 등으로 쓰이고, 듀럼밀은 마카로니, 스파게티용으로 쓰인다. 밀은 대부분 밀가루로 사용되는데 그 주요 이유는 다음과 같다.

첫째, 밀은 쌀입자와 달리 배아부가 연하고 외피가 강하여, 입자 형태를 남기고 외피를 분리하기가 곤란하기 때문에 우선 밀의 입자를 분쇄한 후 외피를 분리·제거하고 남은 배유부를 가루로 하여 이용한다. 그러나 최근에는 전립분에 셀룰로오스나 헤미셀룰로오스 등의 불용성 섬유소와 비타민, 무기질 등이 많이 함유되어 있어 제분 후 외피와 배아를 제거하지 않거나 일부 포함시킨 전립분의 이용도 증가하고 있다.

둘째, 밀 단백질인 글루텐을 이용한 여러 가지 조리가공품을 만들 수 있는데, 밀은 품종 또는 재배되는 환경, 밀의 부위에 따라 단백질의 함량과 성질이 다르다. 일반적으로 밀의 중심부는 단백질 함량이 비교적 적고 전분 함량이 많은 데 비해, 외부는 단백질 함량이 많고 전분 함량이 적다. 그러나 단백질 함량이 많으면 밀이 단단하여 제분했을 때 가루가 쉽게 되지 않고 반죽했을 때 반죽이 단단하고 질기다. 따라서 사용목적에 따라 단백질 함

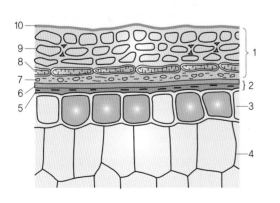

그림 **6-1**
밀의 단면구조

1. 과피
2. 종피
3. 호분층
4. 전분세포층
5. 외배유
6. 종피
7. 관세포(내표피)
8. 횡세포
9. 중간조직
10. 외표피

표 6-1
밀의 분류와 특징

분류	종류	특징
재배 시기	겨울밀	• 가을에 파종하여 그 다음 초여름에 수확한다. • 세계적으로 생산량이 가장 많다.
	봄밀	• 봄에 파종하여 여름에서 늦은 가을에 수확한다. • 겨울밀에 비해 단위면적당 수확량이 적으나 제빵성이 우수한 것이 많다.
경도	경질밀	• 낱알이 단단하고 단백질 함량이 많다. • 주로 강력분의 원료가 된다.
	연질밀	• 낱알이 연하고 단백질 함량이 적다. • 주로 박력분의 원료가 된다.
내부 구조	초자질硝子質소맥	• 단축방향으로 이등분할 때 절단면이 반투명하다. • 단백질 함량이 많고 경질이다.
	분상질粉狀質소맥	• 절단면이 하얗고 불투명하다. • 단백질 함량이 적고, 연질이다.
종피색	적소맥	• 황색, 황금색, 적황색, 황적색, 적갈색 등이다.
	백소맥	• 약간 황색을 띤다.

량이 다른 밀가루로 제조하여 판매한다. 대표적으로 강력분, 다목적 용도로 사용되는 중력분, 박력분으로 나눌 수 있다. 또한 듀럼밀인 세몰리나semolina는 단백질 함량이 매우 많고 단단한 밀로 마카로니나 파스타를 만드는 데 사용된다.

밀가루의 품질을 결정하는 가장 중요한 인자는 밀의 고유 특성, 재배조건, 병충해 여부 등인데, 가공과정에서 표백, 숙성, 효소 첨가 등 제품의 생산성

표 6-2
밀가루의 종류에 따른 특징

종류	글루텐 함량		특징
	건부율(%)	습부율(%)	
강력분	11 이상	35 이상	경질밀로 만들며, 글루텐 함량이 높아 탄력성과 점성이 강하고 수분의 흡착력이 크다.
중력분	9~11 미만	25~35 미만	단백질 함량은 강력분과 박력분의 중간으로 글루텐의 탄력성, 점성, 수분흡착도 중간 정도로 다목적 밀가루로 사용한다.
박력분	9 미만	19~25 미만	연질밀로 만들며, 글루텐의 탄력성과 점성이 약하고 물의 흡착력도 약하므로 섬세한 질감을 가진다.

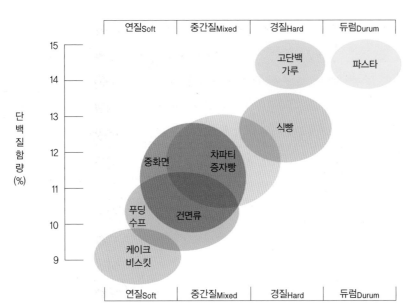

그림 **6-2**
밀 제품 종류별 최적 단백질 함량과 종실 경도 간의 관계

자료: http://www.nongsaro.go.kr

이나 기능성을 향상시키기 위해 인위적으로 일부 인자를 변형시키는 요인 또한 밀가루의 품질에 영향을 미친다.

2. 밀가루의 성분

밀가루의 주요 성분조성은 탄수화물 75% 내외, 단백질 9~14%, 지질 2% 이하, 무기질 0.5%, 수분 13% 정도로 되어 있다. 그 외에 비타민 B_1, 비타민 B_2, 니아신, 엽산, 비타민 E 등이 함유되어 있고, 특히 밀의 종류와 제분율에 따라 카로티노이드계나 플라보노이드계의 색소 함유량이 달라지게 된다.

또한 밀가루의 조리가공성이나 저장성에 영향을 미치는 아밀라아제, 프로테아제, 리폭시게나제 등의 많은 효소를 함유하고 있다.

표 6-3 밀가루의 성분 (가식부 100g 당)

식품명	일반성분						무기질					비타민					
	에너지 (kcal)	수분 (g)	단백질 (g)	지질 (g)	회분 (g)	탄수화물 (g)	칼슘 (mg)	철 (mg)	마그네슘 (mg)	인 (mg)	칼륨 (mg)	비타민 B₁ (mg)	비타민 B₂ (mg)	니아신 (mg)	피리독신 (mg)	비타민 C (mg)	비타민 E (mg)
강력 밀가루	334	12.0	13.59	1.11	0.41	72.89	17	0.64	29	104	95	0.053	0.071	0.396	0.021	0.15	0.41
중력 밀가루	375	11.6	10.34	1.01	0.41	76.64	17	0.73	25	86	115	0.161	0.024	0.409	0.026	0.17	0.72
박력 밀가루	374	11.8	9.15	0.94	0.38	77.73	18	0.51	19	83	116	0.087	0.033	0.418	0.021	0.18	0.31
파스타, 스파게티, 말린 것	365	9.6	11.78	1.28	0.70	76.64	24	1.31	46	167	234	0.076	0.047	2.105	0.078	0	0.30

식품명	필수아미노산										지방산					
	이소루신 (mg)	루신 (mg)	라이신 (mg)	메티오닌 (mg)	페닐알라닌 (mg)	트레오닌 (mg)	트립토판 (mg)	발린 (mg)	히스티딘 (mg)	아르기닌 (mg)	팔미트산 (mg)	스테아르산 (mg)	올레산 (mg)	리놀레산 (mg)	알파리놀렌산 (mg)	오메가3 지방산 (g)	오메가6 지방산 (g)
강력 밀가루	455	902	183	183	667	351	37	464	271	402	251.17	11.96	104.88	619.35	33.70	0.03	0.62
중력 밀가루	322	708	149	149	492	287	40	358	212	330	233.66	12.33	104.41	545.39	34.21	0.04	0.55
박력 밀가루	297	637	140	140	438	260	25	344	191	298	214.51	10.85	83.05	518.90	32.93	0.03	0.52
파스타, 스파게티, 말린 것	512	901	236	186	612	492	71	543	174	362	300.36	22.07	140.43	679.99	45.73	0.05	0.68

자료: 농촌진흥청(2020). 국가표준식품성분 DB 9.2

1) 단백질

밀가루 단백질은 가용성 단백질인 알부민과 글로불린, 불용성 단백질인 글루텐 등이 있다. 밀가루 단백질은 필수아미노산인 리신, 트립토판, 메티오닌 등이 부족하다. 특히 글리아딘과 글루테닌으로 구성된 글루텐은 밀가루 반죽 시 점탄성을 부여하여 3차원 그물구조인 망상구조를 형성함으로써 밀가루 가공 특성을 나타낸다.

(1) 가용성 단백질

가용성 단백질인 알부민과 글로불린은 제빵류의 구조에 기여하는데 알부민의 역할이 글로불린에 비해 크다.

(2) 불용성 단백질

불용성 단백질인 글루텐은 분자량에 따라 글루테닌glutenin과 글리아딘

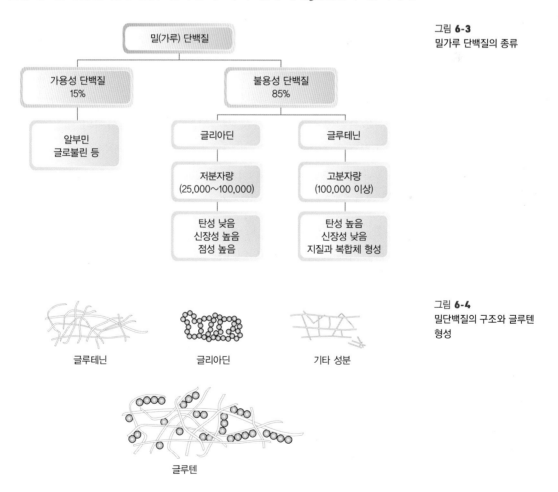

그림 **6-3**
밀가루 단백질의 종류

그림 **6-4**
밀단백질의 구조와 글루텐 형성

gliadin으로 분류된다. 고분자량인 글루테닌은 섬유상의 특징이 있고, 저분자량인 글리아딘은 타원형으로 글루테닌보다 점성과 신장성은 높고 탄성은 낮다. 반죽을 오래할수록 질기고 점성이 강한 글루텐이 형성된다.

2) 탄수화물

밀가루에 함유되어 있는 탄수화물에는 전분이 75~80%로 가장 많으며, 그 외 셀룰로오스와 헤미셀룰로오스, 펜토산pentosan, 덱스트린, 당 등이 있다. 밀가루의 전분 함량은 단백질 함량과 반비례하는데 일반적으로 연질밀이 경질밀보다 전분의 함량이 높다.

전분은 호화에 의해 점성이나 부착성이 증가되고 냉각시키면 겔화가 된다. 밀가루를 반죽하면 전분 입자들이 수분을 흡수하여 팽윤하면서 글루텐의 망상구조 사이를 메워, 반죽 시 생성되는 공기 방울 사이의 벽을 형성한다. 따라서 전분도 글루텐과 마찬가지로 망상구조를 형성하는 데 필수적이다. 빵을 구우면 전분은 호화에 의해 조직을 고정하여 부피가 줄어드는 것을 방지하는데, 빵을 구울 때 모양이 찌그러지는 것은 빵 구조의 내부를 받쳐주는 전분의 부족 때문에 나타나는 경우도 많다. 또한 이스트 발효 시 아밀라아제에 의해 전분이 분해되면 이스트의 먹이로 이용되어 팽창을 촉진하는 등 중요한 역할을 하게 된다. 파이의 충전물과 같은 제품에서 전분은 농후제로 사용된다.

3) 지질

밀의 지질은 약 2% 정도이며, 그중 배아부에 8~15%, 밀기울에 약 5%, 배유부에 1~2%, 과피에 약 1.0% 함유되어 있다. 이 중 배아와 밀기울에는 인

지질이 많은데 비해 배유에는 당지질이 더 많이 함유되어 있다. 당지질은 빵의 부피를 증가시키며 인지질은 밀 단백질과 결합하여 빵을 부풀게 하는 단백질의 작용을 도와준다. 밀가루 지방산은 제분 조건에 따라 함량에 크게 영향을 받는다.

4) 무기질

밀의 무기질 성분은 약 2%로서 주로 외피와 배아에 들어 있으며, 배유는 중심부로 갈수록 적어져 밀가루에는 0.5% 정도 들어 있다. 무기질 성분의 대부분은 인이 차지하며, 그 다음은 칼륨이며 칼슘은 극히 적다.

밀가루는 회분 함량과 색상에 따라 등급을 구분하는데 1등급은 회분이 0.6% 이하, 2등급은 0.9% 이하, 3등급은 1.6% 이하 정도로 밀가루 등급이 떨어질수록 단백질 및 회분 함량이 증가하는데 이는 겨층의 혼입률이 높아지기 때문이다. 대부분의 가정용은 1등급이며, 2등급 이상은 식품가공용으로 이용되고, 3등급은 사료와 합판, 제지 등 공업용 원료나 막걸리와 같은 양조용으로 이용된다.

5) 비타민

비타민 A와 D는 함유하지 않으나 밀가루의 제분율이 높을수록 밀기울이 많이 포함되어 비타민 B_1, 비타민 B_2, 니아신, 판토텐산, 비타민 E 등이 함유되어 있다.

> 제분율
> extraction rate
> 원료 밀 중량에 대한 밀가루 중량의 비율

6) 색소

밀에는 외관상 황색, 황금색, 적황색, 황적색 등의 색을 띠는 적소맥과 약간 황색을 띠는 백소맥으로 분류된다. 밀가루에 함유된 색소의 대부분은 카로티노이드로, 이 색소가 많으면 황색을 띠게 된다. 일정 기간 동안 숙성시키면 색도 희고, 만들어 놓은 제품의 품질도 좋아지나 자연적인 숙성과 표백은 시간이 많이 소요되고 제품도 균질하지 못하게 된다. 1980년대까지는 식품공전에 허가된 표백제인 과산화벤조일을 사용하였으나 제분기술의 발달로 최근에는 제분 자동화 공정을 통해 제분공정 자체에서부터 포장, 출고 시까지 공기 중 산화되면서 더욱 하얗게 되는 밀가루의 특성을 이용한 자연숙성방법이 개발되어 표백제는 더 이상 사용되지 않는다.

7) 효소

밀가루에 있는 효소들의 양은 적으나 화학적 변화를 촉매하여 밀가루 특성을 변화시키므로 중요하다. 특히 α-아밀라아제는 전분을 분해하는 효소로 밀이 발아할 때 크게 증가하는데 발아되었던 밀로 제분한 밀가루는 호화점도가 현저하게 떨어져 품질에 좋지 않은 영향을 미치게 되고, 너무 부족한 밀가루는 제빵성이 좋지 않아 제분과정이나 빵을 만들 때 소량 첨가하기도 한다.

β-아밀라아제의 최적활성온도는 50℃ 정도로 굽는 과정 중 그 작용이 제한을 받지만, α-아밀라아제는 60~65℃가 최적활성온도이므로 단백질이 변성되기 전에 작용할 시간이 충분하다.

밀가루의 산패에 관여하는 효소인 리파제lipase는 저장 중 지질에 작용하여 유리지방산을 형성하며, 리폭시게나제lipoxygenase는 밀가루에서 가장 활성이 강한 산화효소로서 불포화지방산에서 과산화물의 형성을 촉진하여 저장 중 산화적 산패를 유발한다.

단백질 가수분해효소인 프로테아제protease와 펩티다아제peptidase는 반죽을 하기 시작하면 효소 활성제인 시스테인과 글루타티온에 의해 활성화된다.

밀가루에 필요 이상으로 단백질 가수분해효소나 활성제가 존재하면 글루텐을 가수분해시켜 글루텐 강도를 약화시키며, 지나치게 적으면 빵 반죽이 단단하여 잘 부풀지 않는다. 따라서 제분회사나 제빵회사에서는 이 두 물질의 함량을 조절한다.

이외에도 적은 양이지만 피타아제phytase, 폴리페놀옥시다아제polyphenol oxidase, 퍼옥시다아제peroxidase, 카타라제catalase와 아스코르빈산옥시다아제 ascorbic acid oxidase 등이 있다.

3. 밀가루의 조리 특성

1) 밀가루 반죽

(1) 글루텐 형성

밀가루에 수분이나 액체를 첨가하면 단백질이 수화되어 망상구조인 3차원 그물구조의 글루텐 복합체가 형성된다. 단백질 중 시스틴의 이황화기-S-S-와 글루타민의 아마이드기-CONH₂-와 같은 다양한 기능기들에 의해 글루텐 복합체가 형성될 때 분자 내 또는 분자 간 결합을 형성하게 된다. 이렇게 형성된 그물구조는 건물의 뼈대와 같이 반죽의 구조를 형성하여 내부에 수분과 전분이 들어 있게 된다. 글루텐은 탄력적인 구조로 반죽에 열을 가하면 그물구조 내의 전분이 호화되고, 수분이 증기가 되어, 부피가 커져 부풀어 오르게 되어도 파괴되지 않고 형태를 유지하게 된다.

그림 **6-5**
글루테닌, 글리아딘, 글루텐
의 특성

글루테닌
(탄성)

글리아딘
(신장성, 점성)

글루텐
(점탄성)

단백질을 완전히 수화시키려면 글리아딘과 글루테닌 무게의 약 2배에 해당하는 수분이 필요하다. 밀가루에 함유된 전분은 글루텐의 그물구조의 공간을 만드는 중요한 역할을 하고 있으나, 글루텐과 같은 점성이나 탄성은 나타내지 않는다. 밀가루 반죽을 가열하면 글루텐의 점탄성은 급히 감소하는 대신에 전분이 팽윤, 호화하여 점성이나 부착성이 생긴다. 이런 전분의 성질을 주로 이용한 조리 예가 스폰지케이크, 쿠키, 튀김옷, 루roux 등이다.

충분히 반죽한 다음 물속에서 전분을 씻어 없애면 점착력이 있는 순수한 글루텐을 얻을 수 있다. 이와 같은 성질을 가진 단백질로 구성된 글루텐을 습부濕麩, wet gluten라 하며, 이를 105℃ 건조기에서 항량이 될 때까지 건조시킨 것을 건부乾麩, dry gluten라 한다. 밀가루 100g에 대한 습부량, 건부량을 나타내어 밀가루의 조리적성의 표준으로 삼는데, 습부량은 건부량의 약 3배 정도이다.

(2) 글루텐 형성에 영향을 주는 요인

① 밀가루의 종류

반죽 시 강력분은 박력분에 비해 더 많은 수분이 필요하며, 더 단단하고 질긴 반죽이 된다. 강력분에서 형성되는 글루텐 복합체는 박력분의 글루텐보다 매우 느리게 형성되며, 단백질 섬유들이 끊어지지 않게 오랜 시간 반죽할 수 있다. 연질밀은 경질밀보다 글루텐 형성이 빠르나, 신속하게 붕괴되기 시작한다. 글리아딘 함량이 적은 밀가루는 글리아딘 함량이 높은 밀가루보다 더 오래 반죽하여야 하나 형성된 글루텐 구조는 더 안정적이다.

② 물 첨가하는 방법

같은 종류의 밀가루를 반죽할 때 물을 소량씩 넣는 쪽이 한꺼번에 넣는 것보다 글루텐이 많이 형성되므로, 물을 조금씩 나누어 치대는 것이 효과적이다.

③ 반죽을 치대는 정도

물을 넣고 치대면 글루텐이 차츰 형성되기 시작하여 촘촘한 입체적인 망상구조를 형성한다. 그러나 너무 많이 치대면 형성된 글루텐 섬유가 지나치게 늘어나 가늘어지고 여기저기 끊어져 반죽이 다시 물러진다. 이런 현상은 손으로 밀가루 반죽을 치댈 때에는 좀처럼 일어나지 않으나 기계를 사용하여 빵 반죽을 할 때에는 일어날 수 있으므로 음식의 종류에 따라 반죽의 정도를 달리해야 한다.

④ 밀가루의 입자 크기

밀가루 입자 크기의 차이에 따라 글루텐의 형성 상태가 다른데 입자의 크기가 작을수록 글루텐 형성이 쉬워진다.

⑤ 반죽의 방치시간

밀가루 반죽을 랩으로 싸서 적당 시간 방치하면 반죽한 직후보다 신장성이 증가하여 밀기 쉽게 된다. 이는 방치시간 중 숙성되어 균질화됨으로써 글루텐의 그물 구조가 완화되어 신장저항이 줄어들기 때문이다.

> **쫄깃한 칼국수를 만들려면?**
> 칼국수를 만들 때 30분 정도 냉장고에 넣어 두면 반죽 속에 있는 수분이 퍼져 골고루 수화되어 탄력 있고 유연한 망상구조를 형성하여 쫄깃해진다.

⑥ 온도

반죽 혼합물의 온도는 글루텐 생성속도에 영향을 미치는데, 온도를 상승시키면 단백질의 수화속도가 가속화되고 글루텐 생성속도도 빨라지고, 온도가 낮으면 밀가루의 흡수량이 낮아져 글루텐 형성이 억제된다. 반죽은 보통 30℃ 전후의 물이 이용되며, 강하게 반죽할수록, 또는 반죽속도를 빨리할수록, 반죽 시간을 길게 할수록 글루텐 형성이 잘된다. 물의 온도가 40~50℃로 높으면 반죽은 연화된다. 튀김옷을 만들 때 15℃ 전후인 냉수에서 만들면 글루텐 형성의 억제로 튀김이 바삭하게 된다.

⑦ 첨가물

반죽은 밀가루와 물만으로 만들지 않고 대부분 우유, 소금, 설탕, 달걀, 유지, 팽창제 등과 같은 첨가물을 함께 사용하는데 이들은 반죽의 질에 영향을 준다.

> **환수치**
> **換水値**
> 밀가루를 반죽할 때 물 이외에 설탕, 달걀, 우유 등을 첨가할 경우 이들 재료의 양이 어느 정도의 액체량에 해당하는가를 나타내는 값

- **액체** 밀가루에 대한 수분 첨가량은 글루텐 형성에 영향을 준다. 물 이외에 반죽에 첨가되는 액체로는 우유, 과즙 등이 사용되며, 이들은 수분을 공급하여 글루텐이 형성될 수 있도록 한다. 또한 설탕, 소금, 베이킹파우더, 그 밖의 수용성 물질 등을 용해시켜 반죽에 골고루 섞이도록 용매작용을 한다. 또한 전분의 호화를 돕고, 베이킹파우더가 탄산가스를 발생할 수 있도록 하고, 굽는 동안 증기가 되어 부풀리는 작용을 하며

표 6-4
밀가루 반죽 부재료의 환수치

재료명	수분 함량(%)	환수치(%)
물	100	100
백설탕	0.8	30~40
버터	약 16	60~80*
달걀	약 76	80~90
우유	약 87	90

* 융점과 온도에 따라 비율이 다르다.

반죽의 온도를 조절한다.

- **소금** 소금은 반죽의 점탄성이 높아지고, 단백질 분해효소인 프로테아제의 활성을 억제시켜 글루텐의 입체적 망상구조를 치밀하게 한다. 빵이나 국수를 반죽할 때 소금을 첨가하면 반죽이 질기고 단단하게 되며 반죽의 간을 맞출 수 있다. 이스트를 사용하는 반죽의 경우 소금은 발효속도를 조절하는 역할을 한다.

- **설탕** 설탕은 흡습성이 있어 밀 단백질의 수화를 감소시켜 글루텐 형성이 느려지게 하고 수분 증발은 억제한다.

  설탕은 제품에 단맛을 부여하고, 이스트 발효 시 영양분으로 쓰이면서 발효를 촉진하며 전분의 호화온도를 높인다. 달걀 첨가 시 달걀 단백질이 열에 의해 응고되는 온도를 높여 고온처리에 의해 질겨지는 달걀 단백질을 연하게 하는 연화작용을 돕는다. 또한 가열하면 캐러멜화 반응을 통해 제품에 갈색과 캐러멜 향을 부여한다.

  설탕을 많이 넣으면 글루텐 형성이 정상적으로 이루어지지 않아 반죽이 묽게 되고, 가열 시 가스 팽창에 의한 압력 증가를 견디지 못해 표면이 갈라진다. 반대로 설탕양이 너무 적으면 결이 거칠고 제품이 질겨지기 쉽다.

- **달걀** 달걀은 수분이 많고 레시틴의 유화성에 의해 반죽을 부드럽게 하지만 가열하면 달걀 단백질이 응고되면서 글루텐 구조가 팽창된 상태로 고정되도록 도와 제품 모양을 유지하며 색과 맛을 좋게 한다. 그러나 너무 많은 양이 첨가되면 제품이 질겨질 수 있으므로 주의하여야 한다. 난백의 기포성은 반죽에 공기를 주입하여 팽창제 역할을 하며, 난황에 있는 레시틴의 유화성은 지방이 반죽 내에 골고루 섞일 수 있도록 한다.

밀가루 : 물	반죽 상태	조리 예
100 : 50~60	손으로 뭉쳐지는 정도	빵, 국수류, 만두피, 비스킷, 도넛
100 : 65~100	손으로 뭉쳐지지 않고 흐르지도 않는 정도	찐빵, 소프트쿠키, 소프트도넛
100 : 130~160	천천히 퍼짐	핫케이크, 파운드케이크
100 : 160~200	흐름	튀김옷, 스폰지케이크, 머핀
100 : 200~400	줄줄 흐름	크레페

자료: 下村道子, 和田淑子 編(2002). 調理学(p.93). 光生館.

- **유지** 유지는 글루텐의 표면을 둘러싸면서 밀 단백질의 수화를 어렵게 하여 글루텐의 망상구조 형성을 억제함으로써 반죽을 부드럽고 연하게 한다. 다량의 유지를 첨가하면 윤활제 작용을 하여 반죽하는 동안 글루텐의 구조들이 서로 부착되는 것을 억제하며, 글루텐과 글루텐 사이에 막을 형성함으로써 파이, 약과 등과 같이 켜가 생기게 된다.

  고체지방을 첨가할 경우 크리밍하는 과정 중 공기가 유입되어 제품의 부피가 증가되며 제품의 질감과 조직을 좋게 한다.

(3) 도우와 배터

밀가루에 50~60% 물을 가한 단단한 상태의 반죽을 도우dough라 하며, 배터batter는 가수량을 100~400%로 하여 무르게 한 반죽이다. 배터는 도우의 경우와 달라 글루텐 형성을 가능한 한 억제할 필요가 있기 때문에 박력분을 사용하여 가볍게 혼합한다.

2) 팽창제

팽창제는 밀가루 혼합물 내에 함유되어 있는 가스체 또는 가스를 발생할 수 있는 물질이다. 반죽하거나 굽는 동안에는 글루텐의 그물구조를 다공질로 만들어 부풀게 하며 텍스처 특성에 중요한 역할을 한다.

(1) 물리적 팽창제
열팽창이나 수증기압에 의하여 반죽이 부풀게 된다.

① 공기
밀가루를 체로 치거나 재료들을 혼합하거나 크리밍하는 동안 자연적으로 혼입되는 공기는 굽는 동안 팽창되어 많은 기공을 형성한다. 그러나 혼입된 공기만으로는 적절한 부피를 형성하기에 부족하기 때문에, 때로는 반죽을 팽창시키는 공기의 양을 증가시키기 위하여 난백이나 난황으로 거품을 만들기도 하고, 가소성을 가진 마가린이나 쇼트닝과 같은 고체지방을 이용하기도 한다.

② 수증기
수분이 수증기로 변할 때 부피가 1,600배나 증가되기 때문에 수증기는 공기보다 훨씬 더 효과적인 팽창제이다. 수증기가 팽창제로 사용할 때는 빠른 시간 내 고온에 도달하고 일정시간이 유지되어야 한다. 팝오버popover는 굽는 동안 보통 약 3배의 부피가 팽창하는데 이는 수증기에 의한 팽창이고, 크림퍼프creampuff의 경우도 수증기가 주된 팽창제이다. 이 두 제품은 밀가루와 액체를 동량으로 사용하는데 이 비율이 적절한 수증기 팽창에 매우 유리하다. 물의 양이 적은 패스트리에서도 수증기가 팽창효과를 발휘한다.

팝오버

크림퍼프

(2) 생물학적 팽창제

미생물 발효에 의해 생성된 가스로 반죽이 부풀게 된다.

① 이스트

발효빵은 열팽창뿐만 아니라 발효에 의해 증가한 가스로 인해 특유의 많은 팽창이 일어난다. 발효는 가열에 의해 반죽 내부온도가 60℃를 초과하여 이스트가 사멸할 때까지 계속된다. 가열이 점점 진행되면 밀가루에 함유된 전분의 호화가 일어나고, 온도가 더 상승되어 고온이 되면 글루텐이 열변성 되어 전체가 고정화되어 최종적으로 스폰지상의 조직을 갖게 된다.

발효빵 제조에는 가스 포집이 많은 글루텐의 형성이 필요하기 때문에 단백질 함량이 많은 강력분을 사용한다. 단백질을 감소시킬 목적으로 만드는 치료용 빵의 경우 강력분에 전분을 넣어 희석하여 만들 수 있다.

이스트로는 사카로마이세스 세레비제Saccharomyces cerevisiae에 속한 효모균이 주로 사용되고 있다. 이스트는 포도당, 설탕, 과당, 맥아당을 기질로 온도 28~30℃, pH 4.5~5.5의 최적발효조건을 맞추어 주면 반응성이 좋게 된다.

이스트는 단당류를 발효시켜 알코올과 탄산가스를 생성시키는데, 탄산가스는 빵을 부풀게 하고 알코올은 향기를 부여한다.

$$C_6H_{12}O_6\text{단당류} \longrightarrow 2C_2H_5OH\text{알코올} + 2CO_2\uparrow\text{탄산가스}$$

일반적으로 밀가루 100에 대해 생이스트 약 2%를 넣거나, 건조 이스트 약 1%를 넣으면 동일한 발효력을 갖는다.

② 이스트의 종류

- **생이스트** 생이스트fresh yeast 혹은 압착이스트compressed yeast는 효모를 옥수수 전분과 혼합하여 압착한 것으로, 65~75%의 수분을 포함하고 있어 유통 기간이 냉장에서 5주 정도이다. 이스트는 반죽에 첨가하기 전에

32~38℃ 정도의 온수에 분산시켜야 한다. 생이스트는 사용이 편리하지만 유통기한이 짧고 냉장보관을 하여야 하기 때문에 시장성이 적다.

- **활성건조이스트**　효모 자체를 고운 입자로 만들어 수분 함량이 8%가 되도록 건조시킨 것으로, 실온에서 밀봉한 상태로 최소 6개월, 냉동 상태로 2년 동안 저장이 가능하다. 이 효모를 재수화再水化시키려면 물의 온도는 40~46℃ 정도가 바람직하다. 그 이유는 효모 세포로부터 글루타티온이 빠져 나오면 반죽에서 이황화 결합-s-s-이 파괴되어 반죽의 탄성을 감소시키고 끈적임을 증가시키는 원인이 될 수 있기 때문이다. 최근 활성건조이스트active dry yeast는 분말로 만들어 입자가 고우므로 직접 밀가루에 혼합하여 사용하는데 혼합할 때 반죽에 첨가되는 재료들에 의하여 액체의 온도가 내려가기 때문에 49~54℃ 정도의 더 높은 온도가 필요하다.

- **속성 – 팽창 건조이스트**　속성–팽창 건조이스트rapid-rise dry yeast는 효모를 신속히 탈수시켜 건조한 것으로, 액체에 녹일 필요 없이 건조상태의 성분들과 그대로 혼합해서 사용할 수 있다. 이 제품에 사용되는 이스트는 반죽에서 특히 빠르게 이산화탄소를 생산하여 발효시간을 거의 1시간이나 절약할 수 있으나, 공기 중에서 불안정하므로 쓰고 나면 반드시 밀봉하여 냉장보관해야 한다.

- **액체이스트**　액체이스트liquid yeast는 감자, 물, 설탕 등과 혼합하여 만든 것으로, 가정에서 빵을 굽는 데 사용되며 반드시 냉장보관을 하여야 한다. 액체이스트가 오래되면 활성이 저하되기 때문에 신선한 것을 사용하여야 한다.

(3) 화학적 팽창제

화학적 팽창제는 밀가루 반죽에 탄산가스를 발생할 수 있는 물질을 섞음으로써 그 물질이 가열 중 화학변화에 의해 탄산가스를 발생하게 하는 것이다. 화학적 팽창제에는 중탄산나트륨식소다, 중조 베이킹파우더, 중탄산암모늄, 탄산암모늄, 염화암모늄 등이 있지만 일반적으로 베이킹파우더가 많이 이용되고 있다.

화학적 팽창제는 이스트와 비교하여 팽화력이 약하기 때문에 단백질 함량이 적은 박력분을 사용하며, 반죽은 가볍게 한다. 보통 반죽 전 밀가루에 섞어 체에 쳐서 사용한다.

① 중탄산나트륨식소다, 중조

중탄산나트륨식소다, 중조을 단독으로 사용하는 경우는 강알칼리성의 탄산나트륨으로 인해 밀가루의 안토잔틴 색소가 황색으로 변하고 독특한 풍미를 갖는다.

또 80℃ 이상에서 가스발생량이 많기 때문에 사용량이 많으면 제품 표면에 금이 가거나 거칠게 되는 원인이 되기도 한다. 또 가스발생 효력도 베이킹파우더의 1/2로 중탄산나트륨식소다, 중조을 단독으로 사용하는 것은 바람직한 방법이 아니다. 반죽할 때 버터밀크나 당밀, 식초를 넣으면 중탄산나트륨식소다, 중조을 중화시켜 색도 좋고 냄새가 나지 않는 빵을 만들 수 있다. 막걸리를 중탄산나트륨식소다, 중조과 함께 사용하면 막걸리 내 식초산, 젖산 등 유기산에 의해 중탄산나트륨식소다, 중조이 중화되어 밀가루 제품의 색과 맛을 저하시키지 않을 뿐만 아니라 소량의 이스트를 함유하고 있어 발효작용도 도와준다.

$$2NaHCO_3 \xrightarrow[\text{물}]{\text{가열}} CO_2\uparrow + Na_2CO_3 + H_2O$$
$$\text{(알칼리성)}$$

안토잔틴 색소 $\longrightarrow$ 황색으로 변색

$$2NaHCO_3 + CHOH \cdot COOH \xrightarrow[\text{물}]{\text{가열}} 2CO_2\uparrow + CHOH \cdot COONa + 2H_2O$$

중탄산나트륨   주석산   탄산가스   주석산나트륨   물
(가스발생제)   (산성제)   (중성염)

② 베이킹파우더

베이킹파우더는 가스발생제주로 중탄산나트륨 및 산성제가스발생촉진제와 희석제주로 건조전분로 구성되어 있고, 가열을 하면 이산화탄소를 발생시킨다.

이때 동시에 생성된 주석산나트륨은 중성이기 때문에 제품의 색과 맛에 나쁜 영향을 미치는 일이 적다.

베이킹파우더	작용	종류
단일반응 베이킹파우더	물에 닿으면 즉시 탄산가스 발생	주석산염 베이킹파우더, 인산염 베이킹파우더, 황산염 베이킹파우더
이중반응 베이킹파우더	물에 닿으면 일차로 소량의 탄산가스가 발생하고, 열을 가했을 때 본격적으로 탄산가스 발생	황산염-인산염 베이킹파우더

표 6-6
베이킹파우더의 작용 및 종류

4. 밀가루의 조리 및 이용

1) 발효빵

이스트를 이용하여 팽화시키는 것으로 일반적인 제빵 제품이 여기에 속하며 대표적인 발효빵은 식빵이다. 전통 인도식 빵인 난naan도 발효빵의 일종이다.

식빵의 제조법은 직접 반죽법과 스펀지법으로 크게 나눌 수 있다.

직접 반죽법은 원료 전부를 한꺼번에 넣어서 발효시키는 방법으로, 짧은 시간에 발효가 끝나고 노력이 적게 들며 제품의 향기가 좋아질 뿐 아니라 발효 중의 감량이 적어지는 등의 장점이 있다.

스펀지법은 먼저 밀가루의 1/3~1/2 가량과 이스트를 넣어 2~4시간 발효시킨 후 나머지 원료를 가하여 본 반죽을 하는 방법으로, 노력이 많이 들고

표 **6-7**
발효빵의 밀가루에 대한 재료
들의 상대량

재료	밀가루 중량에 대한 범위(%)
밀가루	100
지방	2~6
액체	60~65
설탕	2~6
소금	1.5~2
이스트	1~6

작업시간이 길어지며 발효 중의 감량이 커지는 단점이 있으나 이스트가 절약되고 가볍고 좋은 조직의 빵을 얻을 수 있다.

2) 비발효빵

이스트를 이용하지 않고 그 외 팽창제 등을 이용하여 부풀리는 것으로 케이크, 쿠키, 퀵브레드, 케이크도넛, 비스킷, 파이크러스트, 크림퍼프 등이 있다.

(1) 스폰지케이크

난백의 기포성을 이용한 것으로, 반죽 내에 함유된 기포의 열팽창과 기포를 핵으로 한 수증기의 압력을 통해 스폰지상으로 팽화시킨 것이다.

(2) 버터케이크

마가린, 쇼트닝과 같은 가소성 고체지방을 교반하면 기포를 다량 함유하는 크림성을 갖는데, 이를 이용하여 혼입된 기포를 열팽창시켜 스폰지상으로 팽화시키는 것이다.

충분히 교반한 고체지방에 설탕, 달걀, 밀가루를 넣으면 유중수적형W/O형의 유화액이 되고, 유동성이 있는 안정된 작은 기포를 함유한 배터가 된다. 이 배터는 유지를 다량으로 함유하여 밀가루의 글루텐 형성이 억제되나 기포의 열팽창은 방해받지 않는다. 그러나 팽화력이 약하기 때문에 베이킹파우더를 밀가루의 1~2% 정도 첨가하는 경우가 많다.

(3) 핫케이크, 쿠키 등

화학팽창제를 가해 가열 중 발생하는 이산화탄소에 의해 팽화시킨 것으로 핫케이크, 쿠키, 비스킷, 와플, 케이크도넛, 마들렌 등이 있다.

케이크도넛은 반죽한 후 도넛 형태로 만들어 170~180℃의 기름에 튀기는데 이때 기름흡수는 약 15%가 적당하다. 기름의 온도가 낮으면 기름흡수가 많아지며, 기름흡수가 불충분할 경우는 도넛의 질을 유지하는 기간이 단축된다. 도넛에 설탕을 입힐 때 70~75℃의 온도와 85%의 상대습도가 적당하다.

(4) 파이크러스트

주재료는 밀가루, 냉수, 식염, 고체지방으로 이스트와 난백, 베이킹파우더와 같은 팽화제를 넣지 않아도 고온가열에 의해 수직방향으로 크게 팽창한다. 이것은 도우와 고체지방이 여러 개의 얇은 층을 이루고 있기 때문에 가열에 의해 녹는 지방이 도우층에 흡수되어 그곳에 생긴 공간에 수증기가 채워지고 그 증기압에 의해 층상으로 부풀어 올라 켜가 만들어진다.

(5) 크림퍼프

일반적으로 슈크림이라고 하는데 주재료는 밀가루, 물, 달걀, 고체지방으로 가열하면 수증기압이 발생하여 페이스트상의 큰 공동상으로 팽화하는 특징이 있다. 제법에는 물–유지법과 밀가루–유지법의 2가지가 있지만 일반적으로 냄비에 물과 고체유지를 끓인 후 밀가루를 넣어 반죽하는 물–유지법이 많이 사용된다.

(6) 팝오버

아침 식사로 빵 대신 먹는 것으로 반죽이 묽은 대신 달걀을 많이 사용하여 형태를 유지한다. 다량의 수분이 고온에서 일시에 증기가 되어 부피가 커진다. 따라서 굽는 온도에 따라 품질이 결정된다.

표 6-8
퀵브레드의 재료배합 비율

종류	밀가루	액체	달걀	지방	설탕	소금	베이킹파우더
팝오버	1C	1C	2~3개	0~1Ts	–	$\frac{1}{4} \sim \frac{1}{2}$ts	–
크림퍼프	1C	1C	4개	$\frac{1}{2}$C	–	$\frac{1}{2}$ts	–
머핀	1C	$\frac{1}{2}$C	$\frac{1}{2}$~1개	1~2Ts	1~2Ts	$\frac{1}{2}$ts	$1\frac{1}{2}$~2ts
와플	1C	$\frac{2}{3}$C	1~2개	3Ts	1ts	$\frac{1}{2}$ts	1~2ts
팬케이크 (가당 우유)	1C	$\frac{2}{3}$C	1개	1Ts	1ts	$\frac{1}{4} \sim \frac{1}{2}$ts	1~2ts
비스킷(롤형)	1C	$\frac{1}{3}$C	–	2~3Ts	–	$\frac{1}{2}$ts	$1\frac{1}{2}$~2ts
스콘	1C	$\frac{1}{3}$C	1개	2~3Ts	1Ts	$\frac{1}{8}$ts	2ts

자료: Marion Bennion, Barbara Scheule(2004). *Introductory Food* (p.384). Pearson Prentice Hall.

3) 면류

> **파스타**
> '반죽하다'라는 이탈리아어 '인파스탈레'에서 온 말로 밀가루를 반죽해 만든 각종 이탈리아 면류의 총칭

면류에는 국수, 수제비, 만두피, 마카로니나 스파게티와 같은 파스타가 있다.

밀가루 반죽을 얇게 밀어 만든 만두피가 있고, 이것을 다시 가늘게 잘라 만든 것이 면류로, 면 종류에 대한 밀가루의 점성은 다르다. 우동, 소면에는 중력분이, 중화면에는 준강력분이, 마카로니나 스파게티 등 파스타류에는 세몰리나가 이용되고 있다. 또 면 종류의 특성을 다시 강화할 목적으로 손으로 늘린 소면에 소맥분의 3.5~4% 정도 다량의 식염을 가한다. 또 밀가루에 식소다를 넣어 면을 만들거나 중화면 제조 시 간수를 넣으면 글루텐 형성이

촉진되고 반죽의 탄력성이 증가하여 독특한 풍미가 생길 뿐만 아니라 알칼리성이 밀가루의 안토잔틴에 작용하여 면이 황색을 띠게 된다.

밀가루의 제면성을 결정하는 가장 중요한 요인은 단백질 함량과 전분의 특성으로 단백질 함량이 높으면 면발의 백색도와 명도가 저하되며, 조직감의 유연성이 떨어져 단단한 조직감을 가지게 된다. 일반적으로 한국과 일본

TIP -	다양한 면의 재료와 특징			
종류	주재료	가공법	특징	
자장면	밀가루, 소금, 탄산나트륨, 탄산칼륨	반죽을 길게 늘여 국수가락을 만듦	수타면은 화베이 지역의 산시성에서 시작 알칼리성 지하수 덕분에 글루텐 구조가 치밀해 쫄깃쫄깃함(반죽의 점성과 신축성을 높임) ▶ 밀가루의 안토잔틴 색소가 알칼리에 의해 황색으로 변색	
우동	밀가루, 소금	반죽을 밀대로 밀어서 넓게 펴서 칼로 자름	오랜 시간 숙성과 반죽을 반복 ▶ 치대는 과정과 저온에 몇시간씩 그대로 두는 숙성과정을 반복하면서 글루텐 구조가 매우 치밀해짐 ▶ 맛의 핵심은 물과 소금, 밀가루의 배합으로 밀가루와 10% 소금물의 비율은 100 : 50 ▶ 온도와 습도에 따라 소금물의 농도를 조절하면 계절과 상관없이 쫄깃한 우동이 나옴	
메밀국수	메밀, 밀가루	우동과 같음	메밀 80%에 밀가루 20%의 흔합반죽으로 미리 삶아 놓은 면에 국물만 부으면 음식이 완성되기 때문에 일종의 패스트푸드	
쌀국수	쌀	열판 위에 불린 쌀가루를 얇게 펴서 익힌 뒤 칼로 썰어냄	베트남 쌀은 쉽게 호화되지만 우리나라 쌀은 호화가 어려워 열과 압력을 가해 면을 뽑음	
냉면	메밀, 전분	반죽을 익히면서 강한 압력을 가해 작은 구멍 밖으로 밀어냄	끈기가 없는 재료의 한계를 열과 압력을 가하는 제조공법으로 극복, 메밀과 전분, 면을 뽑는 기술에 따라 끈기와 질감이 달라짐 ▶ 평양냉면: 메밀 함량이 많아 뚝뚝 끊어지고 꺼끌꺼끌한 편 ▶ 함흥냉면: 감자나 고구마 전분을 많이 넣어 면발이 쫄깃하고 잘 끊어지지 않음	
쫄면	밀가루, 검, 알코올 등	냉면과 같음	냉면과 만드는 방법은 같으나 재료에서 차이가 나고 냉면보다 두껍고 질김	

자료: 동아일보(2009년 8월 28일) 일부 수정

의 면은 단백질 함량 9~10%인 밀가루가 적합하며, 자장면 등 황색면에는 10~12% 단백질 함량을 가진 밀가루가 사용된다.

국수의 품질을 좌우하는 요인은 밀가루의 추출률이 높아지게 되면 밀기울과 배아의 혼입이 많아져 국수의 품질을 크게 저하시키게 되며, 제분수율이 높을수록 배아의 혼입이 많아져 저장 중 산패를 일으켜 변질되는데 이러한 변질 밀가루로 만든 국수의 품질은 크게 저하된다.

4) 튀김옷

튀김가루와 부침가루의 차이
튀김가루는 베이킹파우더를 첨가하여 부풀리게 하고 바삭한 느낌을 준다. 부침가루는 부드럽고 찰지게 하기 위해 전분을 첨가한다.

튀김옷은 주로 밀가루 전분의 흡수성과 호화성을 이용한 조리이다. 전분은 가열에 의해 튀김옷과 재료로부터 물이 흡수되어 호화되고, 튀김옷을 고정하는 역할을 한다. 이때 튀김옷의 수분은 고온가열에 의해 급격히 증발하고 대신 유지가 튀김옷에 흡착된다. 최근에는 튀김옷에 중탄산나트륨식소다, 중조이나 베이킹파우더를 넣어 바삭하게 튀긴다.

5) 루

루roux는 밀가루를 버터나 마가린 등으로 볶은 것으로, 주로 전분의 호정화에 의한 가용성을 이용한 조리로 수프나 소스의 농도를 부여하여 특유의 풍미와 매끈매끈한 맛을 준다.

루는 볶는 온도에 의해 색이나 풍미가 다른데 볶는 온도에 따라 120~130℃의 루를 화이트 루, 140~150℃의 루를 크림 루, 180~190℃의 루를 브라운 루라고 부른다.

밀가루는 강력분보다도 박력분이 볶기 쉽고, 액체로 묽게 하기 쉬우며 소스의 상태 변화도 적다. 또한 버터와 밀가루의 비율을 1:1로 하여 저온에서 오래 볶는 것이 유동성이 있고, 볶기 좋으며 균일하게 분산시키기가 쉽다.

팽창제를 사용하지 않는 음식	팽창제를 사용하는 음식		
	발효빵	비발효빵	
	이스트	베이킹파우더	공기나 수증기
국수 파이크러스트 만두피 수제비	식빵 중화만두껍질 난 하드롤	케이크 케이크도넛 핫케이크 와플, 머핀 비스킷, 마들렌 쿠키, 찐빵	팝오버 엔젤케이크 스폰지케이크 크림퍼프

표 6-9
밀가루 음식의 분류

CHAPTER
07

: 육류

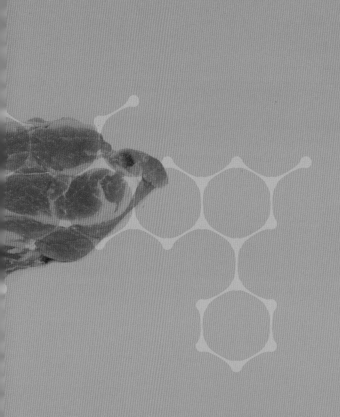

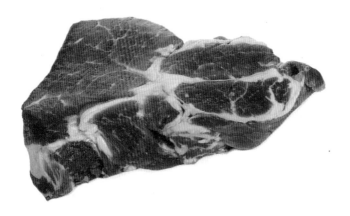

CHAPTER
07

: 육류

식용으로 이용되고 있는 육류의 종류는 쇠고기|beef, 돼지고기|pork, 양고기|lamb/ mutton 등의 수육류와 닭고기|chicken, 오리고기|duck, 메추라기고기|common quail, 칠면조고기|turkey, 꿩고기|pheasant 등의 가금류이며 중요한 단백질 급원식품이다.

　나라와 종교에 따라 육류 선택이나 선호도가 다른데 우리나라는 쇠고기를 중국은 돼지고기, 인도에서는 염소고기를 선호한다. 이슬람국가에서는 반드시 이슬람식 도축법의 순서와 방식대로 잡은 할랄인증이 있는 고기만 먹는데 양고기를 가장 선호하고 닭고기, 쇠고기, 낙타고기를 먹는다. 이슬람국가에서는 돼지고기를 엄격히 금하는 반면 인도에서는 쇠고기를 먹지 않는다. 지역과 풍습에 따라 토끼, 캥거루, 개, 말, 악어, 사슴 등을 먹기도 한다.

할랄
HALAL
이슬람식 도축법으로 정해진 순서와 방식에 따라 도살한 고기를 인증하는 것으로 이슬람 국가마다 고유의 할랄인증표시가 있다.

1. 육류의 구조

1) 근육조직

　근육조직은 동물조직의 약 30~40%를 차지하며 동물의 운동을 수행한다. 그중 주요 식용 부분은 근육의 수축과 이완에 관여하는 골격근으로, 식품

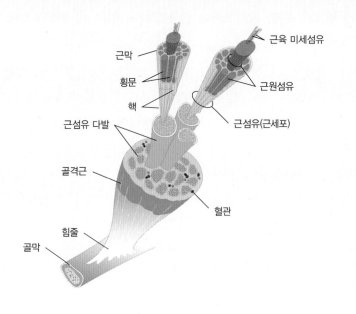

그림 **7-1**
근육조직의 구조

근막
횡문
핵
근섬유 다발
골격근
힘줄
골막
근육 미세섬유
근원섬유
근섬유(근세포)
혈관

으로서 영양적 가치가 있다. 근육조직은 미오신과 액틴을 기본으로 하는 단백질 분자들이 화합하여 근원섬유를 만들고, 약 2,000개의 근원섬유는 긴 원통모양의 근섬유를 형성하고 근섬유는 다시 근육을 만들어 힘줄腱에 의해 뼈에 부착된다.

근원섬유는 두꺼운 사상체thick filament인 미오신myosin과 가는 사상체thin filament인 액틴actin으로 되어 있으며 이들은 일정한 순서로 배열되어 있다. 근육이 수축되면 이 두 사상체는 겹쳐져 근육의 길이가 짧아지면서 새로운 단백질인 액토미오신actomyosin을 형성하게 되며, 이로 인해 뼈에 부착된 근육의 수축 이완작용이 일어나서 뼈를 움직이게 한다.

2) 결합조직

결합조직은 근육이나 지방조직을 둘러싸고 있는 얇은 막, 혹은 근육이나 내장기관 등의 위치를 고정하고 다른 조직과 결합하는 힘줄 등을 말한다. 근육과 결합하는 뼈나 가죽 부위에 주로 많이 있고 운동량과 연령이 많을수록, 암컷보다 수컷, 돼지고기나 닭고기보다 쇠고기에 결합조직의 함량이 높다. 결합조직에는 콜라겐collagen과 엘라스틴elastin, 레티큘린reticulin이 있다. 콜라겐은 백색의 교원섬유로 단일 분자가 아니고 3분자가 서로 밧줄처럼 꼬인 3중 나선구조를 하고 있다. 콜라겐은 65℃ 부근에서 가용성이 되고, 그 이상으로 가열하면 물에 녹게 되어 졸의 상태인 젤라틴으로 분산되어 있다가 식으면 겔 상태가 된다. 족편, 전약, 도가니탕 등이 좋은 예이다. 엘라스틴은 황색의 탄성섬유로 가열하여도 변화가 없이 질겨서 식용이 불가능하므로 판매와 조리 전에 제거한다. 레티큘린은 근섬유막을 구성한다. 결합조직이 많을수록 질겨서 습열조리에 적당하다.

전약
우족이나 가죽을 푹 삶아서 대추, 계피가루 등의 재료를 넣고 함께 끓여 굳힌 후에 족편처럼 썰어서 만든 음식

3) 지방조직

육류의 지방조직은 피하, 복부, 장기의 주위에 많으며, 근육 내에 흰색의 작은 눈이 내린 것처럼 지방이 산재하여 있는 것을 마블링, 혹은 근내지방이라고 한다. 쇠고기의 안심이나 등심과 같은 부위는 마블링이 잘 형성되어 있다. 마블링은 지방이 근섬유를 짧게 하므로, 식육이 연하고 맛과 풍미가 좋아 육질 등급의 가장 중요한 요소이다. 또한 식육 속의 마블링은 식육 내의 수분 증발을 억제시켜 씹었을 때 뻣뻣하지 않고 육즙이 풍부하여 촉촉하다. 일반적으로 지방 함량은 쇠고기보다 돼지고기에 많으며, 닭고기나 칠면조고기보다 오리고기에 더 많다.

•근내지방도가 높은 등심

•근내지방도가 낮은 등심

그림 **7-2**
근내지방 형성의 정도

자료: http://www.ekape.or.kr

4) 골격

어린 동물의 뼈는 연하고 분홍색을 띠는 반면, 성숙된 동물의 뼈는 단단하고 희며 어린 뼈보다 맛 성분이 더 많이 우러나므로 탕이나 육수를 끓이는 데 적합하다. 뼈는 결합조직인 관절과 힘줄이 외부를 싸고 있어 이를 끓이면 콜라겐 성분이 많이 우러난다. 조리할 때는 뼈를 찬물에 담가 핏물은 빼고 뜨거운 물에 20분 정도 끓여 물은 버리고 찬물에서 다시 끓이면 뽀얀 국물을 얻을 수 있다. 다리뼈인 사골, 무릎뼈인 도가니, 등뼈, 꼬리뼈, 엉덩이 부분의 반골뼈, 우족 등을 쓴다. 특히 우족과 사골의 경우 앞다리가 운동량이 많고 체중이 더 많이 가해지므로 골격이 치밀하게 발달되어 있고 인지질

사골을 끓인 탕에는 어떤 성분이 많이 있을까?
사골을 끓이면 6시간 후 칼슘, 인, 마그네슘이 각각 46.6mg, 4.6mg, 15.1mg/kg 정도 용출되고 곰탕을 2번째 재탕하면 탁도, 점도 등이 가장 우수하며 사골국 100ml 당 콜라겐 43.8mg, 황산콘드로이친이 265mg 정도 함유되어 있다.

의 함량이 많아 앞다리 쪽의 우족이나 사골의 육수가 더 뽀얗고 진하다고 알려져 있다.

2. 육류의 성분

식육은 75%가 수분이며 나머지 고형물 중 대부분이 단백질이고 그 밖에 지질, 무기질 등을 함유하고 있다. 식육은 단백질의 좋은 급원식품이며 단백질 중 미오신과 액틴과 같은 근원섬유단백질이 50~60%, 미오글로빈과 헤모글로빈, 효소단백질과 같은 근장단백질이 25~30%, 콜라겐, 엘라스틴과 같은 육기질단백질이 15~20%를 차지한다. 지질은 90%가 중성지질이며 동물이 어릴수록 함량이 적고, 암컷보다 수컷이 적고, 돼지고기, 쇠고기, 닭고기 순으로 지질 함량이 적다. 특히 돼지고기의 부위별 지질 함량은 차이가 크며 삼겹살이 28.4%로 제일 높고, 뒷다리살에 18.5%, 안심에 13.2%가 함유되어 있다.

식육은 무기질 중에서도 특히 철분의 좋은 공급원이다. 육류에 포함되어 있는 헴철은 시금치 등 채소에 포함되어 있는 비헴철에 비하여 약 10배 정도 체내에 흡수가 잘 된다. 돼지고기 안심살, 뒷다리 볼기살에는 특히 티아민의 함량이 각각 0.86mg, 0.92mg으로 쇠고기, 닭고기에 비해 훨씬 많아 티아민의 좋은 공급원이 된다.

표 **7-1** 육류의 성분 (가식부 100g 당)

육류		에너지 (kcal)	수분 (g)	단백질 (g)	지질 (g)	무기질				비타민					콜레스테롤 (mg)
						칼슘 (mg)	철 (mg)	칼륨 (mg)	아연 (mg)	A (RE)	B₁ (mg)	B₂ (mg)	B₁₂ (mg)	C (mg)	
쇠고기[1]	안심	200	66.6	19.17	13.14	5	2.78	337	4	5	0.07	0.21	1.81	0.38	57.81
	양지머리	185	67.2	21.16	10.49	5	2.52	316	4.78	3	0.05	0.17	1.49	0.63	61.59
	우둔살	164	69	23.08	7.29	5	2.67	327	4.62	3	0.09	0.17	1.39	0.22	58.34
	꽃등심	326	52.8	17.76	27.73	5	2.09	245	4.55	10	0.08	0.13	1.54	0.92	69.79
	앞사태	146	72.2	23.1	5.24	7	2.68	299	6.16	2	0.07	0.19	1.78	0.67	61
돼지고기	갈비살	202	66.2	18.7	13.59	8	0.7	293	2.23	7	0.44	0.02	0.64	1.2	69.32
	뒷사태살	134	73	20.51	5.11	5	1	315	3.1	4	0.46	0.1	0.35	1.48	64.9
	뒷다리	121	73.4	21.3	3.34	3	0.74	374	2.09	2	0.37	0.35	0.2	0.31	62.81
	삼겹살	379	50.3	13.27	35.7	6	0.42	231	1.7	19	0.49	0.16	0.51	0.44	68.55
	안심살	123	74.4	22.21	3.15	3	0.78	373	1.93	3	0.86	0.29	0.5	0.26	67.85
닭고기	가슴	107	76.2	22.97	0.97	4	0.28	371	0.61	10	0.2	0.05	0.26	0	56.11
	날개	175	70.8	18.78	10.53	17	0.56	195	1.23	45	0.13	0.07	0.44	0	94.76
	다리	152	75.1	19.41	7.67	9	0.62	234	1.71	28	0.16	0.06	0.49	0	91.96
오리고기	살코기	117	76.8	21	3.07	11	2.61	305	1.96	11	0.2	0.1	3.41	0.45	97.86
	껍질포함	242	64.6	16.63	18.99	16	1.56	215	2.18	35	0.06	0.01	3.25	0.23	91.45
양고기[2]	갈비	372	50.8	14.52	34.39	15	1.39	190	2.71	0	0.1	0.19	2.09	0	76
	살코기	143	72.55	20.88	5.94	12	1.91	276	3.19	0	0.13	0.23	2.21	0	66

자료: 농촌진흥청(2020). 국가표준식품성분 DB 9.2
1) 쇠고기는 국내산 한우 1등급임
2) 양고기는 미국산 lamb임

3. 육류의 규격과 특성

국내산 쇠고기의 종류는 한우·젖소·육우고기로 구분한다. 한우고기는
한우에서 생산된 고기, 젖소고기는 송아지를 낳은 경험이 있는 젖소암소에

> **쇠고기 원산지 표시**
> 쇠고기는 원산지에 따라
> 국내산 또는 수입한 생우
> 를 국내에서 6개월간 사
> 육한 경우는 국내산 쇠고
> 기, 수입산 쇠고기는 수입
> 국가명을 'OO (국가명)',
> 'OO산'으로 표기한다.

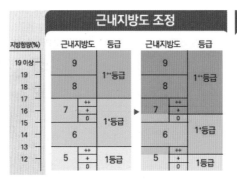

그림 7-3
쇠고기 등급표시법

자료: https://www.ekape.or.kr

서 생산된 고기, 육우고기는 육용종, 교잡종, 젖소수소 및 송아지를 낳은 경험이 없는 젖소암소에서 생산된 고기와 6개월 이상 국내에서 사육된 수입생우에서 생산된 고기를 말한다.

한우의 식육은 육량등급과 육질등급에 따라 1^{++}, 1^{+}, 1, 2, 3등급으로 구분한다. 육량등급은 소 한마리에서 얻을 수 있는 고기의 양의 많고 적음을 나타내며 육질등급은 고기의 품질 정도를 나타낸다. 수입 쇠고기는 나라마다 차이가 있으나 미국의 경우 프라임prime, 초이스choice, 셀렉트select, 스탠다드standard, 커머셜commercial, 유틸리티utility, 커터cutter, 캐너canner 순의 8등급으로 나누어진다.

돼지고기의 등급은 고기의 품질 정도와 도체중·등지방두께 및 외관 등을 종합적으로 고려하여 1^{+}, 1, 2등급으로 구분한다.

닭고기는 중량규격과 품질에 따라 1^{+}, 1, 2등급으로 나누고 부위별로 판매하는 부분육은 1, 2등급으로 구분한다.

소, 돼지, 닭 등 주요 육류의 특성은 표 7-2와 같다. 소의 생산주기는 18~24개월이며 돼지는 5~6개월이고, 닭의 생산주기는 40일 정도로 짧아 육류 부족 시 빠른 대체 공급이 가능하다.

> **도체율**
> 가축의 생체무게에 대한 도체무게의 비율. 가축을 도살하기 바로 전의 몸무게를 생체무게라고 하고, 도살하여 박피한 다음 발·머리·내장을 제거한 나머지를 도체라고 한다.

구분	소	돼지	닭
도축 시 체중(Kg)	450~700	90~110	2~5
도축 시 일령	2년 전후	5~6개월	9~12주
도체율(%)	55~60	70~75	65~70
냉장가능기간(2~5℃)	1~2개월	2~3주	10~14일
냉동가능기간(18℃)	1~2년	6~12개월	6개월
사후경직(0℃, 시간)	72	2~24	6~12
육의 연도(Kg/cm²)	4~15	5~10	2~5

표 **7-2**
육류의 특성

자료: 일본축산시험장, 1995

TIP
-

축산물이력제

축산물이력제는 소, 돼지, 닭, 오리, 달걀 등의 위생·안전의 문제를 사전에 방지하고, 문제가 발생할 경우 이력을 추적하여 신속하게 대처하기 위한 제도이다. 축산물이력제 모바일 앱(app)과 홈페이지(mtrace.go.kr)에서 축산물 포장지에 표시된 12자리 숫자의 이력번호를 입력하면 성별, 종류, 사육지, 도축 및 포장 처리 정보, 판매 등의 단계별 거래정보 조회가 가능하다. 소의 경우 DNA를 추출하여 도축부터 판매 단계까지 DNA동일성검사를 실시하여 관리한다. 2020년부터는 학교 등 집단급식소, 대규모(700㎡ 이상) 식품 접객업자·통신판매업자는 국내산이력축산물에 대해서도 이력번호를 메뉴표시판 등에 공개해야 한다.

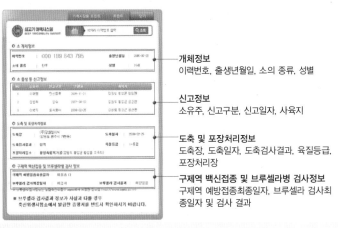

03 쇠고기 이력번호 및 묶음번호 조회 결과
- 구입하신 쇠고기의 이력정보를 상세하게 보실 수 있습니다

개체정보
이력번호, 출생년월일, 소의 종류, 성별

신고정보
소유주, 신고구분, 신고일자, 사육지

도축 및 포장처리정보
도축장, 도축일자, 도축검사결과, 육질등급, 포장처리장

구제역 백신접종 및 브루셀라병 검사정보
구제역 예방접종최종일자, 브루셀라 검사최종일자 및 검사 결과

자료 : https://www.mtrace.go.kr

4. 육류의 사후 변화와 숙성

1) 사후경직

사후경직사후강직, rigor mortis이란 동물체가 도살된 후 근육이 단단하게 굳는 현상을 말한다. 사후경직기에 있는 고기는 질기고 보수성이 적어 먹기 힘드므로 경직기가 끝난 후에 조리하도록 해야 한다.

식육을 위해서 도살 후 방혈, 박피, 내장적출, 분할, 세척의 과정을 거치는데 혈액순환이 정지되어 산소 공급이 끊기면 근육조직의 글리코겐이 혐기적 해당과정을 거쳐 젖산을 생성한다. 근육의 pH는 7.0~7.2인데 pH 6.5 이하가 되면 ATPase가 활성화되어 ATP가 신속하게 분해된다. 이때 ATP와 결합하고 있던 미오신은 액틴과 결합하여 수축과 경직 상태의 액토미오신이 되므로 사후경직 중의 식육은 질기고 맛이 없다. 최대 경직기에는 글리코겐과 ATP가 완전히 소모됨으로써 수축되어 이완되지 않는 근원섬유가 많아지면서 단단하게 굳어진다. 근원섬유 사이의 공간이 좁아져서 수분을 저장하는 능력도 낮아진다. 동물이 오래 굶거나 격한 운동 후에 죽으면 근육의 글리코겐이 고갈되어 사후 젖산 생성의 감소로 pH가 내려가지 않아 사후경직과 그 다음 단계인 숙성이 충분히 일어나지 않으므로 식육의 맛이 저하되며 이때의 식육은 산소결합력이 낮아져 적갈색이나 흑자색이 나며 끈끈하고 질긴 DFD 고기가 된다.

도살에서 사후경직이 발생하기까지의 시간은 동물의 종류에 따라 다르나 대체로 몸집이 큰 동물일수록 크다. 사후경직의 시작시간은 소는 12시간, 돼지는 12시간, 닭은 6시간이며, 최대 경직시간은 소는 24시간, 돼지는 24시간, 닭은 12시간이다. 도살 후 즉시 동결시키면 해동 시 경직이 빠르게 일어나며 경도가 높고 드립drip양도 많으므로 최대 경직기 이후에 동결시켜야 한다.

DFD 고기란?
Dark, Firm, Dry
도축 전에 스트레스를 받은 소에서 생산된 고기에서 주로 발생되는데 색이 지나치게 검고Dark 고기가 단단하며Firm 건조Dry한 고기로 육질이 떨어지는 고기

2) 숙성

근육은 pH 5.5에서 최대 사후경직이 일어나며 근육의 젖산생성이 정지된다. 이와 동시에 숙성aging이 일어나며 숙성과정 중에는 근육 내의 단백질 분해효소인 프로테아제에 의해 근원섬유단백질을 분해시키는 자기소화가 일어나 근육의 길이가 짧아지면서 연해지고, 유리 아미노산, 올리고펩타이드가 생성되어 맛과 풍미가 좋아지며 보수성도 증가된다. 사후경직 시에 ATP

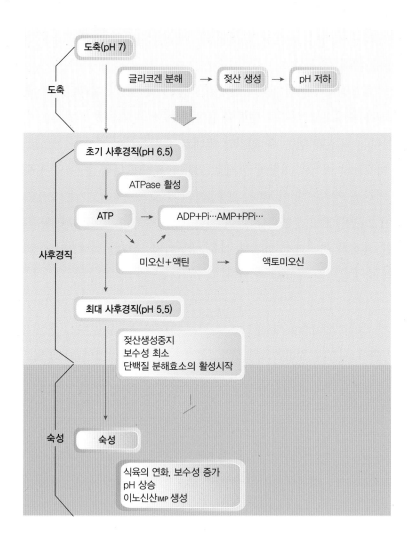

그림 **7-4**
식육의 사후경직과 숙성

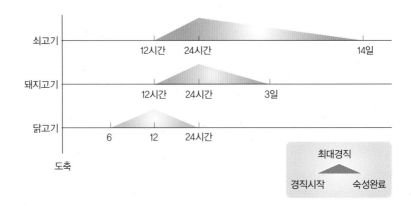

그림 **7-5**
사후경직과 숙성 소요시간
(4℃)

에서 분리된 ADP는 AMP로 분해된 후 이노신산IMP으로 분해되어 식육에 감칠맛을 더해 준다.

또한 사후경직기에 생기는 인산, 젖산 등은 콜라겐이 젤라틴으로 팽윤되는 과정을 도우므로 식육의 연화를 돕는다. 숙성과정을 잘 거쳐야만 연하고 감칠맛나는 육질을 얻을 수 있지만 반대로 숙성기간이 필요 이상으로 길어지면 미생물의 번식과 지방의 산패로 오히려 육질이 나빠질 수 있어 숙성방법과 기간을 지키는 것이 좋다. 보통 4℃에서 도축 후 쇠고기는 7~14일, 돼지고기 2~3일, 닭고기 8~24시간이 지난 후 조리하는 것이 좋다. 완전히 숙성되면 산소가 조직까지 침투해 식육 내부까지 선명한 적색으로 변하므로 식육의 숙성정도를 파악할 수 있다.

(1) 드라이 에이징Dry aging

고기를 1~2℃의 일정온도와 습도, 통풍이 잘되는 곳에서 4~6주간 노출시키는 건식 숙성방법이다. 비교적 등급이 높고 지방이 고르게 분포된 고기가 적합하며 숙성 중에 수분이 증발하면서 응축되어 생기는 독특한 맛과 진한 풍미가 더해지고 내부는 단백질 분해효소의 작용으로 부드럽고 연해진다. 드라이 에이징 후에는 수분의 증발로 인해 표면이 지나치게 건조되고 검게 변하며 산패, 곰팡이 증식이 생긴 부분을 제거해야 하기 때문에 20~30% 정도 중량이 손실된다.

(2) 웻 에이징Wet aging

고기를 진공포장하여 냉장온도에 3~4주 정도 습식 숙성시키는 방법이다. 공기 접촉으로 인한 고기 손실이 최소화되면서 충분한 효소 작용이 일어나 고기 내부는 풍부한 육즙과 함께 연함과 감칠맛이 증가된다.

5. 육류의 색

식육의 주된 색은 근육의 육색소인 미오글로빈myoglobin에 의하며 미오글로빈의 함량은 동물의 종류와 부위, 연령 등에 따라 다르다. 미오글로빈 함량은 소나 양이 돼지보다 많고 나이든 소가 송아지보다 많다. 일반적으로 근육을 많이 사용하는 부위는 산소가 함유된 미오글로빈이 많이 필요하므로 근육이 어두운 색을 띠는 반면 잘 사용하지 않는 부위는 미오글로빈이 적게 필요하므로 색이 밝다. 신선한 식육은 미오글로빈에 의해서 암적색을 띠나 식육을 절단하여 공기 중에 노출하면 산소와 결합하여 선홍색의 옥시

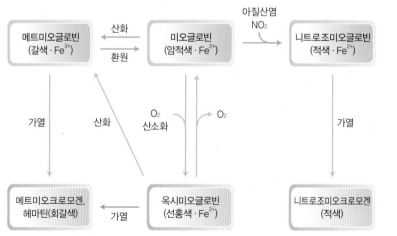

그림 **7-6**
식육의 색

자료: 高野克己, 渡部俊弘(2005). パソコンで 学ぶ 食品化学(p.98). 三共出版.

미오글로빈oxymyoglobin이 된다. 식육이 장시간 공기에 노출되어 있거나 표면의 세균에 의해 산소분압이 감소되면 헴철이 제1철Fe^{2+}에서 제2철Fe^{3+}로 산화되어 갈색의 메트미오글로빈metmyoglobin이 된다. 식육은 미생물 번식이나 부패에 의해 갈색으로 변하기도 하지만, 진열이나 햇빛·소금 등에 의해서도 갈색화가 이루어질 수 있다. 신선육은 진공포장하면 고기색이 암적색으로 변하는 경우가 있는데 이는 포장지 내에서 산소결핍 때문에 일시적으로 발생하는 현상이며 포장은 개봉하여 공기에 노출시키면 미오글로빈이 산소와 결합하면서 다시 밝은 선홍색이 된다. 식육의 색은 식육의 신선도를 판별하는 지표가 되므로 이러한 메트미오글로빈의 형성 방지가 중요하므로 이를 위해 육가공품에서는 아질산염, 질산염으로 처리하면 미오글로빈 색소가 니트로조미오글로빈nitrosomyoglobin이 되어 전형적인 적색으로 안정화된다. 그러나 이들 색소는 산소와 빛에 의해서 퇴색되므로 햄이나 소시지, 베이컨은 산소나 빛의 투과가 적은 재질로 포장하여야 한다. 니트로조미오글로빈을 가열하면 그대로 적색의 니트로조미오크로모겐nitrosomyochromogen이 된다. 육류는 가열하면 온도가 상승함에 따라 미오글로빈의 단백질 부분은 변성되고, 헴heme은 헤마틴hematin으로 산화되어 갈색의 메트미오크로모겐metmyochromogen이 된다.

또한 식육의 표면이 녹색으로 변할 수가 있는데 이는 장시간 저장으로 미오글로빈의 파괴가 일어나 세균의 오염이 심하다는 것을 나타낸다.

6. 육류의 조리 특성

1) 융점

융점은 지방의 경도를 측정하는 기준으로 분자량이 작거나 불포화도가 높을수록 융점이 낮다. 쇠고기와 양고기는 포화지방산의 함량이 많아 융점이 높으므로 조리한 후 뜨거울 때 먹어야 한다. 반면 돼지고기와 닭고기는 불포화지방산의 함량이 쇠고기보다 많으므로 융점이 낮은데 특히 돼지고기 지방의 융점은 피하 외층의 지방은 31℃, 내층은 36~38℃로 혀의 온도와 비슷하여 입안에서의 촉감이 좋다.

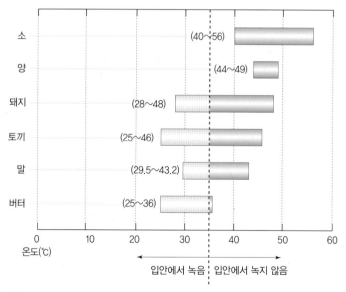

그림 **7-7**
식육지방의 융점

자료: 杉田浩一(2006). 新裝版「こつ」の科学, 調理の 疑問 に答え(p.37). 柴田書店.

2) 가열

근섬유를 50℃ 이상으로 가열하면 단백질이 변성을 일으키기 시작한다. 가열변성이 일어나면 근섬유 방향으로 뻗어 있는 근육단백질이 코일모양으로 꼬이면서 근육을 수축시키며 고기 내부온도가 60~65℃부터 육즙 손실량이 크게 증가한다. 따라서 열과 조리시간이 증가할수록 근섬유는 더욱 질겨진다. 그러나 결합조직은 가열 전에는 매우 질기지만 가열하면 65~70℃에서 콜라겐의 3중 나선의 분해가 시작되어 80℃에서는 질긴 콜라겐이 부드러운 젤라틴으로 쉽게 변하게 된다.

그러므로 식육을 가열할 때는 근섬유와 콜라겐 가열의 특성을 이해하여 젤라틴화가 충분히 일어나면서도 근섬유의 수축이 심하지 않게 조리되도록 가열온도와 시간을 고려해야 한다. 결합조직이 많은 식육은 비교적 저온에서 오랜 시간 가열하는 것이 좋으나 근섬유가 많은 식육은 가열온도가 높고 가열시간이 길수록 더 많이 수축하기 때문이다.

돼지는 소보다 어릴 때 도축하므로 돼지고기가 쇠고기보다 연하다. 돼지고기에는 선모충이 있을 수 있으므로 안전하게 내부온도를 85℃까지 익혀 먹도록 권장하고 있으나 이 기생충의 치사온도는 58.3℃이어서 내부온도를 65℃까지 익혀도 괜찮지만 구수한 맛은 덜하다. 최근 5년 동안 돼지고기에 선모충이 발견되지 않았다는 보도도 있으나 선모충은 사람의 장기를 뚫고 들어가 근육통, 설사, 발열, 호흡기 장애, 사망을 일으키므로 주의를 요한다. 아시아조충도 감염된 돼지고기를 덜 익혀 먹거나 이 기생충의 유충이 들어 있는 음식을 섭취함으로써 감염되므로 유의한다. 일반적으로 세균은 육류나 생선의 표면에 어느 정도 존재하므로 스테이크는 겉이 완전히 익도록 굽는 것이 좋다.

병원성대장균인 O-157은 열에 약하며 주로 표면에 서식하므로 75℃에서 1분간 가열하면 사멸된다. 또한 표면이 완전히 익으면 식육의 육즙이 밖으로 나오지 않아, 다즙성의 연한 스테이크를 먹는 효과도 얻게 된다. 그러나 면역

력이 약한 어린이에게 제공할 때는 스테이크의 식육 중심부까지 익혀 주는
것이 좋다.

3) 연화방법

식육의 연도는 기호성에 가장 큰 영향을 주는 요인이다. 육의 연도는 쇠고
기가 4~15kg/cm^2, 돼지고기는 5~10kg/cm^2, 닭고기는 2~5kg/cm^{2}로 닭고
기가 가장 연하다. 근육의 두께가 두꺼울수록, 근육 중 결합조직의 함량이
많을수록 질기기 때문이다. 반면 근육 중에 지방의 마블링이 잘 되어 있고
동물이 어릴수록 식육이 연하다.

(1) 기계적 방법

식육을 잘게 썰거나 다지는 방법, 고기 망치meat tenderizer로 두드리거나 기
계로 얇게 써는 방법 등은 근섬유를 짧게 끊어 주어 식육을 연하게 한다.
식육을 자를 때는 근섬유 길이 방향의 직각으로 자르거나 칼집을 내야 근
섬유가 짧아져서 연하다. 커틀렛이나 산적 등에 잔칼집을 넣어 주면 식육이
연해지고 가열 후 수축되고 모양이 뒤틀리는 것을 방지할 수 있다.

(2) 효소

근섬유의 주성분은 단백질이므로 단백질 분해효소를 사용하면 식육의 연
화에 큰 효과가 있다. 우리나라에서는 예전부터 식육을 재울 때 배를 사용

TIP -

생파인애플과 통조림의 연화 효과
식품을 통조림으로 가공할 때는 세균의 번식방지를 위해 살균과정을 거치게 된다. 이때 단백질 분해효소
는 변성이 되어 효소 활성을 잃기 때문에 연화 효과를 상실한다. 따라서 단백질 연화를 위해서는 파인애
플 통조림보다 반드시 생파인애플을 이용해야 한다.

하였고 찜을 할 때 무를 사용하였는데 배와 무에는 프로테아제가 들어 있어 식육의 연화에 도움을 준다. 파파야의 파파인papain, 파인애플의 브로멜라인bromelain, 무화과에 있는 피신ficin 등은 식육을 연화시킨다. 젤라틴의 경화를 방지하고 단백질 분해효소가 있는 키위의 액티니딘actinidin은 단백질 분해효과가 매우 크므로 사용량이 많거나 작용시간이 길면 오히려 씹는 맛이 저하될 수 있다. 시중에 판매되는 연육제는 단백질 분해효소들을 가공한 것이다.

(3) 염의 첨가

식육을 조리할 때 소금이나 간장을 첨가하면 연해지는데 이는 근원섬유단백질이 염용성이므로 $MgCl_2$, NaCl, KCl과 같은 염이 근섬유와 접촉되는 부분을 분해시켜 단백질의 극성분자들이 표면에 재배열되면서 수분과 결합하는 능력이 커지기 때문이다. 일반적으로 식육에 1.3~1.5%의 염을 첨가하면 간도 적절하고 연화 효과도 있지만 5% 이상이 되면 탈수가 되어 질기고 맛이 없다.

(4) 산의 첨가

식육이 약간 산성이 되면 수화력이 증가하여 연화되지만 식육단백질은 pH 5.6~6.1에서 등전점과 관련된 보수력이 감소하여 가장 질겨진다. 그러나 식육은 완충 효과가 매우 커서 약간 산성화시키려 해도 많은 양의 산을 첨가해 주어야 하며 산성의 과즙이나 레몬, 레몬껍질, 토마토를 가해 주어 pH를 4.0~4.5로 낮추면 연화에 효과가 있다.

(5) 당의 첨가

설탕, 배즙, 꿀, 양파즙 등을 식육 조리 시에 넣으면 당이 물을 보유하는 성질, 즉 보수성이 증가하여 식육이 연하게 느껴진다. 또한 당은 단백질의 열 응고를 지연시키는 효과가 있으므로 식육에 가해 주면 식육을 연화시킨다.

그러나 설탕을 다량으로 첨가하였을 경우에는 오히려 질겨진다.

(6) 조리에 의한 연화

식육을 부위에 따라 적절한 방법으로 조리하면 연하고 맛있게 먹을 수 있다. 결합조직이 많은 부위인 양지, 사태 등은 습열조리법으로 조리해야 하며 근섬유나 지방이 발달한 등심, 안심, 채끝, 우둔 등은 건열조리법을 사용하는 것이 좋다.

그림 **7-8**
식육의 연화방법

조리 전에 칼집을 넣으면 섬유를 끊어주어 연하게 되며 수축되어 변형되는 것도 방지한다.

키위, 파인애플, 양파, 배 등의 단백질 분해효소 작용에 의해 연해진다.

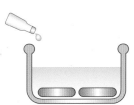

식초나 산에 담가 두면 수화력이 강해져 연해진다.

설탕은 보수성이 있어 부드럽고 연해진다.

콜라겐이 오랫동안 가열되면 젤라틴이 되어 연해진다.

(7) 기타

식육은 자가 숙성 과정을 거쳐야만 단백질의 분해가 일어나며 젖산과 인산이 콜라겐을 팽윤시켜 쉽게 젤라틴화되므로 연해진다. 숙성기간이 연장되면 부패 세균의 증식, 표면의 건조, 불쾌한 냄새의 생성 등으로 인하여 오히려 품질이 떨어진다. 돼지고기는 쇠고기보다 연하고 지방의 산패가 빠르기 때문에 일반적으로 숙성과정을 거치지 않는다.

식육을 동결시키면 식육 속의 수분이 단백질보다 먼저 얼어서 용적이 팽창한다. 이때 용적의 팽창에 따라 조직이 파괴되므로 약간의 연화작용이 나타난다.

7. 육류의 조리 및 이용

1) 쇠고기

(1) 부위

쇠고기 조리법의 일반적인 원칙은 양지, 사태, 목심 등 결합조직이 많은 부위는 물에 장시간 조리하는 습열조리법인 탕, 편육, 찜 등이 적당하고, 안심, 등심, 채끝, 우둔 등 지방이 많고 결합조직이 적은 부위는 구이 등 건열조리법이 적당하다는 것이다.

(2) 조리법
① 습열조리

결합조직이 많은 부위의 조리법으로 적당하며 그 예로는 탕, 조림, 찜, 편육, 전골 등이 있고 서양조리법으로는 브레이징braising, 스티밍steaming, 스튜

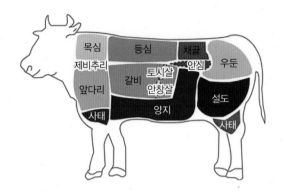

그림 **7-9**
쇠고기의 부위별 명칭

자료: 농촌진흥청 국립축산과학원(http://www.nias.go.kr)

잉stewing 등이 있다.

- **탕** 탕이나 육수에 사용되는 부위는 결합조직이 많은 양지, 사태, 꼬리, 사골, 우족 등이다. 탕은 식육의 수용성 단백질과 무기질이 충분히 우러나와 국물이 맛있어야 되므로 찬물에서부터 끓이기 시작하고 끓으면 불의 세기를 줄여 콜라겐이 젤라틴으로 될 때까지 충분히 끓인다. 끓는 물에 넣고 끓이면 표면의 단백질이 먼저 응고하여 내부 성분의 용출이 더디게 된다. 국물을 낼 때 소량의 소금을 넣고 끓이면 단백질의 용출을 도우므로 국물의 맛이 향상된다. 뼈는 우선 찬물에 담가 핏물을 빼고 조리해야, 근육조직, 뼈에 들어 있는 각종 물질이 서서히 용해되어 맑은 육수를 낼 수 있다.

- **장조림** 홍두깨살은 근육의 길이가 길고 근섬유 사이에 결체조직이 얇게 발달해 있어 조림을 하였을 때 근섬유가 고불고불하면서 부드럽게 찢어지는 장점이 있다. 따라서 홍두깨살이 장조림을 하기에 가장 적당한 부위이나, 사태, 우둔으로도 장조림을 만든다. 장조림은 국물보다 식육을 먹을 목적이므로 끓는 물에 고기를 넣어 익혀 식육 단백질을 응고시킨 후 간장을 넣어야 부드러운 장조림이 만들어진다. 처음부터 간장을 넣으면 식육의 수분이 탈수되어 단단하고 질겨진다.

표 7-3 쇠고기의 부위별 명칭과 조리법

대분할	소분할		특징	조리법
목심 chuck	목심살		결이 굵고 약간 단단하며 질기지만 지방이 적당히 박혀 있어 풍미가 좋은 편이다. 목뼈 윗 부분(1/3)은 비교적 부드러워 불고기로 사용하고 나머지 부분은 국거리로 이용한다.	구이, 탕, 불고기
등심 loin	윗등심살 아래등심살 꽃등심살 살치살		등심은 마블링이 고루 분포할수록 풍미가 좋고 상품이다. 근육결이 가늘고 부드러우며 공기 중에 노출되면 변색이 빨리 된다.	스테이크, 로스구이
안심 tenderloin	안심살		마블링이 잘 형성되어 있으나 지방의 양은 많지 않으며 가장 부드럽고 연하다.	스테이크, 로스구이
갈비 rib	본갈비, 꽃갈비 참갈비, 갈비살 마구리, 토시살 안창살, 제비추리		갈비뼈 13대를 중심으로 근육조직과 지방조직이 3중으로 형성되어 있어 기름지고 독특한 맛이 있다.	찜, 탕, 구이
채끝 strip loin	채끝살		등심과 비슷하나 지방이 적고 육질이 부드럽다. 비육이 잘된 소의 채끝은 마블링이 발달되어 있다.	스테이크, 로스구이
우둔 round	우둔살 홍두깨살		둥근 모양의 살코기로 지방이 적고 식육의 결은 약간 굵은 편이나 근육막이 적어 연한 편이다.	산적, 육포, 장조림, 불고기
설도 bottom round	보섭살 설깃살 설깃머리살 도가니살 삼각살		식육은 우둔과 유사하며 보섭살은 채끝과 연결되는 부분으로 풍미가 좋아 스테이크로도 이용한다.	산적, 육포, 장조림, 다짐육
앞다리 shoulder	꾸리살 갈비덧살 부채살 앞다리살 부채덮개살		식육의 결이 곱지만 힘줄이나 막이 있어 부분적으로 약간 질기나 구이와 불고기용으로도 이용한다.	육회, 스튜, 탕, 장조림, 불고기
양지 brisket	양지머리, 업진살 업진안살, 차돌박이 치마살, 치마양지 앞치마살		앞가슴으로부터 복부 아랫부분까지이며 지방과 결합조직이 많이 형성되어 있다.	탕, 국, 스튜
사태 shank	아롱사태 뭉치사태 앞사태 뒷사태 상박살		앞·뒷다리 위쪽 부위로 식육의 결이 고우며 풍미가 좋다. 결합조직이 발달되어 쫄깃한 질감이 있다. 사태 부위에서 가장 큰 근육을 아롱사태라고 하며 수육, 육회용으로 이용한다.	육회, 탕, 스튜, 찜, 수육
10개 부위	39개 부위			

자료: http://www.ekape.or.kr

표 **7-4** 소 내장의 명칭과 조리법

부위명		특징	조리법
위	양	소의 4개의 위 중 첫 번째와 두 번째 위를 양이라 하고, 첫 번째 위의 두꺼운 부분을 양깃머리라 한다. 두 번째 위는 벌집 모양으로 생겨 벌집양이라 하는데 가장 양이 적다.	구이, 전골, 탕, 양즙
	처녑	세 번째 위를 처녑이라고 한다. 회색의 짧은 막과 긴 막이 교대로 있으며 작은 돌기가 많이 나 있다. 특유의 감칠맛이 있다.	회, 전, 전골, 볶음
	홍창	네 번째 위를 말하며 붉은 기운이 있어 홍창, 마지막 위라는 뜻으로 막창이라고도 한다.	탕, 구이
간		철분과 비타민 A를 다량 함유하고 있으며 질감이 부드럽고 연하나 특유의 냄새가 있다.	볶음, 전
대장		장에서 직경이 넓은 부분으로 쫄깃한 질감이 있다.	스튜, 소시지, 순대
소장		장에서 직경이 좁은 부분으로 꼬불꼬불하여 곱창이라고 한다.	구이, 순대, 볶음
우설		소의 혀이며 양이 적게 나와 귀하게 취급된다. 연하고 부드럽다.	구이, 볶음
곤자손이		골반 안쪽 지방이 많이 붙은 대장 끝의 직장 부위로 양이 적게 나온다.	전골, 탕
허파		폐肺를 말하며 부아라고도 한다.	구이, 순대, 스튜, 편육
염통		소의 심장으로 연하며 비교적 냄새가 적다.	탕, 전골
콩팥		소의 신장으로 비타민 A와 B군이 많으며 얇게 썰어서 소금구이나 버터구이로 이용된다.	찜, 전
지라		비장으로 한방에서는 어지럼증에 사용한다.	구이
두골		뇌를 말하며 신선로와 같은 고급음식에 사용된다.	구이
등골		척수에 해당하며 부드럽다.	탕, 국, 구이
식도		주라통이라고도 하며 탕의 재료로 사용한다.	전
우통		암소의 젖가슴 부위이다.	전, 회
우랑, 우신		숫소의 생식기 부위이다.	탕
선지		피를 말하며 응고되었을 때 끓는 물에 삶아 검은 물을 뺀 후 사용해야 찰지는 맛이 있다.	수육, 탕
힘줄		소가죽, 골격 부위나 근육 사이의 희고 얇은 껍질 모양의 질긴 결합조직을 말하며 스지라고도 한다.	수육, 탕, 회

부위명	특징	조리법
우족	소 4개의 발이며 앞쪽의 발을 상품으로 친다.	탕, 족편
꼬리반골	엉덩이 부분의 골반뼈이다.	탕, 육수, 스톡
꼬리	꼬리는 보신용으로 이용하였으며 지방과 결합조직이 많다.	탕, 찜
우골	잡뼈라고도 하며 기본 육수로 많이 이용된다.	탕, 육수, 스톡
도가니	소 무릎 부위의 연골조직으로 콜라겐과 인지질이 많다.	탕, 찜
사골	4개의 다리뼈라고 해서 사골이라 한다. 앞다리 뼈의 밀도가 높아 상품으로 친다. 암소보다 수소(거세우)의 사골이 좋다.	탕, 육수

- **찜** 결합조직이 많은 사태, 꼬리, 갈비 등의 질긴 부위로 만드는데 소량의 물에 식육을 먼저 익힌 다음 채소와 양념을 넣어 중불에서 충분히 끓인다. 너무 오래 끓이면 콜라겐이 지나치게 분해되어 매우 연해져 식육은 씹는 맛이 없어진다.

- **스튜** 스튜stew는 서양식 찜으로 식육을 익힌 후 채소와 토마토 혹은 토마토페이스트 등을 넣는다. 토마토는 식육의 pH를 약산성으로 만들어 근육의 수화능력을 증가시키므로 식육을 연하게 만든다.

진저론
zingerone
생강은 진저론zingerone 과 쇼가올shogaol, 진저롤 gingerol에 의하여 매운맛 과 고유의 향을 낸다. 돼지고기의 누린내와 생선의 비린내를 없애는 데 사용되며, 생강은 통으로 또는 편이나 채로 썰기도 하고, 다지거나 즙을 내서 사용하기도 한다. 생강은 마늘의 1/6 정도의 양을 넣는 것이 좋다.

- **편육** 편육은 국물보다 식육을 먹을 목적이 있으므로 끓는 물에서 조리하여 맛성분이 많이 유출되지 않도록 한다.

  특히 돼지고기는 찬물에서 끓이면 식육색이 분홍색이 되므로 반드시 끓는 물에 삶는다. 생강의 냄새제거 효과는 단백질의 응고 후에 효력이 있으므로 식육이 어느 정도 익었을 때 생강을 넣어야 된다. 식육이 익으면 졸 상태의 젤라틴이 겔 상태가 되기 전 보자기에 싸서 무거운 돌을 눌러 놓아 근육조직을 치밀하게 결합시켜 성형하고 다 식은 후에 자른다.

TIP
-

설렁탕을 뽀얗게 끓이는 방법은?
설렁탕 등 뼈국물을 끓일 때는 뚜껑을 덮고 끓이는 것이 좋은데 수분 증발을 최소화할 수 있으며 인지질이 휘발되지 않고 뚜껑 안쪽에 맺혀 있는 증기 방울과 함께 떨어져 뽀얀 국물을 얻을 수 있기 때문이다.

편육은 지방과 수분이 많이 용출된 것이므로 공기 중에 오래 방치하면 건조하여 맛이 없다.

② 건열조리

구이나 스테이크 같이 물을 사용하지 않고 직접 또는 간접적으로 열을 가하여 조리하는 방법으로 등심, 안심, 채끝살과 같이 마블링이 잘 되어 있고 연한 부위를 사용한다.

- **구이** 등심, 안심, 채끝, 갈비, 차돌박이 등을 이용한 숯불구이, 오븐구이, 팬구이 등이 있다. 구이는 열에 의하여 식육 표면의 단백질이 응고되어 내부 육즙의 용출이 적으며 간장양념을 하였을 경우 캐러멜화가 되어 특유한 풍미와 맛이 있다. 팬구이의 경우 팬을 충분히 달군 후 고기를 놓아 고기 육즙이 유출되지 않도록 한다.

  - **불고기와 너비아니 구이** 등심, 앞다리, 목심 등을 얇게 썰어 30분 정도 간장양념에 재웠다가 굽는 것이다. 그러나 간장에 오래 재워 놓으면 오히려 식육이 탈수되어 질기고 맛이 없게 되며, 배나 키위, 파인애플 등을 넣으면 효소작용에 의해 식육이 연해진다.

  - **떡갈비구이** 갈비살을 다져서 양념을 한 뒤 끈기가 생기도록 많이 치대어 모양을 만들어 팬이나 석쇠에 굽는다. 떡갈비구이, 육원전, 햄버거 등 다진 고기를 뭉쳐 모양을 만들 경우 많이 치대어야 끈기가 생겨 매끄럽고 잘 뭉쳐지는데 염용성 단백질인 미오신이 염에 녹아 나와 엉기기 때문이다.

  - **스테이크** 가열 정도에 따라 레어rare, 미디움medium, 웰던well-done으로 구분하여 먹는 사람의 기호에 맞춰 조리한다. 먼저 센불에서 구워 표면의 단백질을 응고시킨 후 불의 세기를 줄여 구우면 육즙의 용출이 적어 맛있으며 여러 번 뒤집지 않도록 한다.

> **레스팅**
> resting
> 뜨겁게 구운 스테이크를 실온에 잠시 두어 가열로 수축되었던 근섬유에서 배출된 육즙을 재흡수시키는 과정으로, 고기의 육즙을 풍부하게 유지할 수 있다.

표 **7-6**
가열정도에 따른 스테이크의
특징

가열정도	내부온도(℃)	특징
rare	60	겉만 익어 갈색이며 안은 거의 생고기처럼 붉은 육즙이 많은 상태
medium	71	겉은 갈색으로 익고 안은 연한 붉은색이 남아 있는 상태
well done	77	완전히 익어 고기의 겉과 안이 모두 갈색인 상태

- **볶기**　우둔이나 설도는 볶기에 적당하며 재료를 볶기 전에 팬을 뜨겁게 달구어 두었다가 센불에서 단시간에 볶아야 한다. 약불로 서서히 볶으면 육즙이 빠져 질겨지고 고기 색상도 나빠진다.

- **튀기기**　기름을 사용하여 고기의 풍미가 좋아진다. 튀길 때는 160~190℃의 온도에서 튀기는데 먼저 중불에서 천천히 튀겨낸 후 마지막에 강불로 잠깐 튀겨야 바삭한 질감을 느낄 수 있다.

2) 돼지고기

웅취란?
수퇘지에서만 나타나며 돼지의 고섬유질 사료가 미생물에 의해 발효되면서 발생한 스케톨sketol과 정소에서 생산되는 호르몬인 안드로겐androgen이 지방에 축적되었다가 가열 시 휘발되면서 나는 불쾌한 냄새이다. 수퇘지의 90%를 거세하여 웅취를 방지하고 동시에 지방 침착이 잘 되도록 하여 육질을 암퇘지처럼 향상시키고 있다.

　돼지는 소에 비해 도축시기가 빠르고 지방 함량이 많아 육질이 연하고 부드럽다. 돼지고기의 지방은 쇠고기 지방에 비해 융점이 낮으므로 섭취 시 지방이 녹아 부드럽고 소화가 잘된다. 특히 돼지 지방은 연화작용이 커서 빈대떡 등의 전을 만들 때 사용하면 바삭하고 연하다. 돼지고기도 부위에 따라 지방 함량과 맛이 다르므로 조리용도에 따라 선택해야 하며 암퇘지와 수퇘지의 질적 차이가 크다. 암퇘지는 지방 함량이 많고 근육의 결이 고와 부드러우나 수퇘지는 근육의 결이 거칠고 특유의 웅취 냄새가 난다. 돼지고기는 특유의 냄새가 있으므로 냄새를 제거할 수 있는 향신 채소나 향신료를 적절히 사용하는 것이 좋다. 생강, 마늘, 파, 후추뿐만 아니라 카레가루, 감초, 정향, 팔각, 청주, 바질, 민트 등을 음식에 따라 넣으면 냄새제거에 효과가 있다.

그림 **7-10**
돼지고기의 부위별 명칭

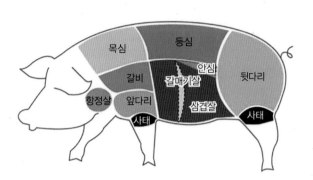

자료: 농촌진흥청 국립축산과학원(http://www.nias.go.kr)

캐비어철갑상어 알, 푸아그라거위간, 트러플송로버섯과 함께 세계 4대 진미로 꼽히는 이베리코iberico는 스페인의 이베리아 반도에서 생산되는 돼지 품종이

표 **7-7** 돼지고기의 부위별 명칭과 조리법

대분할	소분할	특징	조리법
목심 boston butt	목심살	뒷목에서 등으로 이어지는 부분으로 지방의 마블링이 잘 발달되어 부드럽다.	수육, 구이
등심 loin	등심살, 알등심살, 등심덧살	지방이 적어 단백하며 볶음요리 재료로 사용하면 적당하다.	돈가스, 스테이크, 잡채, 폭찹, 볶음
안심 tenderloin	안심살	허리 안쪽에 위치하여 지방 함량이 낮고 결이 곱고 부드러우며 담백하다. 비타민 B_1이 가장 많다.	로스, 스테이크, 구이, 탕수육
갈비 rib	갈비, 갈빗살, 마구리	옆구리 늑골(갈비)의 첫 번째부터 다섯 번째 늑골 부위로 근육 내 지방이 잘 박혀 있어 풍미가 좋다.	갈비찜, 바비큐, 숯불구이, 불갈비
삼겹살 belly	삼겹살, 갈매기살, 등갈비, 토시살, 오돌삼겹	갈비를 떼어 낸 부분에서 복부까지의 넓고 납작한 모양의 부위로 근육과 지방이 삼겹의 막을 형성하며 풍미가 좋다.	구이, 수육, 샤브샤브, 베이컨(가공용)
앞다리 shoulder	앞다리살, 앞사태살, 항정살, 꾸리살, 부채살, 주걱살	어깨 부위의 고기로 안쪽에 어깨뼈를 떼어 낸 넓은 피막이 나타난다.	찌개, 수육(보쌈), 불고기
뒷다리 ham	볼깃살, 설깃살, 도가니살, 보섭살, 홍두깨살, 뒷사태살	볼기 부위의 고기로 지방이 적고 식육이 섬세하며 부드럽고 맛이 좋으므로 식육맛을 즐길 수 있는 요리에 적합한 부위이다.	구이, 햄, 장조림, 로스트 포크, 샤브샤브, 전, 튀김, 불고기
7개 부위	25개 부위		

자료: http://www.nias.go.kr

돼지고기의 특수부위

항정살은 머리와 목을 연결하는 근육으로 근내지방이 발달하여 구이용으로 인기가 있다. 가브리살이라고도 부르는 갈비덧살은 등심을 덮고 있는 작은 덮개살로 구이용이며 갈매기살은 갈비뼈 안쪽 횡경막 부분으로 씹는 맛이 있어 구이용으로 애용한다. 등갈비라고 부르는 갈비삼겹은 삼겹살에서 뼈를 제거하지 않은 것으로 구이용이며 특히, 서양에서는 스페어립spare rib이라 하여 바비큐로 이용한다. 족발은 콜라겐이 많아 쫄깃한 질감이 있어 찜, 조림, 탕으로 이용하는데 뒷다리의 장족과 앞다리의 단족(미니족)이 있으며 단족이 살이 많고 부드럽다.

다. 사육기간과 먹이에 따라 베요타bellota, 세보 데 캄포cebo de campo, 세보cebo 등급으로 분류한다. 최상등품인 '이베리코 베요타'는 100% 스페인산 순종 흑돼지로 14개월 이상 사육하는 동안 데헤사dehesa라는 목초지에서 자연방목하며 3개월 이상 도토리를 먹인 돼지이며 '이베리코 세보 데 캄포'는 교잡종도 포함하여 12개월간 축사 사육하는 동안 2개월은 방목을 병행하면서 도토리와 사료를 반반씩 섞여 먹인 것, 하등품인 '이베리코 세보cebo'는 교배종으로 10개월까지 축사에서 곡물사료를 먹여 사육한 것을 말한다. 특히 이베리코 베요타는 도토리에 의한 특유의 풍미가 있으며 14개월이라는 긴 사육 기간으로 인해 지방이 많고 감칠맛이 있는 것이 특징이다. 이베리코는 주로 스페인의 햄인 하몽jamon을 만들며 뒷다리를 소금에 절인 뒤 15~36개월

표 **7-8**
이베리코 종류

베요타	세보 데 캄포	세보
Bellota	Cebo De Campo	Cebo
100% 순종 이베리코	모계 100% 이베리코 부계 50% 이베리코	모계 100% 이베리코 부계 잡종
자연방목, 3개월 도토리 섭취	축사 사육, 2개월간 방목 병행	축사에서 사료로 사육
14개월에 도축	12개월에 도축	10개월에 도축

장기 숙성, 건조과정을 거친다.

3) 양고기

생후 1년 7개월 이상 된 양의 고기는 mutton이라고 하며 이보다 어린 양의 고기는 lamb이라 하여 구별한다. 양고기는 쇠고기보다 결이 곱고 연하지만 붉은색의 미오글로빈 함량이 많고 나이 든 고기일수록 특유한 누린내가 있으므로 박하나 향신채소를 넣고 조리한다. 양고기의 지방은 융점이 높아서 뜨겁게 요리하여 먹어야 한다.

양고기의 부위는 목살, 어깨살, 갈비살, 안심, 등심, 가슴살, 뱃살, 다릿살 등으로 분류한다.

양고기의 대표 부위인 갈비살은 구이나 튀김, 목살은 스튜나 햄버거, 안심과 등심은 스테이크나 꼬치, 어깨살은 전골, 뱃살은 전골과 볶음, 다릿살은 찜이나 튀김, 볶음, 구이 등에 쓰인다. 등에서 허리로 이어지는 갈비살은 갈비뼈를 포함해 자른 부위로 1~5번 어깨쪽 상단의 갈비인 숄더랙soulder rack, 6번 이하 허리쪽 갈비는 램랙lamb rack이라 하며 갈비뼈를 연결하는 질긴 근막 부분을 제거하여 먹기 좋게 손질하면 각각 숄더랙soulder rack frenched, 프렌치랙rack frenched이 되며 프렌치랙이 더 좋은 부위이다.

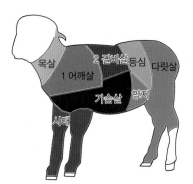

1. 숄더랙shoulder rack CFO
1. 숄더랙shoulder rack Frenched
2. 랙Rack
2. 프렌치랙Rack Frenched

그림 **7-11**
양의 부위별 명칭과 갈비의 종류

그림 **7-12** 랙과 프렌치랙

랙(rack) 　　　　　 근막 제거 　　　　　 프렌치랙(rack frenched)

자료: www.finecooking.com

4) 개고기

우리나라는 예전부터 개를 식용해 왔으며 주로 탕을 끓여 보신탕 혹은 영양탕이라고 불렀다. 회복기 수술환자가 많이 찾으며 여름철 복날에 원기를 회복시켜 주는 음식으로 이용된다. 특히 털색뿐만 아니라 눈, 코, 발톱 등이 모두 붉은색을 띠고 있는 토종개인 불개는 약용으로 사용되었다. 실제 개고기를 먹는 사람은 소수이며 사람에 따라 기호식 혹은 혐오식으로 분명하게 구분된다.

5) 닭고기

닭은 고기를 이용하는 닭과 알을 목적으로 하는 채란계의 폐계인 묵은닭

표 **7-9** 닭고기의 중량규격

중량규격	소		중소			중			대		특대		
호수	5호	6호	7호	8호	9호	10호	11호	12호	13호	14호	15호	16호	17호
중량범위 (g)	451~550	551~650	651~750	751~850	851~950	951~1,050	1,051~1,150	1,151~1,250	1,251~1,350	1,351~1,450	1,451~1,550	1,551~1,650	1,651 이상

자료: http://www.ekape.or.kr

을 통틀어 육계라고 한다. 닭은 연령과 부위에 따라 육질이 다르므로 조리 목적에 따라 적합한 것을 선택하여야 한다. 닭고기의 품질등급은 1^+, 1, 2, 등외 등급으로 나뉘며 중량규격은 5개로 구분한다.

닭고기의 중량규격은 소5~6호, 중소7~9호, 중10~12호, 대13~14호, 특대15~17호의 5개 규격으로 구분하며, 중량규격별 중량범위는 표 7-9와 같다.

(1) 성분

닭고기는 부위에 따라 다르지만 쇠고기에 비해 육색소인 미오글로빈의 함량이 적어 색이 연하고 지방 함량이 적어서 맛이 담백하다. 근섬유의 길이가 짧고 두께가 얇아 연하며 지방은 복부 아랫부분, 근육과 껍질 사이에 덩어리로 있어 제거하기 쉽다. 지방으로는 올레산, 리놀레산 등 불포화지방산이 많으며, 아미노산 중에 글루탐산이 많아 감칠맛이 있다.

소, 돼지, 닭고기의 특정 부위의 성분을 비교하면 닭고기가 가장 지방 함량이 낮고 단백질 함량이 높다. 다이어트 시에 많이 섭취하는 닭가슴살은 지질이 0.4%로 지방 함량이 거의 없고 단백질 함량은 23.3%로 풍부하나 닭다리에 비해 철, 구리, 아연, 칼륨은 적게 함유하고 있다.

(2) 부위

닭은 우리나라에서 통닭과 절단육, 부분육 형태로 판매되고 있으며 통닭은 1~1.5kg으로 찜, 탕, 백숙이나 구이용이며, 부화 후 35일 가량된 450~750g의 어린 통닭은 삼계탕용으로 판매되고 있다. 절단육은 통닭을 토막낸 것으로 찜, 볶음용이며 부분육은 닭의 부위별로 판매된다. 부분육의 형태는 가슴살, 안심살, 통다리, 넓적다리, 북채, 통날개, 봉, 날개채, 근위, 닭발 등이 있다. 근위는 흔히 닭똥집이라 하며 음식물을 잘게 부수는 모래주머니로 두꺼운 근육층과 강한 점막이 있어 쫄깃한 맛이 있는데 주로 소금구이, 조림으로 이용된다.

> **오골계**
> 원산지가 동남아시아이며 체형이 둥글고 몸매가 미끈하다. 체조직에 멜라닌색소가 침착되어 다리, 피부, 골격까지 모두 흑색이므로 오골계(烏骨鷄)란 명칭이 붙었다. 우리나라에서는 검은색 음식은 보신이 된다고 생각하여 오골계를 삼계탕, 백숙 등 보신용 음식으로 이용하고 있다. 몸이 작아서 암컷은 0.6~1.1kg, 수컷은 1.5kg 안팎이며, 민간요법으로 호흡기 질환에 약용으로 쓰인다. 오골계는 생후 5개월부터 알을 낳기 시작한다. 초란은 메추리알보다 약간 작은 크기부터 시작하여 점차 커지며, 부화 가능한 크기가 되려면 어미닭의 나이가 8개월~1년은 되어야 한다. 암탉은 1년 평균 100개 안팎의 알을 낳는다.

표 **7-10**
소, 돼지, 닭고기 특정
부위의 일반성분

(g%)

성분	소(안심)[1]	돼지(안심)	닭(가슴살)
수분	66.6	74.4	76.2
지질	13.1	3.1	0.9
단백질	19.1	22.2	22.9

자료: 농촌진흥청(2020). 국가표준식품성분 DB 9.2
1) 쇠고기의 성분은 국내산 한우 1등급임

(3) 조리법

닭고기도 부위별로 성분의 차이가 많으므로 각 특성에 따라 조리한다. 주로 단백질이 많은 가슴살, 안심살은 고온에서 근육 단백질이 수축되어 퍽퍽해지므로 되도록 단시간에 조리하여야 하며 날개와 닭다리 부위는 콜라겐 함량이 많으므로 더 장시간 조리한다. 닭고기는 껍질이나 뼈와 함께 조리하는 경우가 많아 잘 익지 않으므로 튀김, 구이 등을 할 때는 칼집을 내거나 포크로 찔러 속까지 잘 익도록 조리해야 한다. 조림을 할 때는 처음에 강불, 중불, 약불로 조절하여 양념이 고기에 충분히 배어들게 하며 마지막에 불을 높여 윤기를 낸다.

예전에는 토종닭을 오래 키웠다가 조리하므로 닭찜, 백숙, 닭조림과 같은 습열조리법을 많이 이용하였으나 10주 만에 2kg으로 자라는 육용종인 브로일러broiler가 들어온 이후 통닭구이, 프라이드치킨, 치킨버거 등의 건열조

그림 **7-13**
닭고기의 부위별 명칭

안심살 가슴살 날개채 봉

북채 통다리 넓적다리 통날개

대분할	소분할	특징	조리법
통가슴	가슴살	지방이 매우 적어 맛이 담백하고 근육섬유로만 되어 있어 칼로리는 낮고 단백질 함량이 높다. 오래 가열하면 단단하고 퍽퍽한 질감이 되므로 소스나 수분이 많은 채소와 함께 섭취하면 좋다.	샐러드, 냉채, 튀김, 카레, 커틀렛
	안심살	가슴살 안쪽의 고기로 담백하고 지방이 거의 없다.	카레, 튀김, 커틀렛, 샐러드
통날개	봉 날개채	살은 적으나 지방과 콜라겐이 많아 부드럽고 맛이 좋아 조림이나 튀김요리에 많이 활용되고 있다. 날개 위쪽인 닭봉과 아래쪽인 날개채가 있다.	조림, 구이, 튀김
통다리	넓적다리 북채	운동을 많이 하는 부위로 탄력이 있고 육질이 쫄깃하며 근육의 색이 갈색으로 질다.	구이, 튀김, 훈제, 닭갈비, 조림

표 **7-11**
닭고기의 부위별 특징과 조리법

자료: http://nongsaro.go.kr

리법을 더 많이 이용하게 되었다. 브로일러는 단시간에 성장하여 값이 싸고 생산 효율 면에서는 우수하지만 육질에 수분이 많고 맛과 쫄깃한 식감이 떨어진다. 오골계는 피부와 뼈까지 검은 동양종 닭으로 주로 백숙과 탕의 습열 조리법으로 조리하여 보신용으로 이용한다.

TIP
-

옻닭의 효능
닭요리에 인삼, 황기, 대추, 밤, 마늘 등 몸에 좋은 재료가 사용된 것처럼 옻나무도 사용되었다. 옻은 어혈을 풀어 주고 위장 보호, 숙취해소, 골수를 충족해 주는 효과가 있으며 닭은 옻의 독성을 완화시킨다고 하여 옻과 닭은 함께 오래 전부터 민간약방으로 이용되었다. 최근 옻나무의 MU2라는 물질이 폐암과 위암에 대한 항암작용과 부패방지 효과가 있는 것으로 보고되었으나 옻나무는 심한 가려움증과 같은 알레르기를 유발할 수 있어 취급 시 주의해야 하며 참옻나무를 사용해야 한다.

6) 오리고기

오리고기는 지방이 오르는 12~3월이 제철이며 부드럽고 풍미가 있어 동서

양에서 고급 요리로 취급한다. 예로부터 오리알과 오리고기는 주로 민간에서 약용으로 애용되어 왔으나 소비량은 미미한 편이었다. 그러나 최근에는 건강 기호식품으로 오리고기가 각광을 받게 되어 식용 위주의 육용오리의 사육이 급격히 증가하고 있으며, 특히 육량肉量이 많은 대신 지방이 적은 육질肉質로 개선하고 기능성을 부각하는 등 소비자 기호에 맞도록 개량되고 있다.

오리고기는 인체에 유익한 불포화지방산을 많이 함유하고 있고 혈액순환을 돕는 것으로 알려져 있으며, 콜레스테롤의 억제와 독성물질의 해독능력, 고혈압, 중풍 등 성인병 예방에도 효과가 있는 것으로 알려져 있다. 단백질이 풍부하고 불포화지방산이 다른 육류에 비하여 많으며 칼슘, 철, 칼륨, 티아민, 리보플라빈이 많다. 오리는 암컷 3.5~4kg, 수컷 4~5kg 정도이며 오리고기는 붉은색이 선명하며 탄력이 있는 것이 신선한 것이다. 중국의 통구이 요리인 북경오리가 유명하다. 우리나라는 1980년대 이후 소비량이 증가하여 주로 구이와 탕으로 이용하고 있다.

7) 꿩고기

꿩은 야생으로 예전에는 만두, 구이, 조림, 전골, 찌개 등으로 많이 이용하였으나 현재는 야생은 거의 없고 사육을 통해 공급된다. 지방 함량이 적고 떡국, 만둣국 등의 육수를 만들면 국물이 담백하고 깊은 맛이 있어 고급요리에 이용된다.

8) 칠면조고기

칠면조는 서양에서 부활절, 크리스마스, 결혼식 등의 연회 음식에 빠지지 않는 중요한 재료이나 우리나라에는 샌드위치용 햄 등으로만 이용될 뿐 널리 보급되지는 못하였다. 칠면조는 10~15kg까지 성장하지만 3~4kg 정도가 요리용으로 적당하다.

9) 메추라기고기

체질이 강건하고 성숙 시 체중은 100~120g 정도이다. 등쪽은 암갈색이고 배쪽의 색은 엷다. 첫 알을 낳는 초산은 40~50일 부터이며 연간 산란 수는 약 150~250개이지만 개량된 것은 300개 정도이다. 평균 알무게는 10~20g이며, 알껍질에는 갈색 반점이 있다.

메추라기는 몸체는 작으나 단백질과 비타민 B군의 함량이 많다. 작은 새들 중에서 가장 맛있다고 알려져 있으며 꼬치구이, 양념구이, 튀김, 로스트 등의 조리법이 이용된다.

| TIP - | **AI 조류인플루엔자**Avian Influenza
AI는 닭, 오리, 칠면조, 철새 등 조류에 감염되는 바이러스성 전염병으로서 전파속도가 매우 빠르다. 가금 사육 농장 간의 주로 오염된 먼지, 물, 분변 또는 사람의 의복이나 신발, 차량, 기구 및 장비, 달걀껍질 등에 묻어서 전파된다. 우리나라는 AI 발생국가인 중국, 몽골, 러시아 및 동남아시아에서 국내로 유입되는 철새 이동경로에 위치하고 있어 철새 이동시기인 3~4월 및 11~12월이 AI 유입 위험시기이다.
AI 바이러스는 열에 약하기 때문에 충분히 가열조리를 하면 안심할 수 있으며 AI 바이러스 오염 가금육은 내부 온도가 섭씨 70℃에서 30분, 75℃에서 5분, 80℃에서 1분간 열처리하면 사멸된다.
자료: http://www.foodsafetykorea.go.kr |

(계속)

구제역Foot and Mouth Disease

구제역은 발굽이 둘로 갈라진 소와 돼지 등의 동물들만 걸리는 질병으로 인수공통전염병이 아니라 사람에게 전염되는 것은 아니다. 구제역 백신은 바이러스를 죽인 백신이므로 가축에게 접종하더라도 몸 안에 바이러스가 존재하지 않는다. 구제역 바이러스는 열에 약하기 때문에 조리과정에서 파괴되며, 일시적으로 섭씨 50℃ 이상의 열에서 사멸되고, 76℃에서 7초간 가열 시 사멸된다.

자료: http://www.foodsafetykorea.go.kr

아프리카돼지 열병African Swine Fever

아프리카돼지열병바이러스(ASFV)는 정상적으로 입이나 비강을 통해 돼지에 들어가지만 피부 또는 피하를 통해서나 진드기에 물려서, 또는 흙을 파헤치는 동작을 할 때 들어가는 경우도 있다.

전파경로는 감염된 동물이 건강한 동물과 접촉할 때 발생하는 직접 전파와 오염된 차량, 사료 및 도구, 열처리하지 않은 돼지고기 산물로 오염된 잔반 또는 덜 조리된 돼지고기, 건조·훈연·염장 처리된 돼지고기, 혈액, 돼지에서 유래한 사체잔반 등을 돼지에 급여하면 간접전파로 질병이 전파될 수 있다. 또한 매개체 전파로는 ASFV에 감염된 물렁진드기나 모기나 무는 파리 같은 흡혈 곤충이 흡혈할 때 돼지에게 바이러스를 전달한다.

• 바이러스의 생존기간

구분	ASFV 생존기간
뼈가 있거나 없는 상태의 고기, 다진고기	105일
뼈가 있거나 없는 소금에 절인 고기	182일
조리된 고기(70℃에서 최소 30분간)	0일(생존불가)
뼈가 있거나 없는 말린 고기	300일
뼈 없는 훈제 및 뼈 없는 고기	30일
냉동 고기	1,000일
냉장 고기	110일
내장	105일

제시된 생존 기간은 알려진(추정) 최대 기간을 반영한 자료이며, 주변온도 및 습도에 따라 변동 가능
자료: EFSA Panel on Animal Health and Welfare. (2010). Scientific Opinion on African Swine Fever. EFSA Journal 8(3):1556.

• 온도, pH 저항성 강함

- 불활화: 70℃, 30분

- pH: 4~10 사이에서 안정(유기물이 존재할 경우 그 범위는 넓어짐)

자료: 농림축산검역본부(https://www.qia.go.kr)

CHAPTER
08

: 어패류

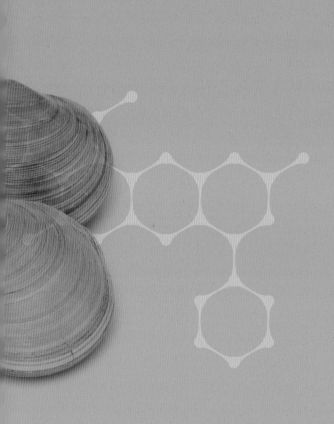

CHAPTER
08

: 어패류

어패류는 삼면이 바다인 우리나라에서 중요한 단백질 급원식품이다. 어류에는
DHA, EPA 등을 비롯한 불포화지방산이 다량 함유되어 있으며 갑각류의
키틴chitin은 콜레스테롤 조절, 혈압 조절, 면역력 증강의 효과가 있어 주목을
받고 있다.

어패류는 결합조직이 적어 연하며 특유의 감칠맛이 있으나 수분이 많고 표피, 아가미, 내장 등은 세균의 침입이 쉬워 부패가 잘 된다. 어패류는 생것으로 먹는 경우도 있으므로 조리과정이 특히 위생적이어야 한다.

1. 어패류의 분류

1) 어류

어류는 서식지에 따라 바다에서 사는 해수어와 강, 호수, 저수지에서 사는 담수어로 나뉜다. 일반적으로 해수어는 담수어보다 지방 함량이 많으며 맛이 있다. 해수어는 지방 함량에 따라 지방이 5% 미만인 흰살 생선과 지방이 5~20%인 붉은살 생선으로 나뉜다. 흰살 생선은 해저 깊은 곳에 살며 활동량이 적지만 붉은살 생선은 해수면 가까운 곳에 살며 활동량이 많다.

2) 조개류

조개류는 딱딱한 껍질 속에 식용부분인 근육이 들어 있으며 대합, 모시조개, 전복, 소라, 굴, 홍합, 가리비 등이 있다.

| TIP - | **게의 암수 구별 방법은?**
게의 암컷은 배 쪽의 아래 부분이 넓은 종 모양이고 수컷은 좁은 종 모양을 하고 있다. 게는 암컷이 산란 전에 알이 꽉 차고 살이 많아 맛이 뛰어나므로 수컷보다 선호하며 값도 비싸다. | 
수컷   암컷 |

3) 갑각류, 연체류 및 극피류

게, 새우, 가재 등 갑각류는 단단한 외피로 싸여 있고 마디가 있다. 연체류는 몸에 뼈가 없고 부드러우며 근육이 발달되어 있다. 낙지, 문어, 오징어, 한치, 꼴뚜기 등의 두족류와 해파리 등이 있고 극피류에는 성게, 미더덕, 해삼 등이 있다.

2. 어패류의 구조

생선은 머리, 몸체, 꼬리의 세 부분으로 되어 있으며 생선 표면은 피부로 덮여 있는데 대부분 비늘이 있다. 육류에 비하여 근섬유의 길이는 짧고 콜라겐 등 육기질단백질이 적어 연하다. 꼬리 부분과 등 부분에 암적색의 혈합육血合肉이 있으며 혈합육에는 헤모글로빈과 미오글로빈, 비타민 B군의 함량이 높고 생선의 종류에 따라 함량이 다르다. 흰살 생선은 근섬유가 굵고 지질과 혈합육이 적으며 붉은살 생선은 근섬유가 가늘고 지질과 혈합육이 많은데 정어리 31.1%, 꽁치 23.3%, 청어 19.5%, 고등어는 18.1%, 방어 16.4%, 삼치에 4.5%의 혈합육이 함유되어 있다.

오징어나 갑오징어는 다른 생선 조직과 다르다. 오징어의 근육은 직경 $5\mu m$

그림 **8-1**
붉은살 생선 근육의 구조

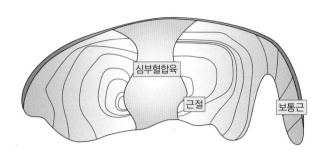

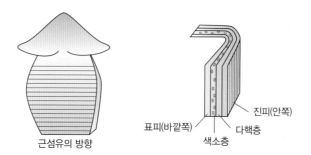

그림 **8-2**
오징어의 근육 구조

근섬유의 방향

표피(바깥쪽) 진피(안쪽)
색소층 다핵층

의 가는 근섬유가 몸의 가로방향으로 평행하게 발달하여 있어서 말린 오징어가 옆으로 잘 찢어진다. 또 오징어에는 질긴 껍질이 제일 바깥층부터 표피, 색소층, 다핵층, 진피의 4층으로 되어 있으며 가장 안쪽의 진피만 섬유가 세로 방향이다. 오징어 껍질을 제거할 때 보통 2~3층까지만 벗겨지므로 오징어를 가열하면 내장이 붙어 있던 안쪽이 바깥으로 나오면서 세로 방향으로 강하게 말리게 된다.

오징어숙회, 볶음 등 오징어에 칼집을 넣을 때는 먼저 오징어의 껍질을 제거하고, 내장이 붙어 있던 안쪽에 칼집을 넣어 모양을 내야 한다.

조개류는 전복처럼 한 개의 껍질만 있는 것과 대합, 모시조개 등 두 개의 단단한 껍질 안에 가식부의 근육이 있는 것이 있다.

> **오징어로 솔방울모양 만들기**
> 오징어는 가열하면 안쪽이 바깥으로 나오게 말리기 때문에 이러한 성질을 이용하여 솔방울 만들기 등의 모양을 낼 수 있다.

3. 어패류의 성분

어패류의 성분은 종류, 부위, 연령, 암수, 계절 등에 따라 크게 달라지는데 특히 지질 함량의 변화가 심하다.

표 8-1 어류의 성분
(가식부 100g 당)

| 어류 | 에너지 (kacl) | 수분 (g) | 단백질 (g) | 지질 (g) | 회분 (g) | 탄수화물 (g) | 무기질 | | | | | 비타민 | | | | | 콜레스테롤 (mg) | 폐기율 (%) |
							칼슘 (mg)	철 (mg)	인 (mg)	칼륨 (mg)	나트륨 (mg)	레티놀 (µg)	B₁ (mg)	B₂ (mg)	니아신 (mg)	C (mg)		
조기	118	76.3	19.02	4.04	1.3	0	19	0.43	158	329	51	–	0.05	0.21	–	–	52.97	42
명태	81	80.3	17.5	0.7	1.5	0	109	1.5	202	293	132	17	0.04	0.13	2.3	–	–	61
갈치	147	72.7	18.5	7.5	1.2	0.1	46	1	191	260	100	20	0.13	0.11	2.3	1	–	33
꽁치	141	70.9	22.7	4.7	1.3	0.4	42	1.7	241	150	80	21	0.02	0.28	6.4	1	–	44
멸치	125	73.4	17.7	5.4	3.2	0.3	496	3.6	202	–	–	38	0.04	0.26	8.8	1	–	0
고등어	180	68.1	20.2	10.4	1.3	0	26	1.6	232	310	75	23	0.18	0.46	8.2	1	–	41
삼치	112	76.0	20.1	2.93	2.0	0	5	0.1	211	387	39	–	0.08	0.06	–	0	4.8	56
연어	106	75.8	20.6	1.9	1.5	0.2	24	1.1	243	330	95	18	0.19	0.15	7.5	1	–	39
아귀	64	84.0	14.1	0.2	1.2	0.5	10	2.5	150	–	–	26	0.03	0.13	4.2	0	–	61
뱀장어	217	67.1	14.4	17.1	1.1	0.3	157	1.6	193	250	65	1,050	0.66	0.48	4.5	1	–	14

자료: 농촌진흥청(2020). 국가표준식품성분 DB 9.2
– 표시는 측정되지 않음

표 8-2 조개류의 성분
(가식부 100g 당)

| 조개류 | 에너지 (kcal) | 수분 (g) | 단백질 (g) | 지질 (g) | 회분 (g) | 탄수화물 (g) | 무기질 | | | | | | 비타민 | | | | | | 콜레스테롤 (mg) | 폐기율 (%) |
							칼슘 (mg)	철 (mg)	인 (mg)	칼륨 (mg)	나트륨 (mg)	아연 (mg)	레티놀 (µg)	B₁ (mg)	B₂ (mg)	니아신 (mg)	B₁₂ (mg)	C (mg)		
굴	81	80.3	9.66	2.19	2.58	5.27	428	8.72	159	322	480	15.9	–	0.22	0.124	–	28.41	–	12.48	84
바지락	73	80.4	12.27	0.93	3.2	3.2	70	2.68	129	121	383	1.22	–	0.04	0.3	–	74.01	2	11.05	68
홍합	82	79.7	13.8	1.2	2.2	3.1	43	6.1	249	–	–	–	30	0.02	0.33	2.5	–	4	–	76
참전복	90	77.2	15	0.7	2	5.1	49	2.4	141	–	–	–	–	0.26	0.25	3.5	–	2	–	53
대합	62	83.8	12	0.8	2.4	1	98	5.4	162	–	–	–	0	0.01	0.18	2.3	–	2	–	64
가리비	80	81.6	15.18	1.73	1.69	0	65	2.95	110	221	735	2.56	–	0.13	0.1	–	22.9	2	33.72	0
새꼬막	74	81.3	12.29	1.11	2.43	2.87	68	3.75	124	180	419	1.1	–	0.03	0.05	–	45.9	0	11.38	62

자료: 농촌진흥청(2020). 국가표준식품성분 DB 9.2
– 표시는 측정되지 않음

표 8-3 연체류·갑각류의 성분

(가식부 100g 당)

연체류	에너지 (kcal)	수분 (g)	단백질(g)	지질 (g)	회분 (g)	탄수화물 (g)	무기질				비타민					콜레스테롤 (mg)	폐기율 (%)
							칼슘 (mg)	철 (mg)	인 (mg)	칼륨 (mg)	레티놀 (μg)	B_1 (mg)	B_2 (mg)	니아신 (mg)	C (mg)		
낙지	59	82.3	12.99	0.43	2.19	–	26	1.48	166	237	–	0.03	0	–	–	20.98	23
오징어	94	78.3	18.84	1.44	1.26	0.16	11	0.18	270	351	–	0.05	0.02	–	0	20.95	31
주꾸미	53	86.8	10.8	0.5	1.4	0.5	19	1.4	129	–	–	0.03	0.18	1.6	–	–	14
문어	74	81.5	15.5	0.8	2	0.2	31	1	188	300	–	0.03	0.12	2.2	–	–	18
대하	83	80	18.1	0.6	1.2	0.1	74	1.4	210	340	–	0.02	0.06	1.9	1	–	46
꽃게	77	80.6	16.19	0.7	2.08	0.43	127	0.74	137	216	–	0.04	0.12	–	–	30.36	76
해삼	24	91.8	3.7	0.4	2.8	1.3	119	2.1	27	70	0	0.01	0.03	1.2	–	–	21
멍게	79	80.9	7.3	2	2	7.8	89	1.7	84	–	–	0.05	0.2	1.1	2	–	79
성게	152	71.5	15.8	8.5	2.2	2	20	4	196	490	–	0.03	0.4	2.5	0	–	0

자료: 농촌진흥청(2020). 국가표준식품성분 DB 9.2
– 표시는 측정되지 않음

1) 탄수화물

어류의 탄수화물 함량은 1% 이하로 낮으나 갑각류나 조개류에는 글리코겐glycogen 형태로 약 2~5% 함유되어 있다. 굴, 전복 등 조개류가 단맛을 내는 것은 효소에 의해 글리코겐이 포도당으로 변하기 때문이다. 글리코겐은 어패류의 어획 이후 부터 차츰 분해되기 시작하므로 싱싱할 때 먹어야 단맛이 있고 맛있다. 게, 새우 등의 껍질에는 다당류의 일종인 키틴과 키토산이 있다.

> **키틴**
> chitin
> 아미노당(당의 아미노 유도체)으로 이루어진 다당류이다. 절지동물의 딱딱한 표피나 껍데기의 골격을 만들 뿐만 아니라 곰팡이의 세포벽의 중요한 구성요소이다.
>
> **키토산**
> chitosan
> 갑각류에 함유되어 있는 키틴을 인체에 흡수가 쉽도록 가공한 것이다. 노화를 억제하고 면역력을 강화하여 혈압상승억제, 중금속 배출 등의 효과가 있다. 그 외에 항균·항미제로서 식품의 부패방지에 쓰이고 있다.

2) 단백질

어패류의 단백질 함량은 어류가 16~25%, 문어, 오징어는 13~20%, 조개류는 8~16% 정도이다. 어패류 단백질의 아미노산 조성은 육류의 조성과 별 차이는 없으나 리신lysine을 더 많이 함유한다. 어육 단백질은 염용성의 근원섬유단백질이 70~75%로 많은 것이 특징이며 그 외에 근장단백질이 15~20%, 육기질단백질이 5~10% 정도이다. 육기질단백질이 적어서 육류에 비해 근육의 살이 연하며 소화가 잘되고 가열하면 잘 부스러지는 성질이 있다.

어류의 근원섬유단백질이 소금과 같은 염에 녹는 성질을 이용하여 생선살에 2~3%의 소금을 넣어 으깨면 생선 단백질이 엉기면서 응고되는데 이 원리를 이용하여 어묵을 제조한다.

3) 지질

지질 함량은 0.5~22% 정도로 종류, 부위, 서식지에 따라 차이가 많다. 어패류를 구성하는 지방산은 대부분 불포화지방산으로 구성되어 있고 EPA, DHA 등의 다가불포화지방산은 꽁치, 고등어, 삼치 등 등푸른 생선에 특히 많이 함유되어 있다.

지질 함량은 제철의 생선과 산란 1~2개월 전에 가장 높아지고 산란 후에는 지질과 단백질 함량이 낮아지고 수분 함량이 증가하여 맛이 없어진다.

4) 무기질과 비타민

무기질은 1~1.5% 정도인데 어패류에는 대체로 인과 황이 많고 나트륨, 칼륨, 구리, 마그네슘 등도 있다. 굴을 비롯한 조개류에는 철분과 아연이 많으며 새우와 뼈째 먹는 멸치, 뱅어포, 꽁치통조림에는 칼슘 함량이 많다. 지질 함량이 많은 어유와 간유에는 비타민 A가 많다.

오징어와 낙지 색소

싱싱한 오징어나 낙지 표피에는 갈색의 색소포가 존재하며 색소포에는 트립토판으로부터 생성되는 오모크롬ommochrome이 들어 있다. 오징어가 죽으면 색소포가 수축되어 백색으로 변하고 다시 선도가 떨어지면 붉은색이 되는데 약알칼리성으로 변한 체액에 오모크롬이 용해되기 때문이다.

5) 색소

어류의 색소는 크게 헤모글로빈, 미오글로빈, 시토크롬cytochrome 등 수용성 단백질과 지용성인 카로티노이드로 분류된다. 카로티노이드는 연어, 송어 등의 어육에 있으며 붉은색을 띤다. 새우나 게에 있는 푸른색의 아스타잔틴astaxanthin은 가열하면 단백질이 분리되어 적색의 아스타신astacin이 되므로 이들을 가열하면 회록색의 껍질이 붉은색으로 변하게 된다.

형광색을 나타내는 것은 플라빈이며 어피의 흑색이나 문어, 오징어의 먹물은 멜라닌 색소이다. 갈치의 껍질은 구아닌과 요산이 섞인 침전물이 빛을 반사하여 은색을 띤다.

구아닌
guanine
핵산을 구성하는 푸린염기의 일종으로 유리상태로도 생체세포 중에 널리 존재한다. 명칭은 바다새들 똥의 퇴적물인 구아노 중에서 최초로 발견된 것에서 연유된다.

6) 냄새성분

어류의 근육에는 트리메틸아민옥사이드trimethylamine oxide, TMAO가 함유되어 있는데 선도가 떨어지면 세균에 의해 트리메틸아민trimethylamine, TMA을 생성하면서 생선 특유의 비린내가 나게 된다. 신선도가 떨어지면 암모니아가 생성되고 부패되면 인돌, 스카톨skatole, 메틸메르캅탄, 히스타민, 황화수소 등이 생기면서 악취가 난다. 담수어는 해수어보다 비린내가 강하게 나는데 리신에 의해 생성된 피페리딘piperidine과 흙냄새의 일종인 지오스민geosmin 때문이다.

홍어와 가오리의 냄새성분
홍어, 가오리, 상어 등에 다량 함유되어 있는 요소urea는 효소에 의해 암모니아로 분해되므로 강한 냄새를 풍긴다.

7) 맛성분

맛을 내는 엑기스 성분은 어류에 1~5%, 연체류 7~10%, 갑각류 10~12%가 있어 엑기스 성분이 많을수록 맛이 진해지므로 어육보다는 조개, 게, 새우 등이 맛이 더 진하고 붉은살 생선이 흰살 생선보다 맛이 진하다. 맛 성분은 호박산, 베타인, 타우린, 핵산 관련 물질 등이 있다. 호박산succinic acid은 패류에 존재하며 베타인은 연체류와 갑각류에 다량 존재하여 감칠맛을 증가시킨다.

8) 독성성분

어패류의 독성분으로는 복어의 난소, 간 등의 내장에 있는 테트로도톡신

표 8-4
어패류의 신선도 판정법

관능적 판정법	탄력성	사후경직 중의 생선은 탄력이 있어 신선하지만 시간이 경과함에 따라 탄력성이 감소하여 눌러도 자국이 생기지 않는다.
	껍질색과 광택	신선한 생선의 껍질은 색이 밝고 광택이 난다.
	눈	눈이 맑고 외부로 약간 튀어 나온 것이 신선한 것이다.
	비늘	비늘이 윤택이 나고 단단하게 붙어 있는 것이 신선하다.
	아가미	색이 선홍색이고 냄새가 나지 않는 것이 신선한 것이며, 부패되면 갈색 또는 흑색이 되고 부패취가 나며 점액분비가 많아 점착성이 생긴다.
	복부	복부가 탄력이 있고 팽팽하고 내장이 나오지 않아야 신선한 것이다.
	냄새	어패류 본래의 독특한 냄새를 가진 것이 신선한 것이며, 선도가 저하되면 트리메틸아민, 아민, 암모니아, 스카톨 등이 생성되어 부패취를 나타낸다.
화학적 판정법	pH	신선한 생선의 pH는 7~8이며, pH가 6.2~6.5 이하로 저하되면 부패한 것이다.
	암모니아 형태의 질소	암모니아 형태의 질소 30mg% 이상이 되면 초기 부패로 본다.
	휘발성 염기질소	휘발성 염기질소 30~40mg%를 부패의 시작으로 본다.
미생물적 판정법	세균수	1g의 근육 내에 세균수가 10^3CFU/g이하면 신선하지만, 10^7~10^8CFU/g이면 초기 부패 상태로 본다.

tetrodotoxin이 있고, 섭조개의 삭시톡신saxitoxin, 모시조개, 바지락의 베네루핀 venerupin 등이 있다.

4. 어패류의 사후 변화

어패류도 죽은 후의 변화는 육류와 크게 다르지 않다. 어패류의 경우 육류에 비해 몸집이 작고 글리코겐의 함량도 적으므로 사후경직의 개시시간이 빠르고 지속시간이 짧다.

어육도 수조육류처럼 경직기가 오는데 크기와 어종에 따라 죽은 후 1~7시간에 시작되어 5~22시간 동안 몸체가 단단해지면서 경직상태가 된다. 붉은살 생선이 흰살 생선보다 경직이 빨리 시작되며 시간도 짧아 자기소화도 빨리 일어난다. 경직기가 끝나면 단백질의 분해효소에 의해 자기소화가 일어나 어육이 연해지기 시작하는데 큰 생선을 제외하고 어육은 수육과 달리 자가소화가 일어나면 풍미와 맛도 저하되고 부패되기 쉬운 상태가 된다. 그러므로 어류는 선도를 잃지 않기 위해 생선을 잡은 뒤 바로 동결하여 사후경

그림 **8-3**
어류의 사후 변화

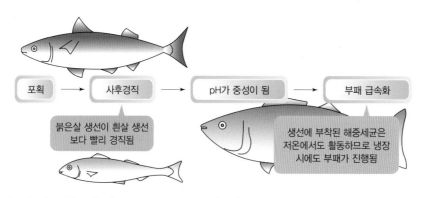

| 포획 | → | 사후경직 | → | pH가 중성이 됨 | → | 부패 급속화 |

붉은살 생선이 흰살 생선보다 빨리 경직됨

생선에 부착된 해중세균은 저온에서도 활동하므로 냉장 시에도 부패가 진행됨

자료: 高野克己, 渡部俊弘(2005). パソコンで 学ぶ 食品化学(p.131). 三共出版.

직 개시시간을 연기한다.

5. 어패류의 전처리

1) 어류의 전처리

생선 비린내의 주원인인 트리메틸아민과 민물생선의 비린내 성분인 지오스민과 피페리딘은 표피 부분에 많으며 수용성이므로 표피, 아가미, 내장 순으로 손질하여 흐르는 물에 손으로 살살 문지르면서 씻는다. 이때 소금물보다는 흐르는 물을 사용하는 것이 좋은데 소금물은 오히려 호염성 장염비브리오균이 번식하기 쉽기 때문이다. 물기를 제거하고 생선을 용도에 따라 자른 뒤에는 단백질인 미오겐이나 이노신산과 같은 맛성분이 유실되지 않도록 물로 씻지 않아야 한다.

2) 조개류의 전처리

조개는 껍질을 깨끗이 씻은 다음 스스로 해감을 빼도록 해야 한다. 해감

TIP
-

어패류의 식중독을 방지하려면?

어패류 식중독을 일으키는 대표적인 병원균은 비브리오콜레라균과 장염비브리오균이 있다. 장염비브리오에 의한 식중독은 세균성 식중독의 약 70%를 차지하며 7~9월 사이에 가자미, 전갱이, 오징어, 문어, 조개류 등에서 옮겨진다. 초기 복통으로 시작해 발열을 동반한 구토와 설사를 일으키므로 특히 여름철에는 어패류를 되도록 가열해서 먹도록 하며 조리기구를 깨끗이 소독하여야 한다.

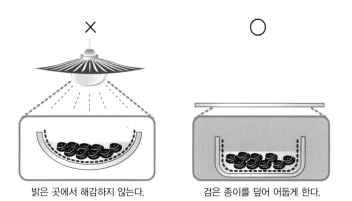

그림 **8-4**
조개를 해감시키는 방법

밝은 곳에서 해감하지 않는다.　　　검은 종이를 덮어 어둡게 한다.

할 때는 바닷물의 염도 이하인 2~3%의 소금물에 담가 두어야 하며 종이 등을 덮어 놓아 주위를 어둡게 하여 스스로 해감을 빼도록 해야 한다. 해감 할 때 소금물의 농도가 이보다 높으면 조개가 탈수되어 질기고 맛이 없다. 재 첩과 같은 민물조개는 맹물에 해감한다. 조개는 해감 시 세포 안팎의 삼투압 을 조절하기 위하여 세포 내의 아미노산을 증가시키므로 맛도 더욱 좋아진다.

굴은 엷은 소금물에 가볍게 씻으면서 붙어 있는 껍질을 떼어낸다. 무즙을 넣었다가 씻으면 검은 점액이 깨끗하게 제거된다.

> **해감**
> 바닷물 따위에서 흙과 유기물이 썩어 생기는 냄새나는 찌꺼기로 '해감하 다'는 '해감을 뱉어내게 만들다'라는 의미이다.

TIP
-

패류독소
굴, 홍합, 바지락, 대합 등 패류와 우렁쉥이, 미더덕 등은 2~6월 봄철 수온이 7~18℃일 때 마비성패류독 성을 주의해야 한다. 패류독소는 유독 플랑크톤을 먹은 패류의 몸에 축적되는데 청산나트륨NaCN의 1,000 배에 해당하는 독성이 있는 일종의 자연독으로 패류 자체에는 문제가 되지 않고 사람이 중독량 이상 섭 취했을 때만 문제가 된다. 경련, 구토, 메스꺼움 등의 경증 증상부터 언어곤란, 호흡곤란, 근육마비의 중증 증상까지 나타난다. 봄철에 모든 패류에 발생되는 것은 아니고 특정지역의 환경에서 발생되므로 국립수산 과학원http://www.nifs.go.kr이나 수산물안전정보http://www.fsis.go.kr를 통하여 확인할 수 있다. 이들 패류의 독소 는 냉장, 동결 등 저온에서뿐만 아니라 가열 시에도 잘 처리되지 않는다.

3) 갑각류의 전처리

새우는 내장이 등 쪽에 있으므로 등 쪽 두 번째 마디 사이로 꼬치를 넣어 검은 실 같은 내장을 빼낸다. 새우는 모양을 살리기 위해서 머리와 꼬리를 제거하지 않고 몸통의 껍질만 벗기고 조리하는 경우가 많은데 꼬리 쪽의 마지막 껍질을 벗기지 않아야 꼬리가 떨어지지 않는다. 새우는 가열하면 배를 구부리듯 둥글게 수축하는데 이를 방지하기 위해 꼬챙이를 머리부터 꼬리 쪽으로 끼우거나 배 쪽에 잔 칼집을 넣어 조리한다. 새우찜이나 튀김을 할때 등 쪽에 세로로 칼집을 넣어 반으로 갈라서 가운데 배 쪽에 잔 칼집을 넣으면 새우가 크게 보이도록 조리할 수 있으며 꼬리 가운데 삼각뿔처럼 뾰족한 물주머니를 제거하면 기름이 심하게 튀는 것을 방지할 수 있다.

게는 솔로 깨끗이 씻은 다음 게딱지와 몸통을 분리하고 게딱지에 붙어 있는 모래주머니와 몸통에 붙어 있는 엷은 회색의 아가미를 떼어내고 조리한다.

표 8-5 어취 제거방법

방법	효과
생선 표피를 물로 씻음	수용성인 트리메틸아민을 제거
우유에 담가둠	우유의 단백질입자와 콜로이드가 비린내를 흡착하여 어취 제거
레몬즙, 식초, 산 첨가	트리메틸아민과 결합하여 어취 감소, 음식에 향을 돋움
마늘, 파, 양파 첨가	황화알릴류의 황화합물을 함유하고 있어 어취 감소
무 사용	무의 메틸 메르캅탄methyl mercarptan이 어취를 억제하여 회나 조림, 찌개에 많이 사용
생강 사용	생강의 진저론zingerone, 진저롤gingerol과 쇼가올shogaol이 미뢰를 둔화시켜 어취를 감지하지 못하게 하며 트리메틸아민을 변화시켜 어취 감소
셀러리, 파슬리, 깻잎, 미나리, 쑥갓, 방앗잎 사용	강한 향을 함유하고 있으므로 어취를 약화시킴
고추냉이와사비, 고추, 후추, 초피, 겨자 사용	고추냉이의 알릴 이소티오시아네이트allyl isothiocyanate, 고추의 캡사이신capsaicin, 후추의 채비신chavicine, 겨자의 겨자유allyl mustard oil 등의 매운맛이 미뢰를 마비시켜 어취감지 둔화
간장, 된장, 고추장 사용	된장, 고추장의 단백질입자와 콜로이드가 어취 성분을 흡착하여 어취 제거
술 사용	생선 어취가 술의 알코올 성분과 같이 휘발하여 제거

초피와 산초
초피는 천초라고도 하며, 마라탕을 만드는 재료인 화자오와 같은 것이나 산초와는 다른 종류이다. 초피는 초피나무 열매의 겉껍질을 말린 것인데 자극성이 있고 미각을 마비시켜 생선의 비린내를 줄이므로 추어탕이나 민물매운탕 등에 사용된다. 산초는 초피보다 향이 약하며 검은색 열매로 가루를 내어 사용하기도 하므로 초피와 혼용되어 사용되고 있으나 주로 장아찌를 담그거나 기름을 짜서 약용으로 사용한다.

4) 어취의 제거방법

생선을 조리할 때 가장 주의해야 할 점은 비린내를 제거하는 것이다. 비린내를 제거하는 방법으로는 비린내의 주 원인물질인 트리메틸아민을 제거하거나 약화시키는 방법과 강한 향이 있는 향신채소를 사용하여 비린내를 감지하지 못하게 하는 방법 등이 있다. 생선조림이나 찌개에 생강을 사용할 때는 가열하여 어육 단백질이 변성된 후 넣어야 어취 감소 효과가 크다.

> **어패류와 산**
> 어패류에 식초나 레몬 등을 넣으면 비린내 성분을 중화시켜 감소시키며 세균의 살균효과, 단백질을 응고시켜 어육의 질감을 단단하게 하며 칼슘을 녹여 연하게 하는 효과가 있다. 홍어회에 식초를 넣으면 질감을 단단하게 하여 탄력있는 맛을 즐길 수 있고 가시째 먹을 수 있다.

6. 어패류의 조리 및 이용

어패류는 신선한 상태의 것을 조리해야 가장 맛이 있다. 조리 시 생선은 결합조직이 적으므로 생선의 형태를 유지하는 것과 어취 제거에 가장 유의해야 한다. 조개나 낙지, 오징어, 문어 등의 연체류는 오래 가열하면 탈수되어 질기고 맛이 없어지므로 단시간 내에 조리하여야 한다.

1) 조림

조림은 주로 간장을 이용하여 1.5% 정도의 염도가 되도록 조리하는 것이 적당하다. 신선도가 높을 때는 양념을 최소한 사용하여도 맛있으나 신선도가 떨어졌을 때는 쏩쏩한 맛이 나므로 양념을 많이 넣되 특히 설탕을 많이 넣는다. 흰살 생선은 살이 무르고 담백하기 때문에 양념장이 끓기 시작할 때 생선을 넣고 단시간 가열을 하여 생선 자체의 맛을 살린다. 너무 오래 가열하면 생선살이 수축하여 단단해지므로 맛이 저하된다.

붉은살 생선은 살이 단단한 편이며 어취가 있으므로 고춧가루 등의 양념을 첨가하여 양념이 깊이 침투되도록 흰살 생선보다 오래 졸이는 것이 좋다.

생선조림의 국물이 식으면 끈끈하게 굳는데 이는 어육의 콜라겐이 가열에 의해 젤라틴이 되었다가 겔 상태로 굳기 때문이다.

2) 구이

구이는 지방 함량이 많은 생선이 적합하며 소금구이와 양념구이 등의 직접구이와 오븐이나 프라이팬을 이용하는 간접구이가 있다. 소금구이는 생선 자체의 맛을 살려 조리하는 것이므로 신선도가 높은 것을 선택해야 하며 소금의 양은 생선 무게의 2%가 적당하다. 소금을 뿌리면 삼투압작용에 의해 소금이 생선살로 침투된다. 신선도가 떨어지는 생선은 3~4%로 약간 짜게 절여 탈수를 하면 살이 단단해지고 트리메틸아민이 용출되어 어취도 감소된다.

양념구이는 양념장에 담가 두었다가 굽거나 양념장을 발라가면서 굽는 방법이 있는데 고추장 양념은 타기 쉬우므로 미리 유장을 발라 어느 정도 애벌구이를 한 후 양념장을 발라 구우면 타지 않게 잘 익힐 수 있다. 양념구이를 할 때는 지방 함량이 높은 생선이 적당하며 생선 단백질은 50~60℃ 전후해서 응고하므로 너무 강한 불에 굽는 것은 좋지 않다.

> **유장**
> 참기름과 간장의 비율을
> 3：1로 만든 것

TIP
-

생선의 열응착성

열응착성이란 생선을 구울 때 석쇠나 프라이팬에 살이 달라붙는 현상으로 가열에 의해 어육단백질인 미오겐의 펩타이드 결합이 끊어지면서 활성기가 노출되어 석쇠나 프라이팬에 달라붙기 때문이다. 이를 방지하려면 석쇠나 프라이팬을 미리 달구거나 기름칠을 하여 활성기가 반응하지 못하도록 한다.

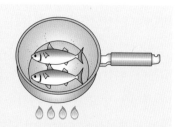

생선을 가열하면 어류는 15~20%, 연체류는 35~40%의 무게가 감소되는데 근육이 수축되면서 탈수현상이 생기기 때문이다.

3) 찌개

생선찌개나 탕으로는 흰살 생선 중 비린내가 적고 비교적 콜라겐 함량이 많아 살이 단단한 광어, 우럭, 대구, 명태, 민어, 조기와 꽃게, 오징어, 낙지 등이 많이 이용된다.

소금으로만 간을 한 맑은 찌개와 고추장이나 고춧가루로 얼큰하게 끓이는 찌개가 있다. 반드시 국물이 끓을 때 생선을 넣어야 하며 너무 오래 끓이거나 불의 세기가 너무 강하면 생선살이 흩어지므로 주의한다.

4) 생선회

생선회는 광어, 도다리, 도미, 민어 등의 흰살 생선이 주로 이용되며 흰살 생선은 경직기간이 붉은살 생선에 비해 비교적 길어 쉽게 상하지 않는다. 생선회는 갓 잡은 생선을 회로 뜬 활어회, 포 뜬 생선을 2~8시간의 일정 시간 숙성시킨 숙성회, 잡은 즉시 0~5℃에서 보관 유통하여 죽은 지 12~24시간 지난 생선으로 회 뜬 선어회로 분류한다. 선어회로는 포획 후 즉시 죽어 활어 유통이 어려운 삼치, 병어, 민어, 고등어 등으로 만든다. 활어회는 육질이 탄력이 있으며 쫄깃한 식감이고 숙성회나 선어회는 사후경직기가 지나면서 유리아미노산, 이노신산IMP 등의 맛성분이 생성되어 더욱 감칠맛이 있고 육질이 부드러워 초밥용으로 적합하다.

생선회는 가열하지 않으므로 반드시 신선한 것을 사용해야 하며 위생에도 주의하여야 한다. 생선의 세포막은 연하며 세포막이 손상되면 혀에 닿는

> IMP
> Inosine
> monophosphate
> 하이포잔틴, 리보오스, 인산으로 이루어진 모노뉴클레오티드mononucleotide로 가다랭이, 고기 등의 맛성분이다.

식감과 감칠맛이 현저히 떨어지므로 회를 뜰 때는 잘 드는 칼로 결대로 한 번에 썰어야 한다. 또한 복어, 광어, 전복 등 콜라겐이 많은 생선류는 회를 얇게 떠야 하며 참치, 방어 등 육질이 연한 어종은 도톰하게 썰어야 으깨지 지 않는다.

회를 먹을 때는 레몬을 곁들이는데 생선살의 pH가 단백질의 등전점 가까이 되면 살이 단단해지는 식감을 느낄 수 있으나 오래 뿌려 놓으면 단백질이 변성되어 조직이 변화되므로 먹기 직전에 뿌리는 것이 좋다.

새우, 낙지, 오징어 등으로 숙회를 할 때는 단시간에 조리하며 수축이 되는 방향을 고려하여야 한다. 오징어나 낙지, 새우는 센 불에 단시간 익히면 되나 문어는 고온에서 가열하면 수축하면서 점점 단단해지고 껍질도 지저분하게 벗겨지므로 약한 불에서 물을 첨가해 가며 천천히 삶거나 쪄야 한다.

5) 생선초밥

생선초밥은 생선회와 밥알과의 질감이 잘 어울려야 하므로 밥의 부드러운 질감과 맞추기 위해 생선에 따라 8~12시간 정도 숙성을 시킨 후 초밥을 만든다. 육류와 마찬가지로 생선도 죽은 직후 사후경직과 자기소화를 거치면서 살도 더 연화되고 이노신산이 많이 증가하게 되어 맛도 훨씬 좋아지기 때문이다. 미오신myosin은 40℃, 콜라겐collagen은 60℃ 전후에서 변성되므로 생선의 표면을 그을리면 비린 맛을 잡아주고 젤라틴으로 약간 변하면서 식감과 풍미가 달라진다.

6) 전과 튀김

전이나 튀김은 지방 함량이 적은 흰살 생선이 적합하며 수분을 충분히 제거하여 소금이나 후춧가루로 밑간을 해 놓는다. 전은 부치기 전에 밀가루를 묻혀 충분히 털어낸 뒤 달걀물을 묻혀야 하며 생선전을 부칠 때는 안쪽을 먼저 부치고 껍질 쪽을 나중에 부쳐내도록 하는 것이 좋다.

튀김은 그대로 튀기거나 밀가루나 전분만 묻히는 방법, 빵가루를 묻히는 방법, 밀가루나 전분의 튀김옷을 묻히는 방법, 달걀흰자를 이용하여 튀김옷에 묻히는 방법 등이 있다. 튀김을 그대로 튀기면 맛이 농축되고 아삭한 맛이 있으며, 튀김옷을 사용하면 내용물의 수분은 그대로 보유하여 속은 부드럽고 튀김옷은 바삭한 이중의 식감을 느낄 수 있다.

7) 가공품

어패류로 만들 수 있는 가공품은 건제품, 냉동품, 훈제품, 연제품, 염장제품, 통조림, 병조림 등이 있다. 건제품은 내장을 제거하거나 그대로 건조한 오징어, 굴비, 가자미 등이 있으며 완전 건조품과 반건조품이 있다. 쪄서 건조하는 멸치, 동결과 해동을 반복하면서 건조한 황태 등이 있다. 훈제연어처럼 훈연시켜 제조한 훈제품, 어묵, 어육소시지처럼 어육을 마쇄하여 제조한 연제품, 젓갈과 같이 소금에 절인 염장제품, 기름이나 물에 담겨 있거나 조미가 되어 있는 통조림, 캐비어, 연어알 등을 넣은 병조림 등이 있다.

최근에는 생선의 비린내와 가시로 인한 조리와 소비의 불편함, 구울 때 초미세먼지가 발생하는 문제 등을 해소하기 위해 생선구이나 생선조림 등의 완제품, 어묵국수, 생선버거패티 등 주식 또는 간식으로 먹을 수 있는 다양한 제품이 생산되어 수산물 HMRHome Meal Replacement, 가정식대체식품 시장을 확대하고 있다.

CHAPTER 09

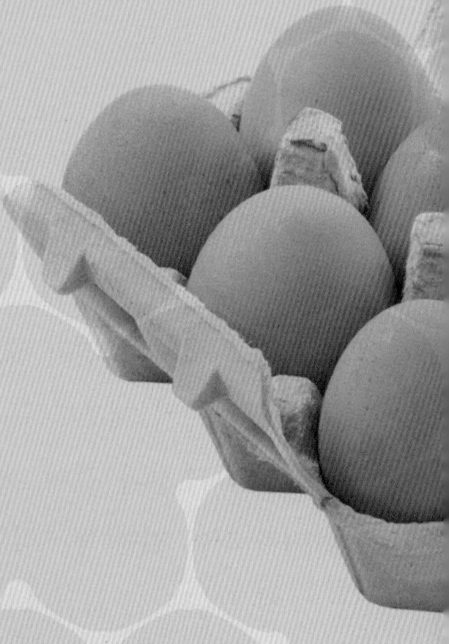

: 달걀류

CHAPTER
09

: 달걀류

주로 섭취하는 달걀류는 달걀, 메추라기알, 오리알, 청둥오리알, 거위알, 타조알 등이 있는데 가장 많이 이용되는 것은 달걀이다. 달걀은 좋은 단백질 급원식품으로 영양적으로 우수하며 조리가공 적성도 좋아 음식재료로 다양하게 사용된다.

1. 달걀의 구조

1) 난각

난각은 95% 정도가 탄산칼슘이며 폐기 부분이므로 칼슘으로서 식용 효용성은 없으나 김치가 시었을 때 신맛을 감소시키는 중화제로 사용되기도 한다. 난각의 껍질에는 작은 기공이 있어 수분의 증발, 탄산가스 배출 등이 이루어지나 세균의 침입이 일어날 수 있다. 갓 생산된 난각은 큐티클로 덮여 있어 꺼칠꺼칠하며 산란 후 세균의 침입을 차단한다. 그러나 신선도가 떨어질수록 큐티클이 벗겨지므로 신선도 판별의 지표가 된다.

> **큐티클**
> **cuticle**
> 달걀의 난각 표면을 덮고 있는 단백질을 주체로 하는 두께 5~10μm의 층. 산란 때 수란관에서 분비된 점액이 건조된 것이다. 난각에 존재하는 기공pore을 막아 미생물의 침입을 막는다. 그러나 큐티클은 수세나 마찰에 의해 쉽게 벗겨지기 때문에 달걀 저장 중의 부패방지에 유의한다.

2) 난각막

난각막은 외막과 내막으로 2겹이 있는데 난백에 밀착되어 있다가 신선도가 떨어지면 달걀의 둔단부에 기실을 만든다. 기실은 산란 직후에는 없지만

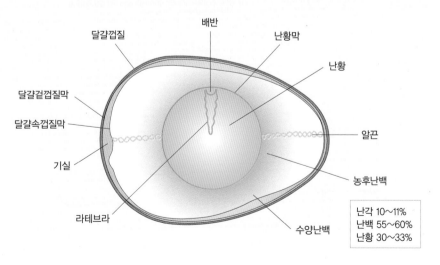

그림 **9-1**
달걀의 구조

달걀껍질　배반　난황막　난황

달걀겉껍질막　달걀속껍질막　기실　라테브라　알끈　농후난백　수양난백

난각 10~11%
난백 55~60%
난황 30~33%

달걀보관법

달걀 껍질에는 10,000개 정도의 기공이 있는데, 기공은 뭉툭한 둔단부에 주로 몰려 있으므로 뾰족한 첨단부를 밑으로, 둔단부를 위로 가게 보관하면 기공을 통해 호흡을 하고 탄산가스가 잘 배출되어 신선도가 유지된다.

달걀이 오래되면 수분이 증발하고 내용물이 수축하면서 생겨난다.

3) 난백

난백은 투명하고 끈끈하며 달걀의 약 60%를 차지한다. 난백은 수양난백 thin egg white과 농후난백thick egg white이 있으며 외부로부터 세균의 침입 방지와 충격을 흡수하여 난황과 배반을 보호하는 역할을 담당하고 있다.

알끈chalaza은 나선상으로 달걀의 장축과 평행하게 연결되어 난황의 위치를 고정시켜 준다. 알끈은 익히면 단단하게 굳어 거칠게 느껴지므로 지단, 알찜, 쿠키 등 섬세한 음식을 할 때는 제거하는 것이 좋다. 산란 직후에는 농후난백의 함량이 많으나 시간이 지날수록 트립신 등 효소의 작용으로 자가소화가 일어나 수양난백으로 변하여 제 기능을 점차 상실한다.

트립신
trypsin
췌액 중에 함유되어 있는 트립시노겐trypsinogen이 장액이나 소장점막의 엔테로키나제enterokinase에 의해 활성화된 단백질 분해효소로 장 내에서 음식물 단백질의 소화에 중요한 역할을 한다.

그림 **9-2**
달걀의 일반성분

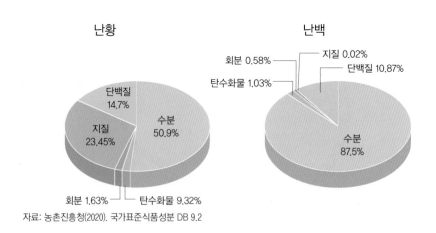

자료: 농촌진흥청(2020). 국가표준식품성분 DB 9.2

4) 난황

난황은 달걀의 약 30%를 차지하며 젤라틴의 얇은 막으로 싸여 있고 유정
란인 경우 표면에 배반germinal disc이 있다. 오래된 달걀의 난황은 주변의 수
분을 흡수하여 난황의 부피가 커지면서 막이 약화되어 쉽게 터진다. 배반으
로부터 난황 중심부까지 백색의 긴 실 모양의 라테브라latebra가 연결되어 있
고 난황은 어두운 층과 밝은 층이 교차되고 있다. 난황은 작은 미립자로 되
어 있어 지나치게 삶으면 쉽게 부서진다.

2. 달걀의 성분

달걀은 난백과 난황의 색과 질감이 다른 것과 같이 영양성분에도 크게
차이가 있다. 난백은 단백질이 많고 난황은 지질과 철분 등 무기질 함량이

표 9-1 달걀류의 성분 (가식부 100g 당)

달걀류	에너지 (kcal)	수분 (g)	단백질 (g)	지질 (g)	회분(g)	탄수화물 (g)	무기질 칼슘 (mg)	철 (g)	인 (mg)	칼륨 (mg)	비타민 A (RE)	B_1 (mg)	B_2 (mg)	니아신 (mg)	콜레스테롤 (mg)
달걀	136	75.9	12.44	7.37	0.88	3.41	52	1.8	191	131	136	0.078	0.469	0.103	328.83
난황	318	50.9	14.7	23.45	1.63	9.32	151	5.24	508	112	431	0.22	0.475	0.023	629.3
난백	51	87.5	10.87	0.02	0.58	1.03	5	0	11	145	0	0	0.41	0.091	0
메추리알	146	75.4	12.80	9.2	1.10	1.66	59	2.49	222	154	194	0.237	0.403	0.202	400.96
오리알	171	72.4	13.11	11.32	1.09	2.03	56	2.54	207	120	107	0.26	0.13	0.02	388.45
청둥오리알	178	72.2	13.6	12.3	0.9	1	61	3.1	197	–	–	0.23	0.38	0.1	–
거위알	193	71	13.2	14.1	0.9	0.8	41	2.5	70	77	170	0.15	0.48	0.1	–

자료: 농촌진흥청(2020). 국가표준식품성분 DB 9.2
– 표시는 측정되지 않음

많아 영양적으로 우수하다.

1) 수분

달걀의 수분 함량은 75.9%이며, 난백의 수분 함량이 87.5%로 난황의 수분 함량 50.9%보다 많다.

2) 지질

인지질
phospholipid
인을 함유한 지질로 레시틴, 세팔린, 에탄올아민, 스핑고미엘린 등이 있다.

지질은 난백에는 거의 없고 난황에 25% 정도가 있다. 달걀의 지방산 중 올레산이 47%으로 가장 많고 그 외 필수지방산인 리놀레산이 13.29%, 그 외 리놀렌산 및 아라키돈산이 풍부하게 있어 불포화지방산의 비율이 훨씬 높다.

달걀에는 뇌세포를 구성하는 인지질이 많이 있으며 그중 레시틴lecithin이 인지질의 70~80%를 차지한다. 난황의 유화성은 주로 레시틴에 의한다.

3) 단백질

달걀 단백질은 필수아미노산을 모두 함유하고 있어 단백가가 100으로 영양적으로 우수한 식품이다.

난황의 단백질은 인단백질인 비텔린vitellin과 비텔레닌vitellenin에 지방이 결합된 리포비텔린lipovitellin과 리포비텔레닌lipovitellenin으로 존재한다.

난백은 대부분이 수분이므로 단백질 함량은 10%로 오브알부민ovalbumin, 오보트란스페린ovotransferrin, 오보뮤코이드ovomucoid, 오보뮤신ovomucin, 오보라

종류	특징
오브알부민	난백 단백질의 60%로 가장 많다.
오보트란스페린	철, 구리와 같은 금속과 결합하여 체내 이용을 억제한다.
오보뮤코이드	트립신과 결합하여 트립신의 작용을 억제한다.
오보뮤신	농후 난백의 조직 유지와 망상구조에 기여한다.
오보글로불린	기포형성에 관여한다.
오보라이소자임	용균작용으로 세균의 침입을 저해한다.
아비딘	비오틴과 결합하여 비오틴의 흡수를 방해한다.

표 9-2
난백 단백질의 종류

이소자임ovolysozyme, 아비딘avidin 등으로 구성되어 있다.

오보뮤코이드는 당단백질로서 트립신의 작용을 억제하는 트립신 저해제 trypsin inhibitor로 70℃에서 1시간 정도 가열하면 그 작용이 억제된다. 달걀 난백은 구조적으로는 망상조직을 형성하여 세균의 침입을 저해하며 세균의 침입 시에 세균을 용해하거나 인플루엔자 바이러스influenza virus가 교착하는 현상을 억제하는 등의 작용을 한다.

> **아비딘**
> **avidin**
> 난백에 존재하는 비오틴과 특이적으로 결합하는 염기성 당단백질이다. 동물에 생난백을 다량으로 투여할 때, 비오틴 결핍증상을 나타내는 것은 아비딘이 비오틴과 결합하여 비오틴을 불활성화시키기 때문이다.

4) 무기질

무기질은 달걀 전체에 0.9% 정도 함유되어 있으며, 인지질, 인단백질 형태로 있는 인 함량이 많아 달걀은 산성식품에 속한다. 난황에 들어 있는 철분은 체내에서 이용가치가 높아 성장기 어린이나 여성들의 철분 보충에 매우 좋다. 달걀은 냄새가 없으나 삶았을 때 함황 아미노산의 분해로 생성된 유황 성분으로 황화수소의 냄새가 난다. 은수저로 달걀을 저으면 검게 변하는 것은 달걀의 황화수소가 은과 반응하여 황화은Ag₂S이 되기 때문이다.

> **산성식품**
> **acid forming food**
> 식품을 태워 남은 무기질 중 인, 황, 염소의 함량이 많은 식품으로 쌀, 고기, 생선, 달걀 등이 있다.

5) 비타민

난백에는 지용성비타민은 거의 없으나 수용성비타민인 티아민, 리보플라빈, 니아신, 판토텐산pantothenic acid 등이 있다. 난황에는 지용성비타민인 A, D 뿐 아니라 티아민, 리보플라빈도 풍부하다.

6) 색소

난황의 황색소는 주로 잔토필xanthophyll인 루테인lutein과 제아잔틴zeaxanthin 이라는 황색색소가 침착되어 노랗게 되며 난황의 색은 품종, 영양, 사료에 따라 다르다. 난황의 색이 진한 것은 다만 황색색소가 많기 때문이며 색이 진할수록 영양가가 많은 것은 아니다. 난황은 비타민 A의 좋은 급원이지만 난황에 들어 있는 루테인과 제아잔틴, 잔토필은 체내에서 비타민 A로 전환되지 않고 사료의 영향을 많이 받기 때문에 난황의 색만으로는 영양소의 함량의 많고 적음을 판단하기 어렵다. 그 밖에 카로틴carotene과 플라빈flavin 등의 색소가 있다.

TIP
-

난황과 시력
난황을 많이 먹으면 늙어서 실명할 위험이 줄어든다는 연구결과가 나왔다. 미국 갈베스톤 텍사스주립대 안과 프레데릭반 쿠직 교수팀은 난황에는 루테인과 제아잔틴이라는 시력보호 물질이 많이 들어 있어 이를 많이 먹으면 망막의 중심부위가 퇴화해 실명하는 '황반부 변성'을 예방할 수 있다고 영국안과학회지 최신호에 발표한 바 있다.
쿠직 교수는 '녹색 채소에 시력보호 물질이 많다는 연구는 있었지만 이번 연구로 시력보호 물질이 녹색 채소인 양상추보다 난황에 6배나 더 많이 들어 있다는 사실을 밝혀냈다'고 설명하였다. 그는 또 '난황에 나쁜 콜레스테롤인 LDL이 많지만 좋은 콜레스테롤인 HDL도 많아 특히 실명 위험이 높은 노인에게 많이 권해야 할 것'이라고 말했다.
자료: 세계일보 2007. 09. 17

3. 달걀의 규격

우리나라에서는 달걀의 품질기준을 중량에 따라 왕·특·대·중·소란 등 5개 기준으로 나누는데 8g씩 차이가 있다. 품질등급은 외관판정, 투광판정, 할란판정을 실시한 후 품질기준 급수인 A, B, C, D 등급으로 각각 구분하고 그 결과를 종합하여 1⁺, 1, 2 등의 3개 등급으로 나누며 신선할수록 높은 등급을 받는다.

달걀은 산란 후 선별과정에서 이상란을 제거한 후에 세척, 건조, 표면 코팅, 산란일자 인쇄, 자외선 살균 등 위생 처리를 거쳐 중량 등 규격별로 포장 후 출하되는 식용란 선별포장 유통제도가 실시되고 있다. 난각에는 10자리로 숫자와 알파벳이 적혀 있는데 앞의 4자리 숫자는 산란 일자, 5자리 숫

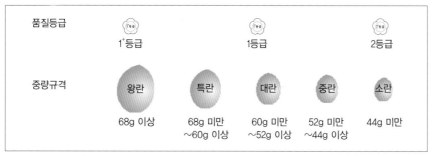

품질등급				
1⁺등급		1등급		2등급
중량규격				
왕란	특란	대란	중란	소란
68g 이상	68g 미만 ~60g 이상	60g 미만 ~52g 이상	52g 미만 ~44g 이상	44g 미만

그림 **9-3**
달걀의 등급과 규격

자료: https://www.ekape.or.kr

품질등급	중량규격
1⁺등급	특란 (60g 이상 68g 미만)
등급판정일: 0000.00.00 축산물품질평가원	

등급
계란

그림 **9-4**
달걀 등급표시의 포장용기 예시

자료: https://www.foodsafetykorea.go.kr

그림 **9-5**
달걀 산란일자표시제

산란일자 표시방법

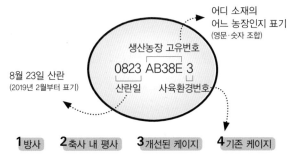

어디 소재의
어느 농장인지 표기
(영문·숫자 조합)

생산농장 고유번호

8월 23일 산란
(2019년 2월부터 표기)

0823 AB38E 3

산란일   사육환경번호

1 방사   **2** 축사 내 평사   **3** 개선된 케이지   **4** 기존 케이지

자료: https://www.foodsafetykorea.go.kr

자나 알파벳은 생산농장 고유번호, 마지막 숫자는 사육환경에 따라 1-방사, 2-평사, 3-개선된 케이지, 1마리당 사육 면적 $0.075m^2$, 4-기존 케이지, 1마리당 사육 면적 $0.05m^2$를 뜻한다. 포장용기에는 달걀의 품질등급과 중량규격, 등급판정일 등과 유통기한 등을 표시한다.

4. 달걀류의 종류

1) 달걀

액상란
달걀을 깨뜨려 살균처리한 안전하고 간편한 제품으로 5℃ 이하로 냉장보관해 7일간 사용할 수 있다.

일반란, 영양란, 기능성란, 가공란 등 4종류로 나뉜다. 일반란은 무정란과 유정란이 있으며 비타민, 요오드, 셀레늄 등의 특정 영양소가 강화된 영양란, 위보호 기능, 설사예방, 콜레스테롤을 낮추는 기능 등 특정 기능이 강화된 기능성란과 사용이 편하도록 껍질을 제거한 액상란, 동결건조란, 훈제란 등의 가공란이 있다.

사육 방법에 따라 항생제, 합성항균제, 호르몬제를 사료에 사용하지 않은

TIP
-

갈색란과 백색란

달걀은 껍질의 색에 따라 갈색란, 백색란이 있는데 갈색 껍질의 강도가
조금 강하며 백색란이 난황의 비율이 약간 높다. 난각의 색은 닭의 품
종이나 계통에 따라 다르며 대체로 갈색닭은 갈색란, 백색닭은 백색란
을 낳는다. 전 세계적으로 갈색란의 시장 점유율은 50% 정도이나 우리
나라는 100%에 육박한다.

유정란과 무정란의 차이는?

닭은 살아있는 동안 400개의 달걀을 산란하는데 무정란은 암탉의 난소에서 스스로 난황이 만들어지고
난관을 통해 껍질이 생겨 질을 통해 생산된 달걀로 병아리가 부화되지 않으며, 유정란은 수탉과의 교미를
통해 병아리로 부화될 수 있는 배반이 형성된 달걀을 말한다. 영양성분의 차이는 크지 않으나 유정란이
비타민 함량이 조금 많고 난황과 난백의 점도가 높으며 껍질이 단단하고 비린 맛이 적다.

무항생제란, 사육 밀도, 조명 밝기, 암모니아 농도 등 사육 기준을 준수하며
인증받은 평사 방사 환경에서 사육한 동물복지란 등이 있다.

2) 오리알

오리는 가금화 초기에는 주로 육용으로 사육되었으며 주로 봄철에만 산란
하였다. 그러나 오늘날에는 카키 켐벨, 인디안 러너 등과 같은 난용종卵用種
이 생겨 우수한 것은 1년에 300개 이상을 산란하게 되었다.

오리알은 약 60~90g으로 흰색 혹은 담녹색을 띠며 달걀보다 1.4배 정도
크다. 달걀과 성분이 비슷하나 포화지방산의 함량이 달걀의 1/5에 불과하며
리놀레산, 아라키돈산 등의 불포화지방산이 많아 콜레스테롤 수치를 낮춘
다. 동시에 콜레스테롤 수치에 가장 큰 영향을 주는 팔미틴산의 함량이 낮
다. 그 외 비타민 E, 레시틴 등이 풍부하게 함유되어 있어 예로부터 중풍과
고혈압 등 순환기계 질환에 효과가 있는 것으로 알려져 있다.

오리알의 구조는 달걀과 같으나 전체 알에 대한 난황의 비율이 43%로 달
걀의 33.1%에 비해 난황의 크기가 큰 편이다.

표 9-3
달걀류의 난황비율

종류	난황의 비율(%)
달걀	33.1
오리알	43.0
메추라기알	40.9

3) 메추라기알

메추라기의 연간 산란수는 약 150~250개이지만 개량된 메추라기는 300
개 정도 산란한다. 메추라기알의 평균 알무게는 10~20g로 작은 편이며, 알
껍질에는 알록달록한 갈색 반점이 있다. 알의 무늬는 모체인 메추라기의 색
과 무늬가 동일하므로 매우 다양하다. 반숙에는 3분, 완숙에는 5분이 걸린
다. 메추라기알은 비타민 B군의 함량이 달걀에 비해 3~12배 정도 많으며 인
과 철분, 아연의 함량이 많다. 최근 방사선 치료를 받은 쥐의 수명연장에 효
과가 있다는 연구가 발표된 바 있어 방사선 치료를 받는 사람에게 메추라기
알을 먹도록 권장하고 있다.

5. 달걀의 조리 특성

달걀은 영양성분뿐만 아니라 조리 및 가공적성이 우수하여 식품으로서
이용가치가 매우 높다.

1) 응고성

달걀은 열에 의해 응고되는 성질이 있으며 산, 알칼리, 교반, 염 등에 의해서도 유동성을 잃고 응고한다. 달걀 단백질은 오래 가열하면 분자와 분자 간에 교차결합cross linkage이 생겨 단단해진다. 생난백은 투명한 반고체로 가열하면 조직이 촘촘해져 광선을 반사하여 백색의 불투명한 상태가 된다.

달걀의 응고 온도는 난백의 경우 60℃ 전후에서 응고가 시작되어 67℃에서 완전히 응고한다. 난황은 65℃에서 응고하기 시작하여 70℃에서 완전히 응고하는데 난황을 오래 응고시키면 부서지기 쉽고 부슬부슬해진다. 그러나 지단이나 줄알처럼 난황막을 터뜨려서 저어 가열하면 난황 입자가 분열되어 교차결합을 이루어서 고무같이 끈끈하게 변한다.

달걀은 100℃의 높은 온도에서 조리하거나 장시간 조리하면 수축이 심하게 일어나 질감이 단단하지만 낮은 온도에서 가열하면 시간은 많이 걸리나 부드럽고 연한 질감을 얻을 수 있다. 따라서 국물에 달걀을 풀어 넣고 오래 끓이면 국물이 탁해지고 달걀은 부드러운 맛이 없어져 질겨지므로 국물이 거의 끓는 마지막 단계에 달걀을 넣고 잠깐만 끓여 준다.

달걀은 약간의 산 물질이 첨가되면 다소 낮은 온도에서도 빨리 응고되며 단단하게 된다. 특히 pH가 등전점에 가깝게 되면 열응고 온도가 낮게 된다. 염의 양이온 원자가가 클수록 열응고성이 증가하므로 알찜, 커스터드 등을 만들 때 우유를 첨가하면 우유의 Ca^{2+}이온이 열응고를 촉진한다.

> **줄알**
> 달걀의 난황과 난백을 잘 섞어 풀어 만둣국, 떡국, 달걀 파국, 우동 등이 다 끓어갈 때 원을 돌리듯이 하여 주르륵 넣어 익히는 것으로 '줄알 친다'고 한다.

요인	특징
단백질의 농도	달걀을 물로 희석하면 단백질 양이 줄어들어 응고 온도는 높아지고 질감은 부드러워진다.
용액의 pH	달걀 주단백질인 알부민은 pH 4.8이 등전점 부근이므로 식초 등 산을 첨가하면 쉽게 응고한다.
염	양이온 원자가가 클수록 $Fe^{3+} > Ca^{2+} > Na^+$ 겔이 단단해진다.
당	열응고성을 지연시키므로 설탕을 넣으면 응고온도가 높아지지만 응고물은 연하고 부드럽다.

표 9-4
달걀의 열응고성에 영향을 주는 요인

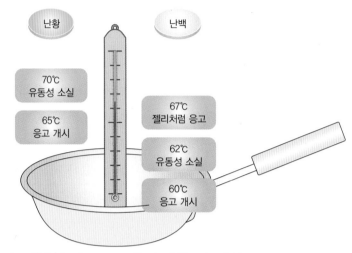

그림 **9-6**
달걀의 응고온도

난황

70℃
유동성 소실

65℃
응고 개시

난백

67℃
젤리처럼 응고

62℃
유동성 소실

60℃
응고 개시

자료: 高野克己, 渡部俊弘(2005). パソコンで 学ぶ 食品化学(p.137). 三共出版.

2) 기포성

교반
액체에 고체를 녹이고, 온도 차를 없애 두 가지 이상의 물질을 균일하게 하거나 거품을 내는 등의 목적으로 저으면서 뒤섞는 조작

난백을 거품기로 저으면 주로 오보글로불린과 오보트란스페린의 접혔던 단백질 분자들이 액체와 공기의 접촉면에서 물리적으로 풀어지면서 기포막을 만든다. 여기에 풀린 단백질들이 서로 달라붙어 둘러쌈으로써 스폰지 같은 그물구조의 기포가 형성된다. 이때 소수성단백질은 공기와 결합하고 친수성단백질은 액체와 결합하여 물과 공기를 기포 조직에 고정시킨다. 또한 난백 속의 물 이외의 수많은 분자들이 물의 표면장력을 감소시켜 기포를 유지하므로 물과 공기를 포집한 스펀지 조직의 기포는 단백질의 결합, 전기화학적 힘, 표면장력의 복합적인 반응으로 형성된다. 거품의 막은 건조와 교반에 의한 변성으로 안정하게 형성된다. 난백의 점성이 높으면 기포형성력은 떨어지며 반대로 점성이 낮으면 기포형성력은 증대되어 일반적으로 기포의 안정성과 기포성은 상반되는 경향이 있다.

기포형성에 영향을 주는 요인은 다음과 같다.

(1) 난백 상태

신선한 달걀보다는 산란 후 1~2주 정도 지난 달걀이 점성이 낮으므로 기포성이 좋다. 즉, 점성이 높은 농후난백보다는 점성이 낮은 수양난백이 기포는 잘 형성되지만 안정성은 떨어진다.

(2) 거품기

거품기의 날이 가늘수록 기공의 크기가 작아져서 미세하고 안정된 기포가 생긴다. 손으로 거품기를 이용하여 기포를 내면 기포의 크기가 일정하지 않고 묽다. 전기비터로 거품을 내면 기포의 크기가 미세하고 일정하여 안정된 기포를 얻을 수 있다. 프렌치 머랭은 고속으로 지나치게 휘핑하면 오히려 단백질 결합이 파괴되어 기포가 스폰지처럼 구멍이 뚫리고 삭는다.

(3) 난백 온도

달걀의 온도는 냉장온도보다 30℃ 정도의 실온에서 기포가 잘 형성된다. 따라서 냉장고에서 꺼내어 실온에 어느 정도 보관하였다가 기포를 내는 것이 좋다. 그러나 기포의 상태는 묽고 안정성이 적으므로 안정된 기포를 얻기 위해서는 달걀을 냉장고에 두었다가 전기비터로 거품을 내면 안정성이 좋아 거품이 잘 꺼지지 않는다.

(4) 열

난백을 어느 정도 거품 내어 열을 가하면 단백질 막의 재결합과 단백질 변성을 촉진하고 설탕의 용해도를 높이며 달걀의 수분 감소를 촉진하여 기포의 구조력과 안정성을 향상한다. 오보알부민은 기포 형성에는 큰 영향을 미치지 않지만 열을 받으면 풀려서 응고되므로 달걀거품을 익히면 기포벽을 강화시켜 영속적인 고형의 거품을 만들 수 있다.

머랭meringue의 종류

- 프렌치 머랭: 난백 100에 설탕 200의 비율로 24℃ 전후의 온도에서 거품을 낸 일반머랭으로 난백이 생것이므로 수플레, 다쿠아즈 등 빵이나 쿠키 반죽에 넣어 오븐에 구워 사용한다.
- 스위스 머랭: 난백 100에 설탕 180의 비율. 가볍게 거품 낸 난백을 45~55℃로 중탕하여 설탕을 넣어 거품을 낸 것으로 구우면 광택이 나고 오랫동안 저장이 가능하여 케이크 장식용으로 많이 사용한다.
- 이탈리안 머랭: 난백 100에 설탕 275, 물 60의 비율. 가볍게 거품 낸 난백에 115~120℃의 설탕시럽을 부어가며 완성하는 것으로 난백이 열로 응고되면서 거품안정성이 뛰어나 무스, 머랭쿠키 등에 사용한다.

(5) 첨가물

① 설탕

점도를 높여 기포성을 떨어뜨리므로 거품을 만드는 데 시간이 오래 걸리나 기포막을 부드럽게 만들고 거품을 섬세하게 만들며 달걀의 수분을 흡수하여 안정성 있는 거품을 형성할 수 있다. 어느 정도 거품을 내어 단백질의 구조력이 생긴 후 조금씩 첨가하는 것이 좋다. 설탕을 한꺼번에 넣으면 달걀의 수분과 설탕이 응집되어 무거워져서 단백질 구조형성과 수분분산이 어려워지기 때문이다. 기포의 안정성에 빨리 기여하려면 입자가 작은 파우더슈거를 사용하는 것이 좋다.

② 산

단백질은 등전점 부근의 pH에서 기포형성이 잘 되므로 레몬즙이나, 주석산, 구연산 등의 소량의 산을 첨가하면 기포형성이 잘된다. 또한 달걀의 함황단백질은 S-H기에서 수소를 버리고 S-S결합으로 단백질의 재결합이 이루어지는데, 산이 추가되면 수소 이온의 수가 증가되므로 S-H기에서 수소원자의 이탈이 힘들어지고 S-S결합이 느리게 되어 액체유출과 구멍이 생기는 오버픽over peak 현상을 막을 수 있다.

③ 소금

소금은 물과 반응하면 Na^+, Cl^-로 이온화되어 풀린 단백질 간 결합에 사용

구리와 달걀거품

구리는 황(S)성분과 강하게 결합하려는 성질이 있으므로 달걀거품에서 S-S결합을 지연시키고 결과적으로 단백질의 강한 결합을 방해하여 오버픽 현상을 방지할 수 있다. 16세기부터 전통적인 방법으로 달걀거품을 낼 때는 구리그릇을 사용하였다.

기포의 오버픽over peak

기포가 이상적인 상태를 지나쳐서 거품이 거칠어지고 부피가 줄고 액체가 분리되는 현상이다. 기포막의 단백질분자들이 오히려 지나치게 서로를 끌어당기면 중간에 포집되어 있던 물이 새어 나가게 되기 때문이다.

되는 장소에 경쟁적으로 결합함으로써 단백질간 결합의 수를 감소시켜 거품의 전반적 구조력을 약화시키고 안정성도 약해진다. 난백 거품 자체에는 첨가하지 않는 것이 좋다.

④ 지방

단백질을 둘러싸서 막의 결합을 방해하여 소량만 있더라도 기포형성을 방해한다.

⑤ 수분

수분을 첨가하면 다소 부피를 증가시킬 수 있지만 머랭 구조력을 약화시켜 안정성이 떨어진다.

3) 유화성

난황은 천연의 유화식품이면서 강한 유화제이다. 난황의 유화성은 주로 레시틴 때문이며 마요네즈나 케이크 반죽을 만들 때 중요한 역할을 한다. 난황, 또는 전란은 마요네즈 구성성분에 있어서 필수적이다. 특히 슈크림과 같은 식품에 있어서는 유화제로서 대단히 중요한 역할을 담당하고 있다.

밀가루는 물과 함께 반죽하면 물을 흡수하는 성질은 가지고 있으나, 가열

표 **9-5**
달걀의 조리 특성

조리 특성	역할	음식의 예
유동성	성형제 희석제	지단, 전, 햄버거패티, 오믈렛, 에그노그, 커스터드
응고성	청정제 농후제 결합제	콘소메, 맑은 장국, 커피 커스터드, 푸딩, 알찜 전, 크로켓, 만두속, 알쌈
기포성	팽창제 간섭제 내열제	머랭, 엔젤케이크, 콤포트, 마시멜로 캔디, 셔벗, 아이스크림 아이스크림 튀김
유화성	유화제	마요네즈, 케이크 반죽
기타	색	지단

콤포트
compote
익힌 과일에 설탕을 넣
어 끓인 숙실과로 휘핑
크림이나 난백 거품낸
것을 토핑하기도 함

을 통해 생산된 제품을 촉촉하고 부드러운 상태로 있게 할 수는 없다. 그러
나 카스테라나 케이크 제조 시에 난황을 넣으면 난황의 레시틴의 유화성과
보수성의 작용으로 인해 딱딱하지 않고 부드러운 조직감을 갖게 된다. 난황
은 난백에 비해 약 4배의 유화력을 가지고 있다.

4) 난황의 녹변현상

달걀을 오래 가열하면 난황의 주위가 암녹색으로 변색이 된다. 이 현상은
달걀 가열 시 외부의 압력이 중심부로 미치면서 아미노산의 분해로 난백에

그림 **9-7**
녹변현상

서 생성된 황화수소H_2S가 난황쪽으로 이동하여 난황의 철분과 반응하여 황화제1철FeS을 형성하고 암녹색으로 변색된 것이다. 달걀이 신선하지 않을수록 즉, pH가 높고 가열온도가 높으며 가열시간이 길수록 황화수소의 양이 증가하므로 황화제1철이 많이 생긴다. 예를 들어, 달걀을 70℃에서 1시간, 85℃에서 30분간 가열해도 녹변이 안 되지만 100℃에서 15분 이상 가열하면 녹변현상이 일어난다.

TIP -	**녹변을 방지하려면?** 삶은 달걀을 찬물에 즉시 담그면 외부쪽의 압력이 저하되므로 생성된 황화수소가 외부로 이동하여 황화제1철은 거의 형성되지 않는다.

6. 달걀의 조리 및 이용

1) 삶은 달걀

달걀을 완숙하려면 98~100℃에서 12분간 삶아야 하며, 15분 이상 가열시 난황 주위에 녹변현상이 생기기 시작하므로 가열시간을 확인하는 것이 좋다. 난황이 중앙에 오도록 삶으려면 단백질이 응고되기 전인 30~50℃의

TIP -	**달걀껍질을 잘 벗기려면?** 난백의 pH가 8.9 이하, 즉 달걀이 신선할수록 난각막이 난백에 잘 달라붙어 껍질을 벗기기가 힘들다. 그러나 달걀을 삶은 즉시 냉수에 담그면 난백과 난황의 부피가 수축하면서 난각막과의 사이에 미세한 공간이 생겨 껍질이 잘 벗겨진다.

수온에서 달걀을 굴리면서 온도를 높여 삶아야 한다.

달걀을 삶을 때 껍질이 깨지는 것은 삶는 과정에서 달걀이 그릇에 부딪히거나 냉장고 속에 넣어 두었던 달걀을 갑자기 뜨거운 물속에 넣을 때 껍질이 팽창하기 때문이다. 깨지는 것을 방지하려면 냉장고에서 꺼낸 달걀을 10분 정도 물에 담가 두어 수온과 같은 온도로 만든 다음 삶거나 달걀의 둔단부에 바늘을 이용해 공기구멍을 낸다. 또 난백이 흘러나온 경우 소금과 식초를 물 양의 1% 정도 넣어 준 다음 불을 약하게 줄여서 삶는다.

2) 수란

수란

수란Poached egg을 만들 때 신선한 달걀은 잘 응고되지만 오래된 달걀은 수양화된 난백이 물에 분산되고 흘러내리기 때문에 수란을 만들기가 어렵게 된다. 소량의 식초와 소금을 넣으면 잘 응고되나 과량 사용 시 난백의 색이 지나치게 희어지고 거품이 생겨 표면이 매끄럽지 못하게 되므로 주의한다. 소금의 나트륨 이온Na⁺은 난백의 겔화 응고가 일어나도록 도와준다.

3) 달걀찜

달걀에 액체를 섞은 희석 정도, 첨가물의 종류와 양에 따라 조직감과 응고시간이 달라진다. 달걀에 물이나 우유 및 가쓰오부시 국물 등의 희석액과 소금, 새우젓, 설탕 등을 첨가하면 조직이 부드럽게 응고된다. 달걀찜Steamed egg에 소금을 넣으면 달걀찜은 작고 불균형한 기공이 무수히 발달하여 단단한 질감을 나타내나 새우젓을 넣은 달걀찜은 새우젓에 있는 단백질 분해효소에 의해 크고 둥그런 기공이 잘 발달하고 단면이 매끈하여 소금을 넣은 달걀찜보다 더욱 부드러운 질감을 나타낸다.

4) 커스터드

달걀을 잘 푼 다음 설탕과 소금, 바닐라 향을 넣고 따뜻하게 데운 우유를 조금씩 부으면서 빠르게 섞는다. 커스터드Custard 컵에 붓고 180℃ 오븐에서 굽거나 냄비에서 중탕하여 익힌 것으로 달걀의 열응고성과 유동성을 이용하여 부드럽고 걸쭉한 질감을 갖는다.

커스터드

> **커스터드**
> **custard**
> 우유, 달걀, 설탕을 섞어
> 가열한 것

5) 스크램블 에그

달걀을 풀어 우유나 크림을 섞은 후 버터나 기름을 두른 팬에 넣고 저으면서 익힌 것으로 고유의 달걀색이 곱게 나도록 하여야 하며 부드럽고 촉촉한 질감을 갖도록 한다.

6) 오믈렛

달걀을 풀어 우유나 크림을 섞은 후 기름을 두른 오믈렛Omlet 팬에 넣어 처음에는 젓다가 점차 럭비공 모양으로 형태를 갖추도록 만든 것으로 속에 치즈, 채소 등을 넣어 만들기도 한다.

오믈렛

7) 프라이드 에그

달걀을 기름 두른 팬에 익힌 것으로 일반적으로 오버 이지로 만들며 써니 사이드 업 등 여러 형태가 있다.

종류	만드는 법
써니사이드 업Sunnyside up	달걀을 팬에 깨어 뒤집지 않고 한쪽만 익힌 것으로 익힌 정도에 따라 라이트, 미디움, 하드가 있다.
오버 이지Over easy	달걀을 프라이할 때 뒤집어서 익힌 것으로 난백만 살짝 익힌 것이다.
오버 미디움Over medium	달걀을 프라이할 때 뒤집어서 익힌 것으로 난백은 익고 난황을 살짝 익힌 것이다.
오버 하드Over hard	달걀을 프라이할 때 뒤집어서 익힌 것으로 난백과 난황이 모두 익은 것이다.

표 9-6
프라이드 에그의 종류

써니사이드 업

8) 수플레

수플레

베샤멜소스
Bechamel sauce
밀가루와 버터를 살짝
하얗게 볶은 루에 데운
우유를 넣고 걸쭉하게
다시 끓인 다음 소금·후
춧가루·너트메그로 양
념한 것이다. 대부분 채
소, 생선, 수조육류의 요
리에 사용된다.

수플레Souffle는 팽창제를 사용하지 않고 거품 낸 난백을 걸쭉한 커스터드 크림, 되직한 베샤멜소스, 설탕 졸임을 한 과일, 슈Chou나 페이스트리 베이스 등에 올려 오븐에 구워 부풀린 요리이다. 수플레는 보통 수플레 디쉬에서 구워지며, 수플레 디쉬는 둥근 모양으로 잘 부풀도록 옆면이 직선으로 되어 있다. 오븐에서 꺼내자마자 뜨거운 공기가 빠져나가기 시작하므로 따뜻할 때 즉시 먹어야 한다. 아이스크림이나 소스를 얹어 먹는다.

9) 머랭

머랭

난백을 설탕과 바닐라향을 섞어 강하게 거품을 낸 것을 머랭Meringue이라고 하며 이것을 예쁘게 모양을 내어 낮은 온도의 오븐에 구워 머랭쿠키를 만든다.

10) 에그노그

에그노그Egg nog는 우유, 달걀에 브랜디나 럼주 등을 넣어 섞은 달걀음료로 영국에서 크리스마스와 새해 첫날에 마셨던 칵테일 음료이다. 난황 또는 전란에 설탕을 넣고 여기에 우유, 셰리주나 위스키, 브랜디, 럼주 등의 양주와 너트메그 분말을 섞어서 마신다. 거꾸로 들어도 쏟아지지 않을 만큼 잘 저어 거품을 낸 달걀 흰자를 별도로 혼합하여 저어서 만들어도 된다. 미국에서는 달걀, 설탕, 크림, 탈지유, 콘시럽, 인공향료를 혼합하여 만든 통조림 제품이 시판되고 있어 여기에 양주, 계피가루, 크림을 기호대로 섞어서 마시는 것이 일반화되어 있다.

에그노그

익은 상태	소화시간
반숙	1시간 30분
생달걀	2시간 30분
달걀프라이	2시간 45분
완숙	3시간 15분

표 **9-7**
달걀의 소화시간

TIP
-

가공지단
가열성형 후 진공파우치로 포장하여 살균처리된 제품이다. 엄선된 신선한 달걀을 재료로 얇게 펴서 만들어 고명, 오므라이스 덮밥, 누드김밥 제조 시 사용하면 편리하다. 14일 정도 냉장보관이 가능하다.

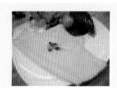

피단
진흙, 소금, 홍차 등을 반죽하여 오리알 표면에 5~10mm 두께로 바른 다음 왕겨를 묻혀 항아리에 3~6개월 동안 저장한 것이다. 난백이 흑갈색의 투명한 젤리상으로 변하고, 난황이 청록색으로 굳어진다. 피단皮蛋, 송화단이라고도 하며 해파리냉채 등 냉채요리에 곁들인다. 요즘은 오리알 대신 달걀로 피단을 만들기도 하는데 달걀로 만든 피단은 생달걀보다 콜레스테롤 함량이 25% 정도 감소한다.

7. 달걀의 저장

1) 달걀의 신선도 판정

달걀의 신선도는 외관으로 관찰하는 외관판정법, 형광등이나 자외선으로 투시하는 투광판정법, 달걀을 깨뜨려서 내용물을 관찰하는 할란판정법이 있다.

그림 **9-8**
달걀의 신선도 판정법

 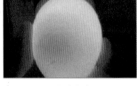 

외관판정   투광판정   할란판정

자료: https://www.ekape.or.kr

외관검사는 난각의 오염상태, 달걀의 형태, 조직 등의 상태를 육안으로 검사하는데 껍질이 매끄러운 것보다는 꺼칠꺼칠한 것이 신선하며, 흔들어서 소리가 나면 기실이 커진 것으로 오래된 것이다. 투광검사기로는 기실의 깊이, 난황의 위치와 상태, 난백의 상태를 검사한다. 신선한 달걀은 기실의 크기가 작고 난백부가 밝으며 난황은 중앙부근에서 둥글고 옅은 장미색을 띠나 오래된 달걀은 기실이 크고 난백부가 어둡고 난황은 붉은색을 띤다. 할란검사는 달걀을 평판 위에 깨어 난황의 높이, 농후난백의 퍼짐 정도, 수양난백의 부피, 호우단위Haugh unit를 검사하여 급수를 부여하게 된다. 호우단위는 달걀의 무게와 농후난백의 높이를 측정하여 산출공식에 따라 산출한다. 호우단위는 수치가 많을수록 품질이 좋은 것이다. 즉, 72 이상이면 AA등급, 60 이상~72 미만이면 A등급, 30 이상~60 미만이면 B등급, 30 미만이면 C등급으로, 이상의 외관판정과 투광판정, 할란판정의 결과를 종합하여 1^+, 1,

2로 달걀의 등급을 결정하게 된다.

$$호우단위(HU) = 100 \log(H - 1.7W^{0.37} + 7.6)$$

$$[H: 난백높이(mm), W: 달걀중량(g)]$$

미국 농무부의 달걀판정기준에 따라 난황 및 난백계수를 계산하는 방법이 있다. 신선한 달걀의 난황계수는 0.41~0.45 정도이나 0.25 이하가 되면 난황막이 깨지기 쉽게 된다. 신선한 달걀의 난백계수는 0.14~0.17이다.

$$난황계수 = \frac{난황의\ 높이(mm)}{난황의\ 지름(mm)}$$

$$난백계수 = \frac{난백의\ 높이(mm)}{난백의\ 평균지름(mm)}$$

이 밖에 달걀의 신선도를 판정하는 방법으로 10%의 소금물에 달걀을 껍질째 넣는 비중법이 있다. 신선한 달걀의 비중은 1.08~1.09로 밑바닥에 수평으로 가라앉으나 오래될수록 기실의 형성으로 인해 달걀의 둔단부가 위로 뜨게 된다.

달걀은 시판 전 선택적으로 세척, 살균, 세균 침입 방지를 위한 오일 코팅을 하기도 한다. 달걀에서 가장 문제가 되는 살모넬라균은 71℃ 이상과 5℃ 이하에서는 번식이 되지 않으므로 5℃ 이하의 냉장 유통과 가열조리가 필

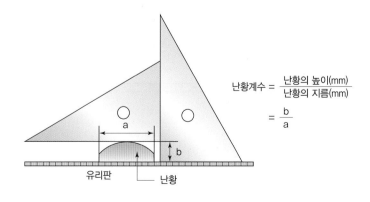

그림 **9-9**
난황계수의 측정방법

$$난황계수 = \frac{난황의\ 높이(mm)}{난황의\ 지름(mm)} = \frac{b}{a}$$

유리판 　 난황

그림 9-10
달걀 신선도에 따른 외관

신선도가 높은 달걀 신선도가 떨어진 달걀

자료: https://www.ekape.or.kr

그림 9-11
소금물로 달걀 신선도를 판
정하는 법

① 산란 직후의 신선한 것 ② 1주일이 경과된 것
③ 보통 상태 ④ 오래된 것
⑤ 부패한 것

요하다. 습도 60% 이하에서는 수분증발로 무게가 감소하며, 80% 이상이면 박테리아 번식이 왕성해지므로 60~80%의 습도에서 저장한다.

TIP
-

달걀 이력제

2020년부터 닭, 오리, 달걀에 대한 축산물 이력제가 실시된다. 달걀의 생산에서 유통까지 거래 단계별 정보를 기록·관리하여 위생 문제 발생 시 이동 경로를 추적 차단하고 안전한 먹거리 구입에 대한 이력정보를 제공한다. 달걀 난각에 표시되어 있는 등급정보를 입력하면 달걀에 대한 정보를 확인할 수 있는 서비스를 제공하고 있다.

자료: https://www.mtrace.go.kr

2) 달걀의 저장 중 변화

달걀은 저장 중에 달걀껍질의 꺼칠꺼칠한 큐티클 층이 벗겨지면서 매끈해진다. 달걀이 신선할 때는 난백의 pH가 7.6 정도이나 시간이 지남에 따라 CO_2의 증발로 2~3일 내에 pH가 9~9.7이 된다. 그러나 난황의 pH는 5.8~6.5로 저장 중 변화가 완만하다. 저장 중 농후난백이 점차 수양화되고 난황막이 약화되어 쉽게 터지며 난황의 높이가 줄게 된다. 알끈도 약화되어 난황의 위치가 한쪽으로 치우치게 되며 달걀 내부의 수분증발로 기실이 커지게 된다. 달걀의 신선도는 온도에 따라 영향을 받으므로 달걀의 응고력, 거품 형성력, 유화력 등의 품질을 유지하기 위해 난백 알부민의 변성을 최소화해야 하고 난황 내 다량 함유되어 있는 지질의 산화를 억제하기 위해 저장 시 냉장처리를 해야 한다.

품질등급	등급판정 결과
1⁺등급	A급의 것이 70% 이상이고 B급 이상의 것이 90% 이상이며 D급의 것이 3% 이하이어야 함(나머지는 C급)
1등급	B급 이상의 것이 80% 이상이고, D급의 것이 5% 이하이어야 함(나머지는 C급)
2등급	C급 이상의 것이 90% 이상(나머지는 D급)

표 9-8
달걀의 품질등급

자료: https://www.ekape.or.kr

표 **9-9** 우리나라 축산물 등급에 의한 달걀의 등급 판정을 위한 외관, 투광, 할란 판정기준

판정항목		품질기준			
		A급	B급	C급	D급
외관 판정	난각	청결하며 상처가 없고 달걀의 모양과 난각의 조직에 이상이 없는 것	청결하며 상처가 없고 달걀의 모양에 이상이 없으며 난각의 조직에 약간의 이상이 있는 것	약간 오염되거나 상처가 없으며 달걀의 모양과 난각의 조직에 이상이 있는 것	오염되어 있는 것, 상처가 있는 것, 달걀의 모양과 난각의 조직이 현저하게 불량한 것
투광 판정	기실	깊이가 4mm 이내	깊이가 8mm 이내	깊이가 12mm 이내	깊이가 12mm 이상
	난황	중심에 위치하며 윤곽이 흐리나 퍼져 보이지 않는 것	거의 중심에 위치하며 윤곽이 뚜렷하고 약간 퍼져 보이는 것	중심에서 상당히 벗어나 있으며 현저하게 퍼져 보이는 것	중심에서 상당히 벗어나 있으며 완전히 퍼져 보이는 것
	난백	맑고 결착력이 강한 것	맑고 결착력이 약간 떨어진 것	맑고 결착력이 거의 없는 것	맑고 결착력이 전혀 없는 것
할란 판정	난황	위로 솟음	약간 평평함	평평함	중심에서 완전히 벗어나 있는 것
	농후난백	많은 양의 난백이 난황을 에워싸고 있음	소량의 난백이 난황 주위에 퍼져 있음	거의 보이지 않음	이취가 나거나 변색되어 있는 것
	수양난백	약간 나타남	많이 나타남	아주 많이 나타남	
	이물질	크기가 3mm 미만	크기가 5mm 미만	크기가 7mm 미만	크기가 7mm 이상
	호우단위(HU)	72 이상	60 이상~72 미만	40 이상~60 미만	40 미만

자료: https://www.ekape.or.kr

CHAPTER
10

: 우유 및 유제품

CHAPTER
10

: 우유 및 유제품

식용으로 이용되고 있는 동물의 젖은 우유, 산양유, 양유, 낙타유 등이 있으나
이 중 우유가 가장 많이 이용된다. 우유는 생명을 유지하고 활동하는 데
필요한 모든 영양소, 즉 필수아미노산, 칼슘, 인, 리보플라빈 등을 골고루
함유한 완전식품에 가까우나 철분, 비타민 C, 식이섬유는 부족하다.

1. 우유의 성분

우유의 성분은 소의 종류, 사료, 계절, 수유단계에 따라 성분의 차이를 나타낸다. 우유의 수분 함량은 87~88%이며 고형분은 12~13%이다. 고형분은 지방 3~4%와 지방을 뺀 탈지고형분 8.5~9.0%로 나뉘며 탈지고형분은 단백질 3~4%, 유당 4.0~5.5%, 무기질 0.5~1.1%로 이루어져 있다.

1) 단백질

우유의 단백질은 완전 단백질로 성장과 유지에 필요한 적절한 양의 필수 아미노산을 함유하고 있다. 우유 단백질의 주된 단백질은 카세인casein과 유청 단백질whey protein이다.

(1) 카세인

신선한 우유의 pH(약 6.6)에서는 카세인casein은 칼슘과 인이 결합된 복합체인 칼슘 포스포카제이네이트calcium phosphocaseinate로서 안정한 콜로이드 형태를 이루고 있다. 카세인은 우유 단백질의 80%를 차지하고 있으며 산이나 레닌을 가하면 응고하지만 열에 안정하여 열에 의해서는 응고되지 않는다.

(2) 유청 단백질

유청 단백질whey protein은 우유 단백질의 약 20%를 차지하고 있으며 카세인이 응고된 후에도 남아 있는 단백질로 α-락트알부민lactalbumin과 β-락토글로불린lactoglobulin 등이 있다. 유청 단백질은 카세인과 달리 산과 레닌에 의해 응고되지 않으나 약 65℃ 이상의 가열에 의해 쉽게 응고된다. 우유 가열 시 유청 단백질은 피막을 형성하고 냄비 밑바닥에 침전물을 생기게 한다.

> **유청**
> whey or milk serum
> 산이나 레닌의 작용으로 응고시켜 이를 제거한 후 생성되는 황록색의 수용액으로 α-락트알부민, β-락토글로불린, 유당, 수용성 비타민, 무기질 등을 함유

그림 **10-1**
우유의 성분조성

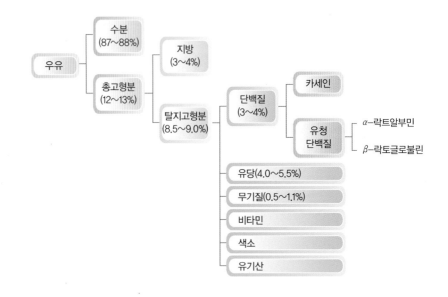

2) 지방

우유는 지방을 3~4% 함유하며 우유나 유제품의 풍미나 입안의 촉감, 우유의 안정성에 관여한다. 유지방은 대부분 중성지방이고 소량의 인지질, 당지질 그리고 스테롤 등이 있다. 중성지방을 구성하고 있는 지방산은 다른 지방과 비교하였을 때 탄소수 4~10개인 저급지방산과 중급지방산이 비교적 많아 소화·흡수가 양호하고 우유와 유제품에 독특한 풍미를 주나 리파제의 작용으로 유리지방산이 생성되면 이취를 일으켜 품질을 떨어뜨리는 원인이 된다.

3) 탄수화물

우유에는 탄수화물이 4.0~5.5% 함유되어 있고 그중 유당이 99%이다. 그외에 미량의 포도당, 갈락토오스 등이 존재한다. 유당은 용해도가 낮아 결정

저급지방산
short chain fatty acid
짧은사슬지방산이라고도 하며 탄소수가 4~6개로 구성된 지방산

중급지방산
medium chain fatty acid
중간사슬지방산이라고도 하며 탄소수가 8~12개로 구성된 지방산

유당(젖당)
lactose
포유동물의 젖에 함유되어 있는 당분으로 포도당과 갈락토오스로 된 이당류

화가 되기 쉬우므로 모래 같은 질감을 갖게 되는데 이는 아이스크림이나 가당연유 제조 시 문제가 된다. 또한 분유의 경우 저장 시 결정화하여 덩어리가 생기게 된다.

4) 비타민과 무기질

우유는 칼슘의 가장 좋은 급원이고 마그네슘, 칼륨, 나트륨 등의 무기질이 비교적 풍부하나 철과 구리가 적게 들어 있다. 비타민 A, D, 리보플라빈, 니아신 등 대부분 비타민이 존재하나 비타민 C, E가 부족하다.

5) 우유의 색

우유의 유백색은 카세인과 인산칼슘이 콜로이드 용액으로 분산된 것이 광선에 반사되어 형성된 것이다. 유백색 이외의 황색은 카로티노이드 색소 때문이고 버터나 치즈의 색에 영향을 미친다. 소가 푸른잎을 먹는 여름에는 유제품의 색이 진하고 겨울에는 색이 연하다.

6) 향미성분

신선한 우유는 유당을 함유하고 있어 약간의 감미를 띠고 있다. 우유의 향은 아세톤, 아세트알데히드, 디메틸설파이드dimethyl sulfide, 저급지방산과 같은 저분자 화합물에 의해 독특한 향을 갖는다. 우유를 오래 보관하면 불쾌한 냄새가 나는데, 주로 유지방이 리파제lipase에 의해 가수분해되어 저급지방산이 많이 생성되어 냄새가 나게 된다.

> 리파제
> 지질 분해 효소

2. 우유의 가공

일반적으로 목장에서 짜서 살균되지 않은 상태를 생유raw milk 또는 원유라고 하고 생유를 축산물 가공처리법에 의해 살균 또는 멸균 처리한 것을 시유market milk라고 한다. 우유의 일반적인 제조공정은 다음과 같다.

그림 **10-2**
우유의 제조공정

원유 → 품질 검사 → 청정 → 냉각 → 균질화 → 가열 살균 냉각 → 충진 → 제품 검사 → 냉장 보존 출하

| 기준에 합격된 원유만 사용 | 미세한 먼지나 이물질 등을 완전히 제거 | | 지방구를 미세하게 분쇄하여 균질처리 | 살균방법에 의해 살균 후 5℃ 이하로 냉각 | | | 저장탱크에 4℃ 이하로 보존 |

1) 균질

우유의 지방은 3~5μm의 구상 지방구로 존재하며 우유의 가장 많은 성분인 수분과 수중유적형 유화액 상태로 존재한다. 유화상태가 깨지면 지방은 물보다 가벼워서 지방구가 떠올라 크림층을 형성한다. 이를 방지하기 위해 균질화 과정을 거치게 된다. 균질화는 우유에 압력을 가해 작은 구멍으로 분출시키면 지방구가 1μm 전후로 분쇄되어 균질하게 처리된다. 균질처리에 의해 유지방은 고루 분산되고 우유의 촉감이 부드러워지며 더욱 고소하게 된다. 또한 지방구의 표면적 증가에 의한 지방–단백질 복합체 형성으로 단백질이 미세하게 분산되어 부드러운 응고물을 형성하기 때문에 단백질의 소화·흡수도 잘 된다.

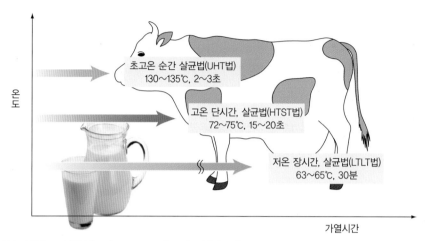

그림 **10-3**
우유 살균법의 종류와 특징

도온

초고온 순간 살균법(UHT법)
130~135℃, 2~3초

고온 단시간, 살균법(HTST법)
72~75℃, 15~20초

저온 장시간, 살균법(LTLT법)
63~65℃, 30분

가열시간

자료: 高野克己, 渡部俊弘(2005). パソコンで 学ぶ 食品化学(p.128). 三共出版. 일부 변형.

2) 살균 및 멸균

우유의 살균은 원유의 영양소 손실을 최소화하는 범위 내에서 오염된 미생물(병원균)을 사멸시키고 보존성을 증진시키는 것이다.

살균방법은 온도와 시간에 따라 여러 가지 방법이 있다. 저온 장시간 살균법LTLT법, Low Temperature Long Time Pasteurization은 우유에 적용된 가장 오래된 살균방법으로 우유 본래의 풍미가 남아 있으나 보존성은 떨어진다. 고온 단시간 살균법HTST법, High Temperature Short Time Pasteurization은 저온 장시간 살균법보다 고온으로 시간을 단축하여 살균한 방법이다. 초고온 순간 살균법UHT법, Ultra High Temperature은 우유 중의 영양소 파괴와 화학적인 변화를 최소화하고 살균효과를 극대화시킨 방법으로 현재 국내에서 가장 많이 이용하는 방법이지만 우유의 휘발성분이 날아가므로 우유 본래의 풍미가 감소한다. 보통 우유는 냉장온도(0~10℃)에서 5일 정도 저장이 된다.

멸균우유는 우유를 장기간 보존하기 위해 135~150℃에서 2~5초간 가열하여 모든 미생물을 완전히 멸균시킨 것이다. 또한 무균포장기술을 사용하여 멸균된 우유를 알루미늄박이 부착된 종이용기에 넣고 무균상태로 충전

무균포장
aseptic packaging
식품을 무균상태로 포장하는 기술이나 포장된 상태, 또는 무균상태로 살균한 식품을 무균포장재에 넣고 밀봉하는 기술

한다. 멸균우유는 살균온도가 높고 용기가 다르며 무균포장하여 위생적으로 완전하기 때문에 장기간 상온보관이 가능한 장점이 있다.

3. 우유의 조리 특성

우유는 유동성이 있어 다른 재료와 잘 섞이고 화이트소스와 같이 흰색을 나타내며, 음식에 매끄러운 감촉, 부드러운 맛과 향을 준다. 또한 우유에 들어 있는 칼슘염이나 그 외의 염류에 의해 단백질의 겔$_{gel}$ 강도를 높이고 우유의 아미노산과 당이 반응해서 음식이 보기 좋은 노릇노릇한 색을 띠게 하며, 생선이나 소간 등의 비린내를 흡착하므로 조리 전에 우유에 담가 두어 비린내를 감소시키는 등 조리에 다양하게 사용된다.

1) 가열에 의한 변화

(1) 유청 단백질의 응고

우유 중의 카세인은 100℃에서 12시간 가열해야 응고가 일어나므로 보통의 조리 온도에서 변화가 거의 없다. 이와는 다르게 유청 단백질인 α-락트알부민, β-락토글로불린은 65℃ 정도에서 응고하기 시작한다.

(2) 피막 형성

우유를 뚜껑이 없는 냄비에서 40℃ 이상으로 가열하면 표면에 피막이 형성되는데 처음에는 얇아서 움직이기 쉽지만 점차 스푼으로 떠낼 정도로 두꺼워진다. 우유에는 작은 지방구가 많이 분산되어 있는데 가열에 의해 대류가 일어나면 물보다 가벼운 지방은 상층에 모이게 된다. 상층에 모인 지방과 열에 응고하기 쉬운 유청 단백질인 α-락트알부민이나 β-락토글로불린이 붙어 피막이 형성된다. 피막 성분의 70% 이상이 지방이고, 20~25%는 유청 단백질이다. 그러므로 피막을 제거하면 영양상 손실이 일어난다. 우유의 피막은 가열온도와 시간이 증가함에 따라 두꺼워지는데, 뚜껑을 덮고 가열하거나 우유를 저어가면서 가열하면 피막 형성을 방지할 수 있다.

(3) 갈변현상

우유를 고온에서 장시간 가열하면 우유의 단백질과 유당에 의해 갈변된다. 즉, 아미노기를 가진 아미노산과 카르보닐기를 가진 유당 사이에 아미노-카르보닐 반응amino-carbonyl reaction이 일어나 멜라노이딘melanoidin이라는 갈색물질이 생성되기 때문이다. 아미노카르보닐 반응은 마이야르 반응Maillard reaction이라고도 하는데 이 반응은 120℃에서 5분 이상 가열하면 쉽게 일어난다. 우유의 갈변현상은 좋지 않은 현상이며, 영양가의 저하를 초래하므로 주의해야 한다.

(4) 향미의 변화

우유를 75℃ 이상으로 가열하면 익은 냄새cooked flavor가 난다. 익은 냄새 성분은 유청 단백질 중 β-락토글로불린의 열변성에 의해 생성된 분자량이 작은 휘발성 황화물과 황화수소 때문이다.

(5) 침전물 형성

우유를 63℃ 이상으로 가열하면 가용성인 칼슘과 인이 불용성의 인산삼

칼슘Ca₃(PO₄)₂이 되어 침전물을 형성한다. 우유를 60~80℃에서 가열할 때 칼슘은 0.4~9.8%, 인은 0.8~9.5% 정도 감소한다.

TIP
-

타락죽이란?
우유가 주재료인 타락죽은 호화된 쌀에 우유를 조금씩 넣어 저으면서 약한 불에서 끓여야 매끄러운 죽이 된다.

등전점
isoelectric point
단백질이나 아미노산의 양이온과 음이온의 농도가 같게 될 때의 pH로 용해도가 가장 작고 침전이 가장 많이 되므로 단백질의 분리와 정제에 이용된다.

2) 응고 현상

(1) 산에 의한 응고

카세인은 우유 자체에서 생성된 산이나 첨가된 산에 의해 응고물을 형성한다. 이는 카세인의 등전점이 pH 4.6이므로 우유에 산을 넣어 등전점에 가깝게 하면 카세인이 침전하기 때문이다.

그림 **10-4**
산을 이용하여 치즈(코티지 치즈) 만드는 법

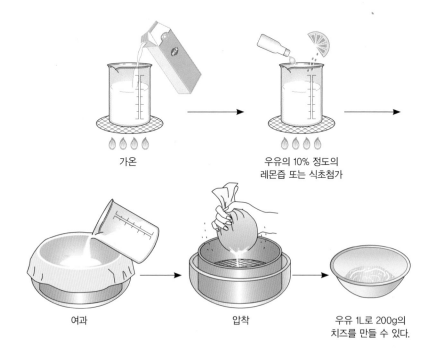

가온 → 우유의 10% 정도의 레몬즙 또는 식초첨가 →

여과 → 압착 → 우유 1L로 200g의 치즈를 만들 수 있다.

우유에 유산균을 접종하면 유당이 젖산으로 전환되어 우유의 pH가 저하되고 카세인의 안정성이 파괴되어 우유가 응고하게 된다. 또한 채소나 과일을 우유와 함께 조리할 때도 채소나 과일의 유기산이 우유의 응고를 촉진시킨다. 토마토 크림수프를 만들 때 토마토의 양이 많으면 열을 가하지 않아도 응고가 일어나는데 이는 토마토의 산도가 pH 4.4~4.6 정도로 카세인의 등전점에 가깝기 때문이다.

TIP	**토마토 크림수프 조리 시 응고물이 생기지 않게 만드는 방법**
-	먼저 밀가루와 우유로 화이트소스를 만든 후 토마토를 첨가한다. 이는 밀가루의 글루텐과 호화된 전분이 보호막으로 작용하여 카세인 입자 간의 응고를 방해하기 때문이다.

(2) 레닌에 의한 응고

우유에 레닌을 첨가하면 카세인이 응고한 커드curd와 투명한 황록색의 수용액인 유청 단백질로 구분된다.

카세인에는 α-카세인, β-카세인, γ-카세인, κ-카세인이 있다. 소수성인 α-카세인과 β-카세인은 내부에 위치하고 있고 친수성인 κ-카세인은 물과 가까이에 있는 외부에 위치하여 안정적인 미셀 구조를 이루고 있다. 즉, κ-카세인은 미셀 표면에 존재하여 미셀을 안정화시킨다. 친수성인 κ-카세인이 레닌에 의해 소수성인 para-κ-카세인과 당을 함유한 글리코펩티드glycopeptide로 분해되면 미셀 구조가 불안정해진다. 레닌에 의해 생성된 para-κ-카세인은 서로 가까이 접근하여 소수성결합에 의해 응고하게 된다. 레닌에 의한 응고물은 산에 의한 응고물보다 칼슘을 더 많이 함유하며 더 단단하고 질기

> 미셀
> micelle
> 용액에서 계면 활성제가 모여 형성된 콜로이드 입자
>
> 레닌
> rennin
> 송아지의 제4위에 존재하는 단백질 분해효소. 국제효소명명법에서는 키모신이라고도 한다. 최적 pH 3.4~3.8이고 카세인을 응고시키기 때문에 응유효소라고도 한다.

그림 **10-5**
레닌에 의한 응고

다. 레닌은 60℃ 이상에서 열에 의해 불활성화되므로 우유를 응고시키기에 적합한 온도는 40℃이다.

(3) 페놀화합물

채소나 과일에 함유된 페놀화합물phenol compounds인 탄닌은 카세인을 응고시키므로 채소에 우유를 첨가하면 응고물이 생기기도 한다.

(4) 염류

우유는 염류에 의해 응고되는데, 그 예로 소금은 카세인이나 알부민을 응고시키고 이러한 응고는 고온에서 촉진된다. 우유에 햄을 넣고 가열하면 응고하는 것도 햄에 상당량의 염이 있기 때문이다.

4. 우유 및 유제품

1) 우유

우유는 원유를 살균 또는 멸균 처리한 것(원유의 유지방분을 부분 제거한 것 포함)이거나 유지방 성분을 조정한 것이다.

2) 환원유

환원유는 유가공품으로 원유 성분과 유사하게 환원한 것이다. 예를 들면 탈지분유를 용해하여 유지방을 섞어서 유화시키고 균질화시켜 그 조성을 원유와 같게 만든다.

3) 강화우유

강화우유는 우유에 비타민 또는 무기질 등을 강화할 목적으로 첨가한 것으로 비타민 A, 비타민 D, 철분, 칼슘, 셀레늄, DHA 등을 강화한 우유가 있다.

4) 유당분해우유

유당분해우유는 원유의 유당을 유당분해효소로 분해 또는 제거한 것이다.

5) 발효유

발효유는 원유 또는 유가공품을 유산균 또는 효모로 발효시킨 것으로 액상발효유와 농후발효유가 있다.

TIP	**프로바이오틱스와 프리바이오틱스**
-	프로바이오틱스는 체내에서 건강에 좋은 효과를 주는 살아있는 균으로 대부분 유산균이다. 프로바이오틱스로 인정받기 위해서는 위산과 담즙산에서 살아남아 소장까지 도달하여 장에서 증식하여 젖산을 생성하고 장내 환경을 산성으로 만들면 산성 환경에서 견디지 못하는 유해균들은 그 수가 감소하게 되고 산성에서 생육이 잘 되는 유익균들은 더욱 증식하게 되어 장내 환경을 건강하게 만들어 주게 된다. 프리바이오틱스는 유익한 장내 미생물의 생장 또는 활성을 유도하는 식품 성분이다.

6) 연유

연유는 원유 또는 우유를 그대로 농축한 것으로 무당연유와 가당연유가 있다.

7) 유크림

우유를 방치하거나 원심분리하면 유지방의 많은 부분이 위로 뜨는데 이것이 크림이다. 크림은 유지방 함량에 따라 커피의 풍미를 부드럽게 하고 색을 희게 하는 커피크림(18~20%), 케이크나 디저트에 이용되는 휘핑크림(약 40%), 아이스크림과 버터의 원료로 사용되는 플라스틱크림(약 80%)으로 구분된다.

8) 버터

버터는 원유, 우유류 등에서 유지방분을 분리한 것 또는 발효시킨 것을 교반하여 연압한 것으로(식염이나 식용색소를 가한 것 포함), 15%의 물과 80% 이상의 지방이 함유된 유중수적형 유가공 식품이다. 버터는 냉장고 보관 시 흡착성이 강하고 냉장고 안의 여러 냄새를 잘 흡착하므로 반드시 뚜껑을 닫거나 랩 등으로 밀봉을 잘하여 냉장고에 보관해야 한다.

9) 분유

분유는 원유에서 수분을 제거하여 분말화한 것으로 전지분유, 탈지분유,

조제분유가 있다.

표 **10-1** 우유 및 유제품의 성분

식품명	일반성분Proximates								무기질Minerals					비타민Vitamins			
	에너지 (kcal)	수분 (g)	단백질 (g)	지질 (g)	회분 (g)	탄수화물 (g)	총당류 (g)	총식이섬유 (g)	칼슘 (mg)	철 (mg)	인 (mg)	칼륨 (mg)	나트륨 (mg)	레티놀 (µg)	비타민 B₁ (mg)	비타민 B₂ (mg)	비타민 C (mg)
우유	65	87.4	3.08	3.32	0.67	5.53	4.12	0	113	0.05	84	143	36	55	0.021	0.162	0.79
우유, 저지방우유	42	90.1	3.43	0.90	0.71	4.86	3.59	0	116	0.03	87	149	37	13	0.017	0.127	0.27
우유, 강화우유, 고칼슘	63	86.8	2.98	2.77	0.92	6.53	3.85	0	205	1.19	88	144	37	171	0.163	0.134	0.46
우유, 가공우유, 딸기맛	68	83.7	2.29	1.12	0.55	12.34	8.13	0	78	0.03	62	107	30	17	0.029	0.109	0.25
우유, 가공우유, 초코맛	71	83.2	2.61	1.41	0.64	12.14	8.16	0	83	0.60	72	153	32	16	−	0.097	0
우유, 가공우유, 커피맛	61	85.8	2.44	1.38	0.56	9.82	6.86	0	81	0.05	61	125	29	20	−	0.112	0
우유, 가공우유, 바나나맛	90	80.6	2.63	3.02	0.62	13.13	9.18	0	89	0.04	72	125	34	32	0.025	0.087	0
산양유	62	88.4	3.16	3.62	0.79	4.03	3.48	0	149	0.03	134	201	40	67	−	0.034	0.33
요구르트, 액상	65	83.2	1.29	0.02	0.26	15.23	12.49	0.6	45	0.02	33	60	17	0	0.015	0.064	0.46
요구르트, 호상, 플레인	70	86.8	5.18	3.84	0.82	3.36	4.59	1.0	141	0.03	105	174	46	59	0.021	0.145	1.32
연유	127	74.5	5.56	5.73	1.09	13.12	5.05	0	165	0.28	158	226	87	169	0.026	0.317	0
크림, 휘핑	399	52.2	2.0	40.7	0.4	4.7	−	−	39	0.5	51	87	62	32	0.04	0.12	1
분유, 전지	509	2.7	25.46	27.32	5.45	39.07	38.63	0	977	0.13	770	1,298	322	418	0.168	1.064	8.41
분유, 탈지	358	4.3	33.88	0.97	7.69	53.16	46.17	0	1,414	0.15	1,068	1,665	432	0	0.158	1.314	10.10
치즈, 모짜렐라	294	46.0	28.02	16.89	3.70	5.39	0.90	0	957	0.13	535	84	424	44	0.028	0.327	0.06
치즈, 체다	298	49.3	18.76	21.30	4.47	6.17	0.24	0	626	0.09	857	62	928	57	0.059	0.170	0.07
치즈, 카망베르	300	51.8	19.80	24.26	3.68	0.46	0.46	0	388	0.33	347	187	842	240	0.028	0.488	0

자료: 농촌진흥청(2020). 국가표준식품성분 DB 9.2

10) 치즈

치즈는 단백질, 비타민, 칼슘 등 무기질 성분이 우유의 8~10배 정도 농축되어 있는 뛰어난 발효식품으로 원유 또는 유가공품에 유산균, 응유효소, 유기산 등을 가하여 응고, 가열, 농축 등의 공정을 거쳐 제조·가공한 것이다.

치즈는 전채로부터 후식에 이르기까지 다양하게 이용되는데 그대로 먹거나 술안주나 샐러드 등에 이용된다. 치즈에는 단백질과 지질의 함량이 높기 때문에 열에 민감하다. 그러므로 치즈 조리 시 조리시간을 너무 길게 하거나 너무 높은 온도에서 조리하면 가열하는 동안 지방이 지나치게 가열되어 유화상태가 깨지고 지방이 분리되며 단백질도 응고되어 딱딱해지거나 질겨지며 수분이 감소하여 단단해진다. 치즈는 수분 함량에 따라 초경질치즈, 경질치즈, 반경질치즈, 연질치즈로 구분된다.

표 10-2
수분 함량에 따른 치즈의 종류

구분	수분 함량(%)	종류
초경질치즈	30 미만	파마산parmesan 치즈
경질치즈	30~40	에멘탈emmenthal 치즈 에담edam 치즈 고다gouda 치즈 체다cheddar 치즈
반경질치즈	40~50	블루blue 치즈 브릭brick 치즈
연질치즈	50~80	브리brie 치즈 카망베르camembert 치즈 코티지cottage 치즈 크림cream 치즈 모짜렐라mozzarella 치즈

TIP

-

퐁뒤

퐁뒤fondue는 스위스의 대표적인 치즈 요리로 프랑스어로 "녹이다"라는 뜻의 '퐁드르fondre'에서 유래했다. 빵, 고기, 과일을 한 입 크기로 썰어 긴 꼬챙이에 끼우고 치즈를 녹인 소스에 찍어 먹는다. 테이블 중앙에 냄비를 놓고 여럿이 함께 나누어 먹는 음식으로 유명하다. 전통적인 스위스 치즈 퐁뒤는 그뤼에르 치즈와 에멘탈 치즈를 녹여 만든다. 퐁뒤를 만들기 위해서는 기본적으로 열원이 될 알코올램프가 준비되어야 하고 그 열을 적절히 보유하고 분배할 두꺼운 도기냄비가 필요하다. 준비된 퐁뒤 냄비에 당도가 낮은 화이트 와인을 데우고 치즈를 넣어 녹인다. 이때 치즈에 막이 생기거나 타지 않도록 계속 저어주는 것이 중요하다.

치즈의 맛

치즈는 산지와 종류에 따라 맛과 향이 다르다. 물과 기후가 다르기 때문이기도 하지만 가장 큰 이유는 발효과정에 관여하는 미생물이 다르기 때문이다. 따라서 특정 지역에서 만든 치즈의 맛을 다른 지역에서 똑같이 흉내내는 것은 거의 불가능하다.

CHAPTER
11

: 두류

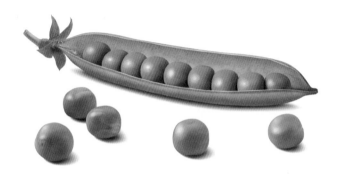

CHAPTER
11

: 두류

두류는 양질의 단백질과 지질의 급원으로 중요한 식량자원의 하나이다.
콩 단백질은 아미노산 조성이 우수하며, 특히 리신이 풍부하여 곡류 위주의
식사형태에서 권장할 만하다. 주로 식용으로 이용되고 있지만 의약품,
화장품뿐만 아니라 기타 공업용 원료로도 다양하게 사용하고 있다.

1. 두류의 종류

두류는 콩을 비롯하여 팥, 강낭콩, 완두콩, 잠두, 녹두, 리마콩 등 완숙 종자와 그린피스나 풋콩 등 미숙한 종자가 있다. 그리고 청대완두 등의 미숙한 콩깍지, 콩이나 녹두를 발아시킨 콩나물과 숙주나물 등은 채소로 이용되고 있다. 콩은 단백질 함량이 40%에 이르며 용도에 따라 장콩, 메주콩, 콩나물콩, 두부콩 등으로 불리며 색깔에 따라 노란콩, 검은콩 등으로 불리기도 한다. 강낭콩과 완두콩은 전분이 60%, 단백질이 12~16%로 두류가 아닌 곡류에 가깝다.

콩은 종피, 자엽, 배아로 구성되고 있고 일반적으로 구성성분의 중량비는 8 : 90 : 2로 가식부는 자엽이다. 종피의 성분은 셀룰로오스, 헤미셀룰로오스 등으로 소화되지 않으며, 두껍고 물이 통하기 어려워 쌀 등의 곡류에 비해 병충해나 미생물에 의한 피해를 덜 받는다.

> **발아**
> 씨앗에서 싹이 트는 것

분류	특징
콩(대두), 땅콩	단백질과 지질 함량이 높다.
팥, 녹두, 완두, 강낭콩, 동부, 잠두	지질이 극히 적고 단백질과 탄수화물 함량이 높다.
풋완두, 풋콩, 날개콩	수분 함량이 높고 특히 비타민 C 함량이 높아 채소로 취급된다.

표 11-1
두류의 분류

표 **11-2** 두류의 종류와 특성

두류	특성
콩대두	단백질과 지질이 많다. 생콩은 트립신저해물질trypsin inhibitor 때문에 소화율이 낮으나, 콩밥으로 먹거나 두부, 된장, 간장 등으로 가공하면 소화율이 높아진다. 또한 콩기름이나 싹을 틔워 콩나물로 이용하기도 한다. 최근 이소플라본, 사포닌 등이 생리활성 물질로 주목받고 있다.
서리태	서리를 맞은 후에 수확한다고 하여 서리태라고 불린다. 겉은 검은색이나 껍질을 벗기면 연한 녹색을 띤다. 항산화성분인 안토시아닌이 많으며 밥밑용, 청국장, 콩국수, 두유 등에 이용한다.

(계속)

두류		특성
강낭콩		당질과 단백질이 많아 밥에 넣어 먹거나 양갱, 샐러드 등에 이용한다.
녹두		전분은 점성이 많아 청포묵이나 당면을 만들며, 빈대떡, 떡이나 빵의 고물에 이용하며 싹을 틔워 숙주나물로 이용하기도 한다.
동부		팥 정도의 크기이며, 밥에 넣어 먹거나 떡고물이나 묵을 만든다.
리마콩		버터처럼 부드럽고 순한 맛을 갖고 있어 버터콩이라고도 한다. 성숙한 리마콩은 일반적으로 흰색이 많지만 검은색, 붉은색 외에 얼룩무늬를 띠는 것도 있고 어린 리마콩은 초록색을 띤다. 많은 양의 단백질과 저칼로리, 풍부한 식이섬유로 포만감을 주기 때문에 다이어트 식품으로 이용하고 있다. 리마콩에는 시안화합물을 함유하고 있어 날것으로 먹지 말아야 하며, 콩을 삶았을 때 삶은 물도 버려야 한다.
렌틸콩		렌즈콩이라고도 불리며, 단맛이 없이 고소한 맛이 특징이다. 일반적으로 콩을 삶아 수프처럼 만든 인도의 달(dhal) 음식이나 커리 등, 샐러드, 각종 볶음류, 제과·제빵 등 다양한 음식에 활용할 수 있다.
병아리콩		중간에 병아리 부리처럼 튀어나온 부분이 마치 병아리와 닮았다고 하여 병아리콩이라 불린다. 풍부한 식이섬유와 레시틴, 사포닌, 이소플라본이 다른 콩에 비해 다량 함유되어 있어서 혈중 콜레스테롤 수치를 낮춰주고, 갱년기 증상 완화에 도움이 된다.
완두콩		밥에 넣어 먹거나 떡이나 과자에 이용한다. 성숙하기 전의 푸른 것은 대부분 통조림으로 만들고, 어린 꼬투리는 채소용으로 사용한다.
팥		전분이 많으며, 팥밥을 하거나 죽, 떡이나 과자의 소에 주로 이용된다. 티아민이 많아 탄수화물 대사에 도움을 주며 각기병 예방에도 좋다.
작두		칼콩, 넝쿨 작두콩, 줄 작두콩이라고도 불린다. 작두콩에는 전분, 단백질, 지방, 무기질, 비타민 등이 함유되어 있다. 작두콩 껍질을 물에 씻어 제거하고 잘게 잘라 햇볕에 말려 프라이팬에 살짝 볶아 만든 작두콩차는 물에 우려 마신다.
잠두		누에콩, 마마콩이라고도 불리우며 통째로 삶아서 먹거나 고기와 함께 조리하여 먹는다.
쥐눈이콩		일반 검은콩 중 크기가 가장 작으며 모양이 쥐눈처럼 생겨 쥐눈이콩(서목태)이라 불리고, 독을 없애는 효능이 있다고 하여 약콩이라고 불린다. 쥐눈이콩에는 이소플라본이 일반 콩에 비해 5~6배가 많이 함유되어 있다.

2. 두류의 성분

콩은 탄수화물 약 30%, 지질 약 15~20%, 단백질 35~40%를 함유하고 있는데 농작물 중 단백질양이 최고이며 식이섬유, 비타민, 무기질 등이 들어 있는 영양식품이다. 팥은 지질이 약 1% 내외로 적지만, 단백질 약 20%, 탄수화물 50~70%로 풍부하고 탄수화물의 대부분은 전분이나 콩은 팥에 비해 탄수화물이 적고 전분을 거의 함유하고 있지 않다. 이 성분상의 차이에 의해 콩은 삶은 콩이나 전통적인 가공식품에 이용되고 그 이외의 두류는 삶거나 고물로 이용되고 있다.

표 **11-3** 두류의 일반성분

(가식부 100g 당)

식품명	에너지(kcal)	수분(g)	단백질(g)	지질(g)	회분(g)	탄수화물(g)	총 당류(g)	총 식이섬유(g)
콩	409	11.2	36.21	14.71	4.89	32.99	6.84	25.6
서리태	399	10.1	34.60	12.60	4.86	37.84	10.23	11.0
검은콩	407	11.6	36.10	15.37	4.48	32.45	6.96	20.8
강낭콩	350	10.4	21.2	1.1	3.4	63.9	–	–
녹두	352	9.4	24.51	1.52	4.42	60.15	0	22.4
동부	343	14.4	19.61	2.10	3.37	60.56	0.44	21.0
리마콩	351	11.7	21.9	1.8	3.8	60.8	1.2	19.6
렌틸콩	359	9.6	21.01	1.43	2.54	65.42	2.23	10.2
병아리콩	373	10.8	17.27	5.66	3.13	63.14	–	7.9
완두	363	8.1	20.7	1.3	2.8	67.1	–	–
작두	344	12.0	26.3	1.0	3.3	57.4	–	–
잠두*	341	10.98	26.12	1.53	3.08	58.29	5.70	25.0
쥐눈이콩	403	12.6	37.32	14.61	4.88	30.59	6.03	22.2
붉은 팥	339	13.7	21.91	1.33	3.21	59.84	0.51	17.9

자료: 농촌진흥청(2020). 국가표준식품성분 DB 9.2
* 표시는 생것을 의미함
– 표시는 수치가 애매하거나 측정되지 않음

1) 단백질

대부분의 두류는 단백질 함량이 20~40%로 매우 높아 '밭에서 나는 고기'라고 불리고 있으며 특히 콩은 단백질 함량이 가장 높다.

콩 단백질은 글로불린globulin에 속하는 글리시닌glycinin과 콘글리시닌conglycinin이 70% 이상이며, 그 외에 5% 정도의 알부민에 속하는 레구멜린legumelin 등이 들어 있다. 땅콩은 대부분 글로불린에 속하는 아라킨arachin이며, 알부민은 적게 들어 있다. 두류의 단백질은 염용액에 녹는 글로불린이 대부분으로, 프로타민과 글루테린이 주요 단백질인 곡류와는 단백질 조성이 다르다.

표 **11-4** 두류의 아미노산 조성　　　　　　　　　　　　　　　　　　　　　　　(가식부 100g 당)

식품명	이소루신 (mg)	루신 (mg)	라이신 (mg)	메티오닌 (mg)	페닐알라닌 (mg)	트레오닌 (mg)	트립토판 (mg)	발린 (mg)	히스티딘 (mg)	아르기닌 (mg)	시스테인 (mg)
콩	1,314	2,576	2,143	473	1,638	1,348	404	1,379	866	2,486	585
서리태	1,459	2,240	2,052	637	1,355	1,718	482	1,244	771	1,693	704
검은콩	1,317	2,514	2,091	475	1,618	1,306	399	1,393	842	2,570	582
강낭콩	–	–	–	–	–	–	–	–	–	–	–
녹두	1,015	1,817	1,703	234	1,426	772	188	1,040	712	1,529	186
동부	752	1,341	1,127	206	1,028	714	184	937	586	1,157	257
리마콩	(1,100)	(1,800)	(1,400)	(240)	(1,400)	(990)	(230)	(1,200)	(550)	(1,300)	(240)
렌틸콩	1,032	1,441	996	510	994	1,541	286	780	487	1,586	241
병아리콩	915	1,217	1,015	253	1,032	790	201	939	424	1,044	207
완두	–	–	–	–	–	–	–	–	–	–	–
작두	–	–	–	–	–	–	–	–	–	–	–
잠두*	1,053	1,964	1,671	213	1,103	928	247	1,161	664	2,411	334
쥐눈이콩	1,314	2,598	2,214	454	1,662	1,384	381	1,414	911	2,925	569
붉은 팥	627	1,337	1,263	187	938	664	30	849	505	1,158	82

자료: 농촌진흥청(2020). 국가표준식품성분 DB 9.2
* 표시는 생것을 의미함
– 표시는 수치가 애매하거나 측정되지 않음
( ) 인용되었거나 산출된 성분

아미노산 조성은 라이신, 이소루신, 루신 등 필수아미노산이 골고루 함유되어 있어 영양적으로 우수하나, 메티오닌이나 시스테인과 같은 함황아미노산의 함량이 약간 부족하다. 곡류에서 부족되기 쉬운 라이신과 트립토판의 함량이 높으므로, 콩밥을 섭취하면 단백가를 보완하는 데 매우 효과적이다.

2) 지질

대부분 두류는 지질 함량이 낮으나 콩은 약 15% 정도로, 지질 함량이 높

표 **11-5** 두류의 콜레스테롤과 지방산 조성   (가식부 100g 당)

식품명	콜레스테롤 (mg)	팔미트산 (mg)	스테아르산 (mg)	올레산 (mg)	리놀레산 (mg)	알파리놀렌산 (mg)	아라키돈산 (mg)	오메가3 지방산 (g)	오메가6 지방산 (g)
콩	0	1,487.54	439.12	2,978.62	7,518.67	1,211.83	7.37	1.21	7.54
서리태	0	1,187.41	451.79	2,174.38	6,549.48	1,350.68	5.41	1.35	6.56
검은콩	0	1,738.18	476.20	3,060.75	7,687.08	1,313.00	8.02	1.31	7.70
강낭콩	–	–	–	–	–	–	–	–	–
녹두	0	402.90	88.23	60.48	564.69	264.88	0	0.27	0.57
동부	0	418.34	49.93	105.57	513.96	364.40	1.90	0.36	0.52
리마콩	(0)	320	62	–	550	200	0	0.20	0.55
렌틸콩	0	206.08	27.35	317.87	567.66	184.89	0	0.19	0.57
병아리콩	0	517.56	361.92	1,214.11	2,953.66	148.92	4.15	0.15	2.96
완두	–	–	–	–	–	–	–	–	–
작두	–	–	–	–	–	–	–	–	–
잠두*	0	204	31	–	–	–	0	–	–
쥐눈이콩	0	1,517.68	483.06	2,453.56	7,677.73	1,451.59	8.55	1.45	7.69
붉은 팥	0	236.86	34.60	44.03	310.45	144.27	3.95	0.15	0.32

자료: 농촌진흥청(2020). 국가표준식품성분 DB 9.2
* 표시는 생것을 의미함
– 표시는 수치가 애매하거나 측정되지 않음
( ) 인용되었거나 산출된 성분

아 식용유의 원료로 이용되고 있다. 이것을 구성하는 주요 지방산은 올레산과 리놀레산으로 대부분이 불포화지방산으로 구성되어 있으며 또한 필수 지방산의 급원으로 중요시되고 있다. 그밖에 레시틴과 세파린 등 인지질도 함유하고 있다.

3) 탄수화물

콩의 탄수화물은 30% 정도로 전분은 거의 없지만 소화가 잘 안 되는 라피노스raffinose나 스타키오스stachyose와 같은 올리고당과 아라반araban, 갈락탄galactan, 셀룰로오스cellulose와 같은 다당류를 함유하고 있다.

팥, 녹두, 완두콩, 강낭콩 등은 50% 이상의 탄수화물을 함유하고 있고 이들 대부분은 전분이다. 이런 두류는 전분의 함량이 높아 떡이나 과자의 속, 고물로 많이 이용되며, 녹두 전분은 점성이 강하여 묵의 원료로 사용된다.

4) 비타민과 무기질

두류는 비타민 B군의 좋은 급원이나 비타민 C는 일반적으로 두류에 비해 풋완두나 풋콩 등 채소적 성격을 갖는 콩에 많이 들어 있고 콩나물이나 숙주나물 같이 발아하면 비타민 C가 합성되어 그 양이 증가한다.

무기질은 주로 칼륨과 인으로 구성되어 있으며, 인은 대부분 피틴산phytate으로 존재하고 땅콩에는 레시틴 형태로 들어 있다.

표 **11-6** 두류의 비타민 조성
(가식부 100g 당)

식품명	레티놀 (μg)	베타카로틴 (μg)	비타민 B₁ (mg)	비타민 B₂ (mg)	니아신 (mg)	피리독신 (mg)	엽산 (DFE)(μg)	비타민 C (mg)
콩	0	11	0.553	0.384	1.640	0.036	180	3.27
서리태	0	56	0.532	0.247	2.351	0.092	207	0
검은콩	0	100	0.074	0.697	1.318	0.057	755	4.57
강낭콩	–	2	–	–	–	0.41	1.9	–
녹두	0	243	0.156	0.358	1.634	0.149	428	5.29
동부	0	21	0.282	0.362	3.071	0.208	402	0.56
리마콩	(0)	5	0.47	0.16	1.9	–	120	0
렌틸콩	0	22	0.193	0.262	1.605	0.132	96	0
병아리콩	0	23	0.646	0.124	1.423	0.270	201	0
완두	926	5	–	–	–	0.49	1.7	–
작두	1,296	5	–	–	–	0.54	2.0	–
잠두*	0	32	0.555	0.333	2.832	–	423	1.4
쥐눈이콩	0	82	0.164	0.682	1.527	0.058	578	2.29
붉은 팥	0	0	0.558	0.233	2.542	0.101	190	4.57
콩나물*	0	6	0.114	0.085	0.677	0.003	52	1.80
숙주나물*	0	5	0.070	0.058	0.507	0	54	7.24
녹색완두, 미숙*	(0)	410	0.39	0.16	2.7	–	76	19
날개콩, 미숙*	0	126	0.06	0.11	1.0	–	–	17

자료: 농촌진흥청(2020). 국가표준식품성분 DB 9.2
* 표시는 생것을 의미함
– 표시는 수치가 애매하거나 측정되지 않음
( ) 인용되었거나 산출된 성분

5) 기타

색소의 경우 노란콩의 황색은 플라보노이드계와 카로티노이드계이고, 검은콩은 안토시아닌색소이며, 녹두나 완두콩의 푸른 색은 클로로필이다.

또한 콩과 팥에는 사포닌이 0.3~0.5% 함유되어 있는데, 이것은 기포성이 있어 삶을 때 거품이 일고 장을 자극하여 설사의 원인이 되나 최근에는 사

표 11-7 두류의 무기질 조성 (가식부 100g 당)

식품명	칼슘 (mg)	철 (mg)	마그네슘 (mg)	인 (mg)	칼륨 (mg)	구리 (mg)	망간 (mg)	셀레늄 (μg)
콩	260	6.66	256	660	1,838	0.963	3.726	5.39
서리태	240	11.81	337	928	2,712	0.944	3.449	4.07
검은콩	158	7.68	209	570	1,804	1.147	2.692	5.48
강낭콩	–	–	–	–	–	–	99	8.9
녹두	100	4.11	174	441	1,420	0.605	1.074	16.41
동부	56	5.15	168	499	1,181	0.393	1.213	2.50
리마콩	78	6.2	170	250	1,800	0.70	1.85	17
렌틸콩	72	7.17	106	384	943	0.767	1.218	117.16
병아리콩	153	4.74	135	367	1,085	0.823	2.061	13.87
완두	–	–	–	–	–	–	85	5.8
작두	–	–	–	–	–	–	84	3.7
잠두*	103	6.70	192	421	1,062	0.824	1.626	8.2
쥐눈이콩	212	8.14	211	743	1,888	1.563	2.344	4.27
붉은 팥	64	5.05	142	393	1,341	0.678	1.790	4.72
콩나물*	48	0.67	32	85	218	0.114	0.332	0.21
숙주나물*	13	0.22	8	27	84	0.061	0.063	2.86

자료: 농촌진흥청(2020). 국가표준식품성분 DB 9.2
* 표시는 생것을 의미함
– 표시는 수치가 애매하거나 측정되지 않음

포닌이 항암효과가 있는 것으로 밝혀지고 있다. 콩에는 단백질의 소화를 저해하는 물질인 트립신저해물질trypsin inhibitor, 동물의 적혈구를 응집시키는 적혈구응집소hemagglutinin가 함유되어 있으나 이 물질은 열에 대해 불안정하여 가열하면 파괴되어 그 기능을 상실한다.

3. 두류의 조리 특성

1) 흡습성

콩을 물에 담가 불리는데 그 이유는 가열시간의 단축이나 조직의 균일한 연화 등을 목적으로 하거나 두류에 함유된 탄닌, 사포닌, 시안화합물 등 불순물을 제거하기 위해서이다.

두류의 흡수속도는 콩의 저장기간, 보존상태, 수온, 침지액의 종류와 양에 따라 다르다. 팥 이외의 두류는 수온 19~24.5℃에 담근 후 5~7시간 동안은 수분 흡수가 빠르고 그 후는 천천히 흡수되어 약 20시간에서는 거의 포화상태에 이르러 본래 콩 무게의 90% 이상 물을 흡수하게 된다.

그러나 팥은 표피가 단단하여 처음에는 작은 구멍에서 약간 흡수가 일어

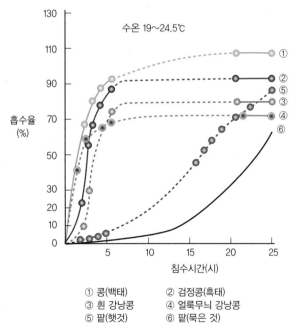

그림 **11-1**
두류의 흡수율

수온 19~24.5℃

흡수율 (%)

침수시간(시)

① 콩(백태)　　② 검정콩(흑태)
③ 흰 강낭콩　　④ 얼룩무늬 강낭콩
⑤ 팥(햇것)　　⑥ 팥(묵은 것)

자료: 加田靜子, 高木節子(1981). 調理学- 理論と實際-. 朝唐倉書店.

나는데, 이것은 표피 전체에서 물을 흡수하는 콩 등과 흡수 구조가 달라 초기에 흡수가 천천히 일어나다가 20시간 이후에 최대 흡수량에 이른다. 따라서 팥은 물에 담그지 않고 직접 가열하는 경우가 많다.

녹두는 껍질이 두꺼워 반으로 잘라 물에 담가 불린 다음 먼저 껍질을 제거하여 조리에 이용한다.

콩을 담그는 물의 온도가 높을수록 흡수 속도가 빨라지나 60~80℃의 물에 담그면 오히려 콩이 연화되기 어렵고, 90℃로 하면 연화시간이 빨라진다.

0.3%의 식소다중조를 넣어 주거나 0.2% 탄산칼륨K_2CO_3이나 탄산나트륨 Na_2CO_3을 넣으면 물의 흡수가 한층 증가한다. 또한 콩 단백질인 글리시닌은 소금과 같은 중성염 용액에 녹는 성질을 갖고 있기 때문에 소금물에 콩을 불리면 쉽게 연화된다.

2) 가열

팽윤
물질이 물을 흡수하여
부피가 증가하는 현상

콩을 삶을 때 껍질이 물을 흡수하면 팽윤하나 자엽은 팽윤이 느리기 때문에 주름이 생긴다. 이를 방지하기 위해 끓기 전에 냉수를 부어 수온을 50℃로 낮추어 주면 껍질과 자엽의 온도가 균일해지면서 물이 잘 흡수되어 연해진다. 또한 콩자반을 만들 때 설탕농도가 높으면 삼투압이 높아져 자엽은 수축하고 껍질에 주름이 생겨 딱딱하게 되는데, 설탕을 3회 정도 나누어 넣거나 조금씩 설탕농도를 높이면 주름을 막을 수 있다. 묽은 소금물에 담가 팽윤시킨 후 콩을 가열하면 물로만 가열한 것보다 빨리 연하게 되는데, 이것은 콩 단백질인 글리시닌이 염용액에 용해되기 때문이다. 식소다 등을 넣은 알칼리성 물로 가열하면 조직이 연하게 되지만 맛이 나쁘게 되고 알칼리 작용에 의해 티아민이 파괴된다. 콩을 삶을 때 거품이 생기는 것은 사포닌 때문이며, 압력솥에 삶으면 가열시간이 단축되고 감촉도 좋아진다.

가열을 하면 콩 단백질의 펩티드 결합이 풀려서 단백질 분해효소가 단백

콩 가공식품	소화율(%)
콩	65
두부	95
두유	95
된장	85
낫또	85
유바	92.6
비지	78.7

표 11-8
콩 가공식품의 소화율

자료: 김길환(1984). 두유(p.36). 미국 대두협회.

질 분자의 내부구조까지 들어가기 쉽게 됨으로써 소화성이 높아지며, 날콩 속에 함유되어 있는 트립신저해물질이나 적혈구응집소 등의 기능이 상실됨에 따라 단백질의 이용률이 증가된다.

메주콩을 삶으면 콩이 짙은 갈색을 띠나 간장의 색은 아미노카르보닐 반응으로 생성된 멜라노이딘melanoidine 색소이다.

3) 응고성

콩 단백질인 글리시닌과 레구멜린은 콩을 마쇄하여 물로 추출하면 약 90%까지 용출되는데 이 단백질의 등전점인 pH 4~5로 맞추면 대부분의 단백질이 불용성이 된다. 또 이것은 칼슘염이나 마그네슘염의 묽은 용액에서도 응고가 일어나는데 이것을 염석salting out이라 하며, 이를 이용하여 두부를 제조한다.

4) 기포성

콩과 팥을 삶을 때 거품이 생기며 끓어 넘치는데 이는 콩에 함유되어 있는 사포닌 때문이다. 팥을 삶을 때 과잉의 칼륨과 설사를 유발하는 사포닌을 제거하기 위해 깨끗이 씻어 한 번 끓인 후 그 물을 버리고 다시 물을 붓는다. 팥이 푹 끓어 물이 줄어들면 다시 물을 붓고 중불에서 약불로 조절하여 무르도록 끓인다. 또한 두유를 끓일 때 소포제 역할을 하는 기름을 소량 넣으면 끓어 넘치는 것을 방지할 수 있다.

> **소포제**
> 거품이 일어나는 것을 방지하는 물질

4. 두류의 조리 및 이용

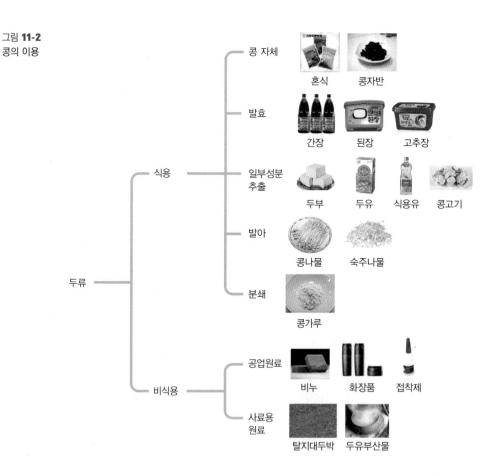

그림 **11-2**
콩의 이용

		콩 자체	혼식 / 콩자반
		발효	간장 / 된장 / 고추장
	식용	일부성분 추출	두부 / 두유 / 식용유 / 콩고기
두류		발아	콩나물 / 숙주나물
		분쇄	콩가루
	비식용	공업원료	비누 / 화장품 / 접착제
		사료용 원료	탈지대두박 / 두유부산물

1) 발효 식품

(1) 간장·된장

콩 발효식품인 간장·된장은 예로부터 전해 내려온 조미식품으로 간장의 '간'은 소금의 짠맛을 의미하고, 된장의 '된'은 '되다'의 뜻이 있다.

콩을 삶아서 메주를 만들고 여기에 소금물을 첨가하여 발효시킨 후 여액은 간장으로 하고, 그 나머지를 된장으로 한다.

간장은 음식의 간을 맞추는 조미료로 약 18~20%의 염도를 나타내며, 그 외에 감칠맛과 함께 간장 특유의 색을 부여한다.

간장을 담근 지 1~2년 된 맑고 연한 간장은 청장이라 하여 국이나 찌개의 간을 하거나 나물을 무칠 때 사용하고, 담근 햇수가 오래되어 색이 진하고 단맛과 감칠맛이 많은 진간장은 조림, 볶음, 구이, 장아찌, 육포 등에 사용한다.

된장은 콩, 쌀, 보리, 밀 또는 탈지대두 등을 주원료로 하여 누룩균 등을 배양한 후 식염을 혼합하여 발효·숙성시킨 개량된장과 한식간장에서 여액을 분리하여 만든 재래된장이 있다.

된장은 단백질의 구수한 맛으로 인하여 10~15%의 염도에 비해 덜 짜게 느껴지며, 생선조림을 할 때나 제육볶음을 만들 때 처음부터 넣으면 냄새를

한식간장	메주를 주원료로 하여 식염수 등을 섞어 발효·숙성시킨 후 그 여액을 가공한 것을 말한다.	
양조간장	콩, 탈지대두 또는 곡류 등에 누룩균 등을 배양하여 식염수 등을 섞어 발효·숙성시킨 후 그 여액을 가공한 것을 말한다.	
산분해간장	단백질을 함유한 원료를 산으로 가수분해한 후 그 여액을 가공한 것을 말한다.	
효소분해간장	단백질을 함유한 원료를 효소로 가수분해한 후 그 여액을 가공한 것을 말한다.	
혼합간장	한식간장 또는 양조간장에 산분해간장 또는 효소분해간장을 혼합하여 가공한 것이나 산분해간장 원액에 단백질 또는 탄수화물 원료를 가하여 발효·숙성시킨 여액을 가공한 것 또는 이의 원액에 양조간장 원액이나 산분해간장 원액 등을 혼합하여 가공한 것을 말한다.	

표 11-9
간장의 종류

자료: 식품의약품안전처, 식품공전[고시 제2020-3호(2020.1.14.)]
(https://www.foodsafetykorea.go.kr)

그림 **11-3**
양조간장

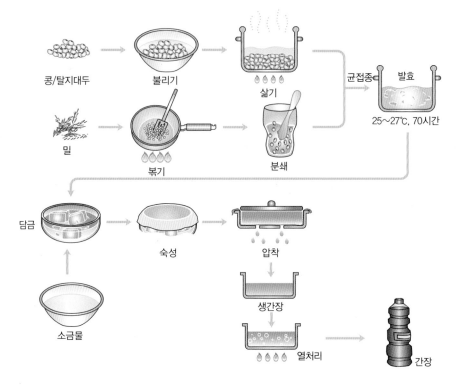

그림 **11-4**
한식간장 · 된장 제조

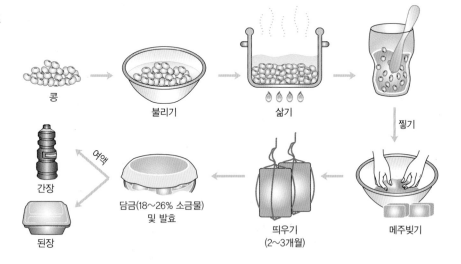

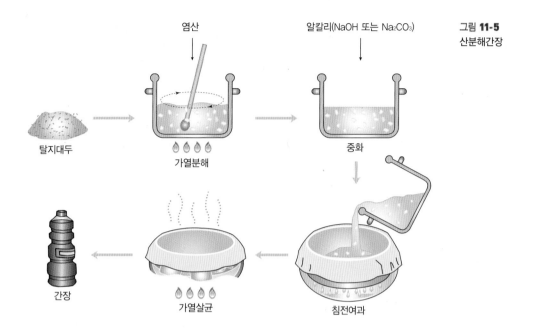

염산

알칼리(NaOH 또는 Na₂CO₃)

그림 **11-5**
산분해간장

탈지대두

가열분해

중화

간장

가열살균

침전여과

TIP
-

산분해간장의 위해성

MCPD3-monochloro-1, 2 propandiol는 탈지대두를 염산으로 가수분해하여 간장을 만드는 과정에서 단백질이 산분해되어 생성되는 내분비계 장애의심 물질로 정자수 감소, 정자 기능 감퇴 등을 일으키거나 암 유발 의심물질로 유전독성 및 발암성 등을 유발시킨다는 연구결과가 발표된 바 있다.

흡착하여 비린내가 줄어든다.

된장은 찌개나 토장국 등에 이용되는데 된장국은 맹물에 끓이는 것보다 쌀뜨물을 이용하면 채소의 풋내도 덜 나고, 전분의 호화에 의한 콜로이드 현상으로 된장이 고루 산포되어 부드럽고 맛있게 된다. 재래된장은 오래 끓일수록 맛있으나 개량된장은 오래 끓이면 방향성분이 분해되어 맛이 없어지므로 잠깐 끓이는 것이 좋다.

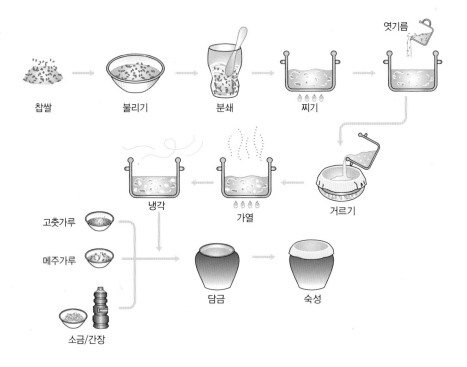

그림 **11-6**
한식고추장

찹쌀 → 불리기 → 분쇄 → 찌기 → 엿기름

냉각 ← 가열 ← 거르기

고춧가루
메주가루
소금/간장 → 담금 → 숙성

(2) 고추장

고추장은 간장, 된장과 함께 대표적인 발효식품으로 탄수화물의 가수분해로 생성된 당류의 단맛, 단백질이 분해되어 생성된 아미노산의 감칠맛, 고추의 매운맛과 소금의 짠맛 등이 조화를 이룬 식품이다.

고추장의 주원료인 전분은 기호와 지역에 따라 멥쌀, 찹쌀, 보리, 밀이 널리 쓰이나 일반적으로 찹쌀이 많이 이용된다.

고추장은 곡류에 엿기름과 고춧가루, 소금 등을 넣어 발효·숙성시킨 것으로 매운맛과 콜로이드성의 흡착력에 의한 생선 비린내 제거 효과가 있다. 이외에도 볶은 고추장, 생채, 나물, 조림, 구이 등의 양념, 회를 먹을 때 함께 내는 초고추장, 비빔밥이나 국수의 양념고추장 등 다양한 용도로 사용된다. 식품재료에서 수분이 많이 나오는 음식은 고추장에 같은 양의 고춧가루를 넣어 양념하면 수분을 흡수하고 얼큰한 맛을 줄 수 있어 좋다. 초고추장을 만들 때는 고추장, 식초, 설탕을 2 : 2 : 1로 넣으면 맛이 있다.

고추장을 식용한 역사를 보면 고추가 임진왜란 이후에 도입되었으므로 간장이나 된장에 비해 역사가 그리 길지는 않다.

(3) 청국장

청국장은 가을부터 이듬해 봄까지 만들어 먹는 식품으로서, 콩과 볏짚에 붙어 있는 고초균*Bacillus subtilis*을 이용하여 만든 것으로 독특한 향기와 감칠맛을 낸다. 청국장은 파, 마늘, 고춧가루, 소금을 넣어 마쇄한 다음 이를 후숙시킨 것으로 저장성을 가지며 독특한 향기와 감칠맛을 낸다.

(4) 기타

일본의 낫토는 우리나라의 청국장과 유사한데 납두균*Bacillus natto*을 이용하여 발효한 것으로, 간장이나 겨자와 함께 그대로 식용한다.

인도네시아를 대표하는 콩 발효식품인 템페tempeh는 콩을 물에 불려 껍질을 벗겨 익힌 콩에 템페의 종균*Rhizopus oligosporus*을 섞어 둥근 조각으로 빚은 뒤 바나나 껍질로 싸서 30℃ 정도에서 1~2일 동안 발효시킨 것이다. 템페는 그대로 먹는 일은 거의 없고 간장을 발라서 굽거나 얇게 썰어서 기름에 튀겨 수프에 넣어 먹는다.

TIP

장 담그는 시기

음력 10월 말쯤 콩을 물에 불려 삶아서 메주를 만들고 짚으로 매달아 이듬해 정월까지 통풍이 잘되는 따뜻한 곳에서 띄운다. 이것을 볕에 바짝 말려 정월 말부터 3월 초 사이에 담그는데 계절별로 우수雨水 때가 장 담그기에 가장 좋다고 한다.

2) 비발효식품

(1) 두유

우리나라에서는 두유를 콩국이라 하며, 예로부터 여름에 음료나 국수를 말아먹는데 이용하여 왔다.

두유는 모유나 우유에 비하여 단백질 함량은 높고 유당을 함유하고 있지 않아 유당불내증 유아의 우유 대용식품으로 이용되어 왔다. 두유를 만들 때 콩을 덜 삶으면 비린내가 나고 너무 오래 삶으면 메주콩 냄새가 나므로 적절히 삶아야 고소한 맛이 난다.

유바yuba는 두유를 일정한 온도로 가열할 때 형성되는 피막을 채취한 것으로 판상板狀, 막대모양 또는 작은 조각 등의 형태로 만들어 맑은 장국, 만두속, 달걀찜 등 또는 수프나 닭고기, 생선전골, 냄비요리 등에 넣거나 토핑용 등으로 이용하며, 튀기면 감자칩 같이 되어 오르되브르hors d' oeuver로 이용하기도 한다.

<aside>
유당불내증
우유의 당인 유당의 분해효소lactase가 없어 유당의 가수분해가 장애되어 흡수가 잘 되지 않는 질환

오르되브르
식사 전에 먹는 가벼운 요리로 전채요리라고도 함
</aside>

표 **11-10** 두유, 모유, 우유의 성분 비교

(가식부 100g 당)

식품명	일반성분						필수아미노산										콜레스테롤 (mg)
	에너지 (kcal)	단백질 (g)	지질 (g)	회분 (g)	탄수화물 (g)	유당 (g)	이소루신 (mg)	루신 (mg)	라이신 (mg)	메티오닌 (mg)	페닐알라닌 (mg)	트레오닌 (mg)	트립토판 (mg)	발린 (mg)	히스티딘 (mg)	아르기닌 (mg)	
두유, 대두	62	3.01	3.92	0.63	3.42	0	138	211	188	28	141	104	49	145	71	214	0
모유	65	1.1	3.5	0.2	7.2	(6.4)	51	99	66	15	42	43	15	56	26	32	15
우유	65	3.08	3.32	0.67	5.53	4.12	120	333	232	72	135	129	31	158	73	98	9.69

자료: 농촌진흥청(2020). 국가표준식품성분 DB 9.2
( ) 인용되었거나 산출된 성분

(2) 두부

두부는 콩을 물에 불려 분쇄한 후 끓여 불용성 성분을 제거한 다음 응고제를 넣어 응고시킨 것을 압착한 것이다. 불용성 단백질, 상당량의 탄수화물

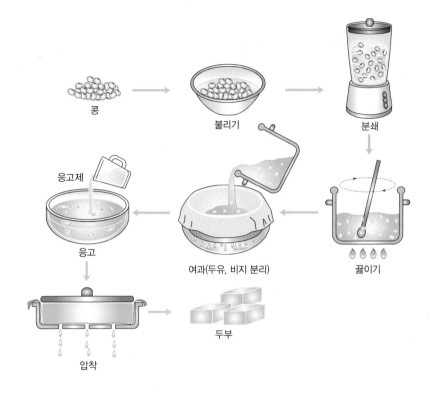

그림 **11-7**
두부 제조 과정

콩 → 불리기 → 분쇄

응고제

응고

여과(두유, 비지 분리)

끓이기

압착 → 두부

TIP
-

두부찌개 끓일 때 요령

두부찌개를 끓일 때 두부를 미리 1%의 소금물에 담가 두거나 이미 간을 한 국물에서 조리하면 두부가 수축하거나 단단하지 않고 부드럽게 조리된다. 그 이유는 소금의 Na^+이 두부 속에 있는 미결합 상태의 Ca^{++}과 단백질이 결합하는 것을 방해하기 때문이다.

및 지질은 여과시킬 때 비지로서 제거되며, 나머지 지질과 당은 두부 속에 포함되게 된다.

두부는 조리 시 80℃ 이상에서 급격하게 단단해진다. 또 90℃에서 30분간 가열하면 구멍이 생기기 시작하고, 100℃에서는 더 심해지면서 단단해지는데 0.5~1%의 소금을 가해 주면 방지할 수 있다. 두부는 수분이 86~90% 정도로 많아 변질이 빠르기 때문에 위생 면에서 주의가 필요하다.

순두부는 응고된 두유를 굳히기 전의 두부이고, 일반 두부와 순두부 사

> **동두부**
> frozen soybean curd
> 생두부를 적당한 크기로 자른 다음 완만 동결한 후 건조한 것으로 얼린 두부라고도 함

표 11-11 두부제조용 응고제의 특징

(가식부 100g 당)

응고제	첨가 시 두유온도	용해성	장점	단점
염화칼슘 CaCl₂·2H₂O	75~80℃	수용성	• 응고시간이 빠르다. • 보존성이 양호하다. • 압착 시 물이 잘 빠져 능률적이다. • 동두부東豆腐 제조 시 사용한다.	• 수율이 낮다. • 두부가 약간 거칠고 단단하다.
황산칼슘 CaSO₄·2H₂O	80~85℃	난용성	• 두부의 색이 우수하고 탄력성이 있다. • 두부의 조직이 연하고 부드럽다. • 수율이 높다.	• 난용성으로 더운 물에 20배로 희석해서 사용한다. • 겨울철에는 사용이 어렵다.
염화마그네슘 MgCl₂·6H₂O	75~80℃	수용성	• 응고제로 주로 사용되어 왔다. • 맛이 뛰어나다.	• 강한 쓴맛을 띤다. • 압착 시 물이 잘 빠지지 않는다. • 순간적으로 응고되므로 고도의 기술이 필요하다.
글루코노델타락톤 Glucono-δ-lactone : C₆H10O₆	85~90℃	수용성	• 사용이 쉽고 응고력이 우수하다. • 수율이 높다. • 연·순두부용으로 사용한다.	• 약간의 신맛이 있다.

이의 경도를 갖는 두부를 연두부라 하며, 유부油腐는 보통 두부보다 단단하게 만든 두부를 얇게 썰어 표면이 황갈색이 되도록 기름에 튀긴 것이다.

(3) 콩나물

콩나물은 중간 크기 정도의 콩을 골라 40~50℃에서 3~4시간 물에 담갔다가 여러 번 세척한다. 그리고 구멍이 뚫린 깊은 용기에 천을 깔고 골고루 펴놓는다. 빛을 차단하기 위해서 천으로 덮은 뒤 23℃를 유지하면서 하루에 3~4번 물을 준다. 일주일 정도 되어 싹이 나와 길이가 8cm 정도 되면 제품화할 수 있다. 콩이 발아하면서 비타민 C, 카로틴 및 아스파르트산aspartic acid과 글루탐산glutamic acid의 양이 증가하며, 복부 팽만감을 일으키는 올리고당과 피틴산phytate은 분해된다. 최근 아스파르트산aspartic acid이 알코올 대사를 촉진시켜 알코올 독성을 억제한다고 밝혀졌다. 콩나물에 아스파르트산의 전구체인 아스파라긴asparagine이 다량 함유되어 있어 콩나물국이 숙취에 좋다는 것이 과학적으로 입증되었다.

콩나물국을 끓일 때 뚜껑을 열면 비린내가 나는데, 이는 콩나물에 있는 리폭시게나제lipoxygenase에 의한 불포화지방산의 산화로 생성되는데 마늘과 소금을 넣으면 비린내를 감소시킬 수 있다.

(4) 콩 단백질 식품

콩 단백질 식품은 탈지 박편flake으로 제조되는데 단백질 함량에 따라 콩가루soy flours/grits, 콩농축단백분soy protein concentrate, 콩분리단백분soy protein isolate 3가지로 분류된다. 콩 단백질의 기능성은 주로 수분 및 기름 흡수력, 결합능력, 응집성, 겔 형성 능력, 유화력 등으로 이를 이용하여 여러 가지 식품에 첨가되어 활용되고 있다. 소시지, 햄버거 고기 등 육가공식품과 치즈, 커피크림 등 우유가공식품, 여러 가지 빵 제품들에 콩 단백질 제품들을 첨가하여 단백질 영양가를 향상시키고, 식품의 가격을 낮추며, 물리화학적 품질 특성을 향상시킨다.

한편 콩 단백질 식품과 달리 조직감이 부여된 콩조직단백분textured soy protein products은 사출기extruder 또는 스팀으로 처리하면 콩 단백질의 수소결합이 파괴되고, 고압으로 인해 단백질이 다시 정렬하게 된다. 이를 냉각하면 단백질 분자가 새로운 수소결합으로 재배치가 일어나 육류와 같은 조직감을 갖게 되는데 형태, 크기, 색깔을 다양하게 제품화된 인조육은 육류 대체품meat extruder/meat analog으로 사용된다.

종류	제조법	단백질 함량(%)
콩가루	탈지 후 분쇄	50~65
콩농축단백분	탈지콩에서 유지 및 비단백질 수용성분 제거	65~90
콩분리단백분	탈지 콩가루 또는 탈지 박편으로부터 비단백질 성분 대부분이 제거된 순수 단백질	90 이상

표 11-12
콩 단백질 식품의 제조법과 단백질 함량

CHAPTER
12

: 유지류

CHAPTER
12

: 유지류

유지는 필수지방산의 공급원이며, 지용성비타민의 용매로 작용하고, 1g당
9kcal를 내는 에너지원이다. 조리 시 부드러운 맛과 향미를 부여하고
연화제로 사용되며, 튀김에서는 열전도체로 작용하고, 용기에 음식물이
부착되는 것을 방지한다.

1. 유지류의 종류

유지는 상온에서 액체인 기름oil과 고체나 반고체인 지방fat을 말한다. 일 반적으로 단순지질, 복합지질, 유도지질로 구분되며, 단순지질 중 유지를 주 로 먹는다. 유지를 이루는 지방산은 포화지방산과 불포화지방산으로 분류 된다. 포화지방산으로 구성된 동물성 유지와 야자유, 팜유 등은 상온에서 고체이지만, 불포화지방산으로 구성된 대부분의 식물성 유지는 상온에서 액체이다.

유지는 식물성, 동물성, 가공유지로 구분할 수 있으며, 조리에 사용하는 유지뿐만 아니라 견과류, 파이, 아이스크림, 삼겹살 등에 함유된 유지로도 많이 섭취하고 있다.

> **포화지방산**
> 이중결합이 없는 지방산
>
> **불포화지방산**
> 이중결합이 있는 지방산

표 **12-1** 포화지방산과 불포화지방산

분류		구조	특성	소재
포화지방산			이중결합 없음	육류, 우유, 버터, 야자유, 팜유
불포화 지방산	단일불포화 지방산	이중결합	한 개의 이중결합이 있음	올리브유, 땅콩버터, 아보카도
	다가불포화 지방산	이중결합	두 개 이상의 이중결합이 있음	식물성유, 어유

표 **12-2** 유지의 분류 및 구성 지방산

분류		종류	구성지방산
기름	식물성	콩기름, 면실유, 옥수수유, 참기름, 들기름, 올리브유 등	주로 올레산, 리놀레산, 리놀렌산 등 불포화지방산 함유
	동물성	어유	
지방	동물성	우지소기름, 라드, 버터	주로 팔미트산, 스테아르산 등 포화지방산 함유
	식물성	야자유, 팜유, 카카오버터	
	가공유지	마가린, 쇼트닝	

1) 식물성 기름

탈검
degumming
유지를 만드는 과정에서 유지에 있는 인지질 등의 검질을 제거하는 공정

식물의 종자나 배아에서 분리하여 탈검degumming, 탈산(중화)neutralizing, 탈색bleaching, 탈취deordorization, 동유처리winterization 등의 처리를 하여 만든다. 예외적으로 참기름, 들기름, 올리브유는 각각 볶거나 그대로 압착한 후 사용한다.

올리브유의 경우 우리나라 식품공전에는 올리브 과육을 물리적 또는 기

그림 **12-1**
식물성 기름과 마가린의 제조

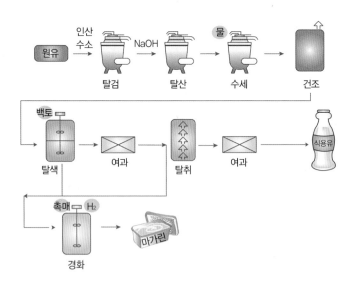

표 **12-3** 식물성 기름의 용도와 특징

식물성 기름	용도	특징
콩기름 대두유, soybean oil	부침, 튀김, 샐러드 드레싱, 마가린과 쇼트닝 원료	• 변향을 일으켜 품질이 나빠지는 단점이 있다. • 발연점이 높다.
옥수수유 옥배유, corn oil	부침, 튀김, 샐러드 드레싱, 마가린과 쇼트닝 원료	• 옥수수 배아로 만든다.
면실유 목화씨기름, cotton seed oil	부침, 튀김, 샐러드 드레싱, 마가린과 쇼트닝 원료, 참치통조림 충진액	• 목화의 씨에서 추출한다. • 항산화 성분인 고시폴gossypol은 독성이 있어 가공 시 대부분 제거된다.
참기름 sesame oil	나물, 불고기 양념 등 조리 조미용	• 참깨의 씨를 볶아 압착하여 추출한다. • 천연항산화제인 세사몰sesamol을 함유하며, 일반적으로 조리 시 마지막에 사용한다.
들기름 perilla oil	나물, 김 등 조리 조미용	• 들깨의 씨를 볶지 않고 생압착하여 추출한 생들기름과 볶아서 추출한 들기름이 있다. • 리놀렌산을 많이 함유하고 있으며 공기 중에 방치하면 금방 굳어버리므로 기름을 짠 후 빨리 먹어야 한다. • 건성유이다.
올리브유 olive oil	샐러드 드레싱, 빵의 스프레드	• 올리브의 열매를 압착해서 추출한다. • 독특한 향과 색이 있다. • 불건성유이다.
카놀라유 유채유, canola oil	부침, 튀김	• 채종유를 품질개량하여 독성물질인 에루스산erucic acid의 양을 줄인 기름이다.
홍화유 잇꽃유, safflower oil	튀김, 샐러드 드레싱, 마가린, 마요네즈 원료	• 홍화의 씨에서 채취한다. • 불포화도가 높아 산화 안정성이 낮다.
포도씨유 grapeseed oil	튀김, 샐러드유, 제빵	• 포도의 씨를 압착해서 추출한다. • 발연점이 높다.
미강유 rice bran oil	쌀과자, 튀김	• 쌀겨에서 추출된다. • 지질분해효소인 리파제lipase에 의해 산패가 되기 쉽다.
땅콩기름 낙화생유, peanut oil	빵 스프레드	• 땅콩을 생으로 또는 볶아서 압착해서 추출한다. • 맛이 깨끗하고 튀김에 사용하면 식품재료 간의 향기를 옮기지 않아 좋다.

(계속)

올리브유의 종류

• 엑스트라 버진
 extra virgin
산가 1% 미만으로 최상급의 올리브를 처음 짜내 올리브의 향과 색을 그대로 간직한 순수한 기름으로 샐러드 드레싱이나 빵을 찍어 먹는 등 열을 가하지 않는 요리에 주로 사용

• 파인 버진
 fine virgin
산가 2% 미만으로 엑스트라 버진을 짜고 남은 올리브를 한 번 더 짜낸 기름으로 일반 요리에 사용

• 레귤러 버진
 regular virgin
산가 3.3% 이하의 기름으로 맛이 좋음

• 퓨어
 pure
엑스트라 올리브 오일과 정제된 올리브 오일을 혼합하여 순도가 떨어지며 식용유처럼 사용

채종유
유채씨에서 추출한 기름

식물성 기름	용도	특징
팜유 palm oil	마가린 원료, 제과용	• 팜열매의 과육을 쪄서 압착하여 추출한다. • 식물성이면서도 포화지방산의 함량이 많아 상온에서 반고체이다. • 정제된 팜유는 담백한 특유의 향과 맛을 가지며 동물성 유지와 비슷한 가소성을 갖는다.
야자유 코코넛유, coconut oil	커피 크림, 비스킷 크림용, 스낵의 튀김용, 쇼트닝 원료	• 코코넛의 과육이나 씨에서 추출한다. • 식물성이면서도 포화지방산의 함량이 많아 산화 안정성이 높고 장기간 보존이 가능하다. • 맛과 향이 좋고 고온에서도 변질되지 않는 장점이 있으나, LDL의 혈중 농도를 높이는 단점이 있다.
해바라기씨유 sunflower oil	튀김, 부침	• 해바라기씨에서 추출한다. • 발연점이 높다.
호두유 walnut oil	샐러드 드레싱	• 호두를 압착하여 추출한다.
아보카도유 avocado oil	샐러드 드레싱, 수프, 튀김	• 아보카도 열매에서 추출한다. • 발연점이 높으나 가격이 비싸다.
트러플오일 truffle oil	파스타, 샐러드, 소스	• 최고급 오일에 송로버섯truffle을 넣어 만든다. • 맛과 향이 매우 강하다.

LDL
Low density lipoprotein
혈장지단백질Lipo-protein
의 하나로 콜레스테롤을
말초혈관과 세포로 보내
는 나쁜 콜레스테롤

계적 방법에 의해 압착 여과한 압착 올리브유, 올리브 원유를 정제한 정제 올리브유, 압착 올리브유와 정제 올리브유를 혼합한 혼합 올리브유로 구분한다.

2) 동물성 지방

소, 돼지, 생선 등의 기름과 우유의 지방을 정제 및 가공하여 사용한다.

동물성 지방	용도	특징
버터 butter	제과, 제빵, 요리	• 우유의 지방인 유크림으로 제조한다. • 부티르산butyric acid 같은 저급 지방산을 함유한다. • 디아세틸diacetyl이라는 성분 때문에 독특한 향미가 있다.
라드 lard	제과, 제빵, 김치찌개, 빈대떡	• 돼지의 지방조직에서 채취한다. • 쇼트닝성이 커서 음식을 부드럽게 한다. • 흰색이고 냄새가 나지 않는 것이 좋다. • 크리밍성이 적어 제과용으로 사용하려면 쇼트닝, 버터, 마가린과 함께 사용해야 한다.
어유 marine oil	마가린의 원료	• 정어리, 청어 등에서 채취한다. • DHA, EPA 등의 함량이 높다. • 불포화도가 높아 산패가 되기 쉽다.
우지 tallow fat	마가린과 쇼트닝의 원료, 비스킷, 크래커	• 소의 신장과 장에서 채취한다. • 소의 종류와 나이에 따라 경도가 다르다.

표 12-4
동물성 지방의 용도와 특징

TIP
-

오메가 지방산이란?

오메가 지방산(ω-3, 6, 9 지방산)은 지방산의 카르복실기의 반대쪽에 있는 메틸기에서부터 3, 6, 9번째 탄소 위치에 이중결합이 있는 불포화지방산이다.

ω-3(n-3)	ω-6(n-6)	ω-9(n-9)
α-리놀렌산, EPA, DHA	리놀레산, 아라키돈산	올레산
들기름과 고등어, 청어, 연어, 꽁치, 방어, 은어, 삼치, 참치, 멸치 등 등푸른 생선의 지방	옥수수유, 콩기름, 홍화유 등 식물성 기름	올리브유

3) 가공유지

식용유지는 경화나 동유처리 등으로 가공한다. 경화수소첨가, hydrogenation란 액체유인 불포화지방산의 이중결합에 니켈Ni과 백금Pt을 촉매로 수소를 첨가하면 포화지방산이 되어 고체가 되는 과정을 말하며, 마가린, 쇼트닝 등이 대표적이다.

자연에 있는 불포화지방산의 이중결합을 이루는 수소는 보통 시스cis 결합

> 시스지방산
> cis fatty acid
> 이중결합에 결합한 기가 서로 같은 쪽에 있는 지방산

트랜스지방산
trans fatty acid
이중결합에 결합한 기가
서로 반대 쪽에 있는 지
방산

요오드가
유지를 구성하고 있는
지방산에 함유된 이중결
합의 수를 나타내는 수치
로 유지 100g에 흡수되
는 요오드의 g수로 표시

을 하지만, 경화과정에서 일부가 트랜스지방산trans fatty acid을 형성할 수 있다. 이 트랜스지방산은 LDL을 상승시키고 HDL을 낮추므로 섭취를 줄이는 것이 좋다.

샐러드유는 차게 먹는 경우가 대부분이라 콩기름, 옥수수유, 카놀라유, 면실유 등 왁스함량이 많은 기름은 샐러드용으로 사용하기 위해 동유처리가 필요하다. 동유처리winterization는 기름 속에 왁스와 같은 물질이 있으면 낮은 온도에서 결정이 생기므로 미리 원료유를 1~6℃에서 18시간 정도 두어 석출된 결정을 여과 또는 원심분리로 제거하는 과정이다.

그림 **12-2**
시스형과 트랜스형

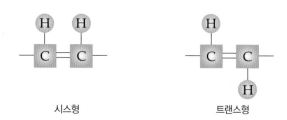

TIP
-

마가린과 쇼트닝의 차이는?
마가린은 식용유지에 물, 식품첨가물 등을 혼합하고 유화시켜 80% 이상의 지방을 함유한 것으로 버터 대용으로 만든 것이다.
쇼트닝은 일반적으로 마가린과 비슷하게 만드나 유화를 시키지 않아 튀김유로 사용하지만 첨가물을 가하여 가소성, 유화성 등의 가공성을 부여한 것은 발연점이 낮아져 튀김용으로 사용하기 힘들다.

건성유, 반건성유, 불건성유
식물성 유지는 요오드가에 따라 건성유, 반건성유, 불건성유로 구분할 수 있다.
• 건성유: 공기 중에서 쉽게 굳어지는 유지로 요오드가 130 이상이며, 들기름, 아마인유 등이 있다.
• 반건성유: 건성유와 불건성유의 중간 정도의 특성을 가진 유지로 요오드가 100~130이며, 콩기름, 참기름, 면실유, 옥수수유 등이 있다.
• 불건성유: 공기 중에서 굳지 않는 기름으로 요오드가 100 이하이며, 올리브유, 땅콩기름, 피마자유 등이 있다.

가공 유지	용도	특징
샐러드유 salad oil	일반 조리용, 샐러드용	• 콩기름, 옥수수유, 면실유, 카놀라유 등을 동유처리 하여 만든다.
마가린 margarine	버터 대용	• 식물성 유지에 유화제를 첨가하여 만든 유중 수적형 기름으로 식물성이면서도 경화를 하여 실온에서 고 체이다.
쇼트닝 shortening	튀김용, 패스트리, 파이, 라드 대용	• 식물성 유지를 경화하여 만든 유지로 발연점이 높고, 쇼트닝성, 크리밍성, 가소성, 유화성이 있다.

표 **12-5**
가공 유지의 용도와 특징

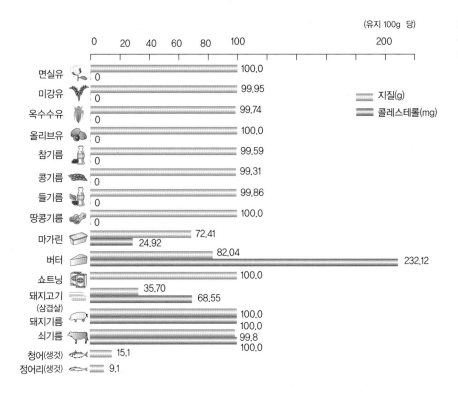

그림 **12-3**
식품 중의 지질, 콜레스테롤
의 함량

자료: 농촌진흥청(2020). 국가표준식품성분 DB 9.2

2. 유지류의 성분

식물성 유지는 불포화지방산의 함량이 많고 콜레스테롤이 없는 반면, 동물성 유지는 포화지방산과 콜레스테롤의 함량이 많다.

표 **12-6** 식품 중의 포화·불포화지방산의 함량

(식품 100g 당)

식품명	포화지방산				불포화지방산				
	부티르산 (mg)	라우르산 (mg)	팔미트산 (mg)	스테아르산 (mg)	올레산 (mg)	리놀레산 (mg)	알파 리놀렌산 (mg)	오메가3 지방산 (g)	오메가6 지방산 (g)
면실유	–	0	18,000	2,200	–	54,000	340	0.34	53.51
옥수수유	0	0	10,471.83	1,871.70	27,509.71	51,635.59	1,037.33	1.04	51.64
콩기름	0	0	10,214.28	3,474.66	19,496.05	50,726.80	6,557.68	6.56	50.73
올리브유	0	0	12,273.77	2,870.99	66,207.03	8,187.36	711.21	0.71	8.19
참기름	0	0	8,692.84	5,137.51	37,002.12	41,621.25	534.07	0.53	41.62
들기름	0	0	5,721.78	1,780.39	11,229.47	13,080.83	62,029.11	62.10	13.08
땅콩기름	0	0	9,500	2,200	–	–	–	–	–
유채씨 기름	0	0	4,776.92	1,845.70	49,415.83	19,750.24	11,320.51	11.32	19.84
포도씨유	0	0	6,170.95	3,568.64	13,937.83	69,454.53	356.59	0.36	69.50
해바라기유	0	0	6,420.86	3,098.14	21,741.25	60,334.03	617.28	0.62	60.33
코코넛유	0	43,000	8,500	2,600	–	1,500	0	0	1.53
팜유	–	420	41,000	4,100	–	9,000	190	0.19	8.97
마가린	515.51	15,256.18	17,312.68	4,988.73	10,999.14	4,108.55	476.70	0.48	4.11
버터	2,258.14	3,183.28	20,350.03	8,504.18	13,962.47	1,522.99	175.00	0.21	1.63
쇼트닝	–	–	–	–	–	–	–	–	–
쇠기름	0	75	23,000	14,000	–	3,300	170	0.17	3.44
돼지기름	–	140	23,000	13,000	–	8,900	460	0.46	9.35
돼지고기(삼겹살)	0	39.53	8,725.70	4,918.63	13,110.99	3,489.15	314.41	0.39	3.78

자료: 농촌진흥청(2020). 국가표준식품성분 DB 9.2

(계속) 표 **12-6** 식품 중의 포화·불포화지방산의 함량

지방산(%/100g)

식품명	포화지방산				불포화지방산				
	부티르산 (mg)	라우르산 (mg)	팔미트산 (mg)	스테아르산 (mg)	올레산 (mg)	리놀레산 (mg)	알파 리놀렌산 (mg)	오메가3 지방산 (g)	오메가6 지방산 (g)
고등어*	–	0.1	19.8	5.4	20.1	1.8	1.0	–	–
정어리*	–	–	22.7	3.7	5.1	1.4	1.1	–	–

자료: 국립수산과학원(2018). 표준수산물성분표.
(https://www.nifs.go.kr)
* 표시는 생것을 의미함
– 표시는 성분이 함유되어 있으나 측정범위에 들지 않는 것, 분석하지 않은 것을 의미함

3. 유지의 특성

1) 유지의 성질

(1) 비중

자연에 존재하는 유지의 평균 비중specific gravity은 15℃에서 0.92~0.94이다. 물보다 비중이 적어 물과 함께 있으면 물 위에 뜨게 된다.

(2) 융점

유지의 융점melting point이란 고체지방이 액체기름으로 되는 온도를 말하며, 그 구성 지방산의 포화도와 탄소의 수, 이중결합의 위치 및 구조, 결정성 등에 따라 다르다.

① 지방산의 포화도와 탄소의 수

불포화지방산이 포화지방산보다 융점이 낮다. 그러므로 불포화지방산이 많은 식물성유는 상온에서 액체이다. 포화지방산은 탄소의 수가 증가할수

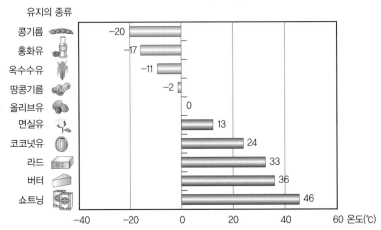

그림 **12-4**
유지의 융점

유지의 종류

유지	온도(℃)
콩기름	-20
홍화유	-17
옥수수유	-11
땅콩기름	-2
올리브유	0
면실유	13
코코넛유	24
라드	33
버터	36
쇼트닝	46

자료: Amy Brown(2008). *Understanding food Principle & Preparation* (3rd ed.), pp.427-434. Thomson Wardworth.

록 융점이 높아지고, 불포화지방산은 이중결합의 수가 증가할수록 융점이 낮아진다.

식물성유는 동물성 지방에 비해 융점이 낮으나 식물성유 중에서도 야자유코코넛유와 팜유는 포화지방산을 많이 함유하고 있어 상온에서 고체형태로 존재한다.

또한 어유marine oil는 동물성이지만 포화지방산보다 다가 불포화지방산을 많이 함유하고 있어서 낮은 온도에서도 기름이 굳지 않는다.

② **불포화지방산의 구조**

불포화지방산은 시스지방산과 트랜스지방산이 있으며, 트랜스지방산이 시스지방산보다 융점이 높다. 경화유는 불포화지방산에 수소가 첨가되는 경화 과정에서 시스형에서 트랜스형으로 변화되어 융점이 높아진다.

③ **결정성**

지방은 α, β', β의 3가지 결정 구조를 이루고 있으며, 이 결정성에 따라 융점과 조직감에 영향을 받는다. 일반적으로 α형은 융점이 낮고 불안정하며,

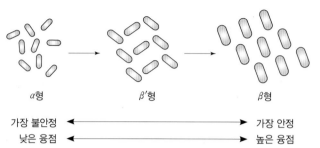

그림 12-5
지방의 결정형태

α형   β′형   β형

가장 불안정 ◄─────────────► 가장 안정
낮은 융점 ◄─────────────► 높은 융점

자료: Amy Brown(2008). *Understanding food Principle & Preparation* (3rd ed.), p.427. Thomson Wardworth.

β′형은 부드러운 질감을 주며 안정성과 융점이 중간 정도이고, β형은 큰 결정으로 거친 질감을 주며, 융점이 가장 높고 가장 안정적이다. 결정성은 초콜릿 제조에 매우 중요한데, 지방의 결정이 크면 클수록 융점이 높아져 초콜릿의 경우 녹지 않고 손에 잡고 있을 수 있게 된다.

한 분자의 중성지방도 결정형에 따라 다른 융점을 갖는다. 유지는 한 가지 물질이 하나의 결정형을 갖지 않고 여러 개의 결정형이나 무정형으로 존재하는데 이를 동질이상polymorphism 현상이라 한다.

(3) 용해성

유지는 일반적으로 물에는 녹지 않고, 에테르, 클로로포름 등의 유기 용매에 녹는다.

(4) 비열

유지의 비열은 0.40~0.47cal/g℃로 작아 온도가 빨리 오르거나 내려간다. 튀김 시 끓는 기름에 냉동 재료를 넣으면 바로 기름의 온도가 내려가 기름의 흡수가 많아져 좋지 않다.

(5) 가소성

버터, 라드, 쇼트닝 등의 고체지방은 외부에서 가해지는 힘에 의하여 자유롭게 변하는 가소성plasticity이 있어 제과반죽에서 다양한 모양을 만들 수 있다. 양호한 가소성을 나타내는 온도범위는 소기름 30~40℃, 라드 10~25℃, 버터 13~18℃이며 고체지방지수SFI가 15~25%가 좋다. 온도범위가 넓으면 모양을 자유롭게 변화시키기 쉬우나 버터는 가소성의 온도범위가 좁아 여름에는 사용하기가 어렵다.

고체지방지수
Solid Fat Index, SFI
$\dfrac{고체지방량}{총유지량} \times 100$

(6) 쇼트닝성

가소성이 있는 유지는 밀가루 반죽의 글루텐 표면을 둘러싸서 글루텐 망상구조를 형성하지 못하도록 서로 분리시켜 층을 형성함으로써 글루텐의 길이를 짧게 한다. 이와 같이 지방이 밀가루 반죽을 연하고 부드러우며, 바삭하고 부서지기 쉽게 만드는 성질을 쇼트닝성shortening power이라고 한다. 지방을 많이 넣고 만든 크래커가 바삭한 것이나, 지방을 많이 넣은 케이크가 부드럽고 보슬보슬한 것은 지방 때문이다. 이외에도 쿠키, 패스트리, 파이 크러스트, 비스킷, 약과 등을 만들 때 쇼트닝성이 적용된다.

유지의 쇼트닝성에 영향을 미치는 요인은 다음과 같다.

① 유지의 종류

불포화지방산이 많은 유지는 이중결합에 의해 탄소사슬이 구부러지면서 고체 지방보다 더 넓은 표면적을 덮을 수 있으므로 액체유 함량이 높고 가소성이 큰 지방이 쇼트닝성이 크다. 그러나 상온에서 완전한 액체유는 유동성이 너무 커서 전분 입자 표면에 고정되어 글루텐의 형성을 효과적으로 차단하지 못한다. 쇼트닝가는 라드, 쇼트닝, 버터, 마가린, 식물성 유지 순으로 감소한다.

쇼트닝가
shortening value
구운 제품에 바삭함을 줄 수 있는 유지의 능력을 나타내는 수치

② 유지의 양

유지의 종류와 온도, 반죽의 정도 및 첨가되는 물의 종류와 양이 같을 경우 유지의 양이 많을수록 쇼트닝성이 크다. 그 예로 파이 껍질에 기름을 많

이 넣으면 연해지고 층이 많이 생긴다. 그러나 도넛이나 약과 반죽에 기름을 너무 많이 넣으면 글루텐 형성이 잘 되지 않아서 튀길 때 풀어지므로 주의해야 한다.

③ 유지의 온도

고체지방의 온도가 낮으면 쇼트닝성이 적으며 온도가 올라가면 퍼짐성이 좋아지고 쇼트닝성이 커진다. 그러므로 부드러운 쿠키나 폭신한 파운드 케이크를 만들려면 상온에서 녹인 버터를, 층을 만들어야 하는 패스트리 반죽을 할 때는 지방을 냉장 보관하였다가 사용하여야 한다.

④ 반죽의 정도 및 방법

반죽을 너무 많이 하면 글루텐이 형성되어 단단해지지만, 지방을 미리 녹이거나, 설탕과 함께 크리밍한 후 사용하면 지방이 반죽 안에서 잘 퍼져 연해진다.

⑤ 기타

달걀이나 우유 단백질이 반죽에 사용되면 유지가 유화를 형성하기 위하여 일부 사용되므로 쇼트닝성이 줄어든다.

(7) 크리밍성

버터, 마가린, 쇼트닝 등의 고체나 반고체의 지방을 빠르게 저어 주면 지방 안에 공기가 들어가 부피가 증가하여 부드럽고 하얗게 변하는데 이것을 크리밍성creaming property이라고 한다. 크리밍성을 나타내는 정도를 크리밍가라고 하는데, 이는 케이크의 품질에 영향을 준다. 유지의 크리밍성은 쇼트닝, 마가린, 버터의 순으로 감소한다. 버터는 크리밍하여 버터크림을 만들고, 마가린이나 쇼트닝은 크리밍하여 케이크를 만드는 데 사용된다. 파운드 케이크를 만들 때는 버터에 설탕을 넣고 크리밍을 먼저 한 다음 반죽을 해야 좋

> 크리밍가
> creaming value
> 유지 100g을 크리밍할 때 들어가는 공기의 ml 수로 표시

다. 또한 크리밍성은 온도에 따라 다른데, 쇼트닝은 25℃, 버터는 20℃에서 가장 좋은 크리밍가를 나타낸다.

(8) 거품성

고체지방에 설탕을 넣고 저으면 공기를 함유하여 거품이 형성되는데 이를 거품성foaming property이라고 한다. 특히 생크림을 저어 주면 공기가 들어가서 부피가 팽창하게 되므로 케이크 장식이나 커피에 이용된다.

(9) 유화성

유지는 물에 녹지 않아 물과 함께 사용하면 분리되기 쉽다. 이때 분자 내에 친수기와 소수기를 함께 가지고 있는 물질인 유화제emulsifier를 사용하면 물과 유지가 혼합되는데 이러한 현상을 유화emulsion라고 한다. 유화의 형태는 기름과 물이 함께 있을 때 물에 기름이 분산되어 있는 우유, 생크림, 마요네즈, 크림수프, 케이크 반죽 등을 수중유적형oil in water, o/w type이라고 하며, 반대로 기름에 물이 분산되어 있는 버터와 마가린은 유중수적형water in oil, w/o type이라고 한다.

① 마요네즈

마요네즈는 기름과 식초, 난황에 있는 레시틴의 유화성을 이용한 대표적인 유화 식품이다. 마요네즈를 잘 유화시키려면 재료의 온도가 같아야 한다.

마요네즈는 식초가 보존성이 있어서 상온에 보관할 수 있으며, 냉장이나 냉동보관하면 분리가 되지만, 온도가 높은 여름에는 냉장고 문쪽에 보관하는 것이 좋다. 마요네즈를 넣는 샐러드 등은 재료를 차게 한 후 먹기 직전에 마요네즈를 넣어야 맛있고 위생적이다. 만일 재료가 뜨거울 때 마요네즈를 넣으면 마요네즈의 재료인 달걀 노른자가 열응고되어 식초만 분리되므로 맛이 없어진다. 마요네즈가 분리되었을 경우에는 난황이나 잘 유화된 마요네즈를 조금씩 넣어 계속 저어 줌으로써 재생시킬 수 있다.

② 샐러드 드레싱

기름과 식초를 병에 넣고 강하게 흔들면 일시적으로 유화되어 프렌치 드레싱이 된다. 이 드레싱dressing은 일시적인 유화 현상을 이용한 것으로 방치하면 기름과 식초의 비중 차이 때문에 분리되므로 먹기 직전에 흔들어 먹어야 한다. 사과 발사믹 드레싱, 시저 샐러드 드레싱 등도 일시적인 유화를 이용한 것이다.

TIP -	**집에서 손쉽게 만들 수 있는 샐러드 드레싱**

양상추, 상추, 치커리, 비타민, 방울토마토 등 기호에 따라 준비한 채소와 버섯, 해산물에 다음과 같은 여러 가지 샐러드 드레싱을 넣어 샐러드를 만들 수 있다.
- 프렌치 드레싱: 양상추와 토마토에 어울리는 기본적인 드레싱으로 식초 2Ts, 올리브 오일 6Ts, 머스터드 1ts, 소금 1/2ts, 후춧가루 약간을 넣고 혼합한다.
- 사과 발사믹 드레싱: 해산물을 넣은 샐러드나 치커리 등에 어울리며 발사믹 식초 3Ts, 올리브 오일 6Ts, 다진 사과 2Ts, 다진 마늘 1ts, 다진 양파 1Ts, 설탕 1/2Ts, 소금 1/3ts, 후춧가루 약간을 넣고 혼합한다.
- 허니 드레싱: 시금치와 버섯을 넣은 샐러드에 어울리며 식초 1Ts, 올리브 오일 3Ts, 꿀 2/3Ts, 양파 간 것 1Ts, 토마토 간 것 2Ts, 플레인 요구르트 1Ts, 소금 1/2ts을 넣고 혼합한다.
- 이탈리안 드레싱: 일반적으로 많이 사용되는 드레싱으로 레드 와인식초 2Ts, 올리브 오일 4Ts, 다진 토마토 1Ts, 다진 마늘 1/2ts, 다진 양파 1ts, 다진 피클 1ts, 바질 1/4ts, 로즈메리 1/4ts, 설탕 1ts, 소금 1/3ts, 후춧가루 약간을 넣어 혼합한다.

(10) 발연점

유지를 가열하여 발연점에 도달하면 글리세롤에서 2분자의 수분이 제거된 아크롤레인acrolein이라는 자극성의 냄새 성분이 있는 푸른 연기가 생성된다. 그러므로 기름을 조리할 때는 발연점 이하에서 조리하여야 하며, 특히 튀김의 경우는 발연점이 높은 콩기름이나 옥수수유를 사용하는 것이 좋다. 발연점은 유지가 분해되어 유리지방산의 함량이 많아지거나, 기름을 담은 용기의 표면적이 넓거나, 기름에 이물질이 있거나, 사용 횟수가 증가할수록 낮아진다. 그러므로 튀김을 할 때에는 유리지방산의 함량이 적은 신선한 기름을 사용하여 표면적이 좁고 깊숙한 용기에 튀기는 것이 좋고, 튀김옷이 떨

> **발연점**
> smoke point
> 유지를 높은 온도에서 가열하면 유지의 표면에서 엷은 푸른색의 연기가 발생하는 온도
>
> **인화점**
> flash point
> 유지를 발연점 이상으로 가열하여 발화되는 온도
>
> **연소점**
> fire point
> 유지가 인화되어 계속 연소를 지속하는 온도

어진 것은 바로 제거하여 이물질이 없게 해야 맛있는 튀김을 만들 수 있다.

그림 **12-6**
주요 식용유지의 발연점

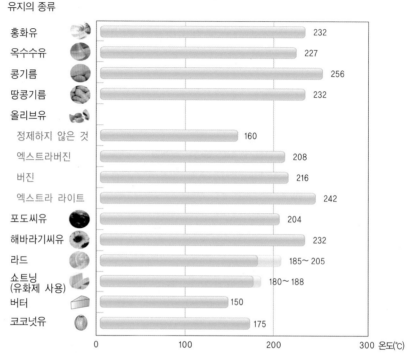

유지의 종류

유지의 종류	온도(℃)
홍화유	232
옥수수유	227
콩기름	256
땅콩기름	232
올리브유	
정제하지 않은 것	160
엑스트라버진	208
버진	216
엑스트라 라이트	242
포도씨유	204
해바라기씨유	232
라드	185~205
쇼트닝 (유화제 사용)	180~188
버터	150
코코넛유	175

자료: Amy Brown(2008). *Understanding food Principle & Preparation* (3rd ed), p.427, p.434. Thomson Wardworth.

2) 조리 및 이용

(1) 향미의 증가

볶음, 튀김요리와 나물을 무칠 때 유지류를 사용하면 음식의 향미가 증가 된다. 나물을 무칠 때 참기름이나 들기름을 넣어 향미를 돋우는데, 유지는 피막을 형성하고 향기성분은 휘발성이 있으므로, 참기름과 들기름은 마지막 에 넣어야 맛있게 먹을 수 있다.

(2) 부착 방지

기름은 물과 섞이지 않으므로 식품에 기름을 바르면 윤활유 역할을 하여 식품의 부착을 방지한다. 고기와 생선을 구울 때 팬에 기름을 넣고 가열하면 막이 생겨 부착되지 않는다.

(3) 열전도

유지의 중요한 기능 중의 하나가 열전도이다. 따라서 기름의 양에 따라 기름의 양이 적은 볶음에서부터 많은 튀김까지 다양한 요리가 가능하다.

① 튀김

기름을 열매체로 하는 튀김은 고온에서 단시간 조리한다. 재료의 수분이 증발하고 기름이 흡수되어 바삭바삭한 질감과 함께 영양소나 맛의 손실이 가장 적은 조리법이며 튀기는 과정에서 휘발성 향기성분이 생성된다.

- **튀김유** 튀김에 적합한 기름은 정제가 잘된 콩기름, 옥수수유, 면실유 등 발연점이 높은 식물성유나 유화제가 들어 있지 않은 쇼트닝이 적합하다. 참기름 또는 들기름과 같이 정제하지 않은 기름이나 물과 유화제가 들어 있는 버터나 마가린 등은 발연점이 낮아 튀김용으로 적당하지 않다.
  튀김 시 튀김 온도가 낮거나 튀김 시간이 길거나, 재료의 표면에 공기

TIP
-

튀김을 할 때는?
- 냉동식품을 튀길 경우, 옷을 입힌 것은 냉동상태에서 가열하고, 옷을 입히지 않은 것은 반해동상태에서 튀기는 것이 좋다.
- 재료에 물기가 많으면 빵가루가 많이 묻게 되어 튀김옷이 두꺼워지므로 튀김옷을 묻히기 전에 물기를 닦아내는 것이 좋다.
- 튀김은 두꺼운 팬에 기름을 많이 넣고 튀김용기 표면적의 1/3 정도 분량의 재료를 조금씩 넣어야 온도의 변화가 적어 맛있는 튀김이 된다.
- 기름에 튀김재료를 넣은 다음 젓가락으로 집어 가볍게 흔들어 주면 예쁘게 튀겨진다.

그림 **12-7**
튀김할 때 물질의 이동

수분과 휘발성 화합물 증발

튀김옷   기름흡수

구멍이 많고 거칠거나, 당, 유지 또는 수분 함량이 많을 때, 레시틴과 같은 유화제가 함유된 식품의 경우에는 기름의 흡수량이 많아진다.

튀김을 하다 새 기름을 넣지 않는 것이 좋으나 불가피하게 넣어야 할 때는 본래 기름의 1/2 정도의 새 기름을 넣는다.

기름은 한 번 튀길 때마다 발연점이 10~15℃ 정도 낮아지므로 튀김을 할 때는 여러 번 사용한 기름을 사용하기보다는 신선한 기름을 사용해야 한다. 또한 표면적이 넓은 용기에 튀기거나 튀김옷 등의 이물질이 있으면 발연점이 낮아지므로 주의하여야 한다.

튀김에 사용된 기름은 가열에 의하여 분해되어 유리지방산과 과산화물이 생성되며, 중합체를 형성하여 점도가 증가하는 산패현상이 일어난다. 산패된 기름은 색이 짙어지고 거품을 형성하며 발연점이 낮아지는 등 품질이 저하된다.

유리지방산
유지를 구성하는 중성지질이 가수분해되어 생긴 지방산

과산화물
분자내에 퍼옥시$_O-O-$결합을 갖는 산화물의 총칭

중합체
동일한 화학구조의 단위가 여러 개 반복하는 구조를 갖는 고분자 물질

• **튀김 온도와 시간** 튀김은 식품의 종류와 크기, 튀김옷에 따라 다르나 보통 180℃ 전후에 튀기는 것이 일반적이다. 겉만 익으면 되는 것은 높은 온도에서 짧은 시간 튀기고, 속까지 충분히 익혀야 하는 것은 낮은 온도

그림 **12-8**
기름의 튀김 온도 판정법

C. 180℃   새우

B. 160℃   도넛

A. 150℃   약과

종류	온도(℃)	시간
일반적인 튀김	180	2~3분
고로케	190~200	40초~1분
어묵, 어패류	180~190	1~2분
채소(두께 0.7cm)	160~180	3분
프리터	160~170	1~2분
도넛	160	3분
닭튀김	1차: 165	8~10분
	2차: 190~200	1~2분
크루톤	185~195	30초
포테이토 칩	1차: 165	8~10분
	2차: 190~200	1~2분

표 **12-7**
튀김의 온도와 시간

크루톤
crouton
잘게 썬 식빵을 버터를
두른 팬에서 노릇하게
구운 것

TIP
-

새우를 튀길 때
새우 꼬리 부분의 물을 빼내지 않으면 튀길 때 기름이 튀므로 새우를 손질할 때는 껍질을 벗긴 다음 꼬리
끝을 약간 잘라내고 꼬리에 든 물을 빼내야 기름이 튀지 않는다.

에서 튀기는 것이 좋다. 낮은 온도에서 튀기면 튀김 시간이 길어져 기름
의 흡수가 많아져 좋지 않으나, 약과는 기름의 흡수가 많아야 부드럽고
바삭하므로 140~150℃의 낮은 온도에서 튀겨야 한다.

닭다리를 튀길 경우 165℃에서 8~10분 정도 튀긴 후 건졌다 1~2분 정
도 더 튀기면 재료에 남은 수분이 제거되어 바삭해지므로 두 번 튀기는
것이 좋다.

- **튀김옷** 감자칩 같이 바삭하게 튀겨야 맛있는 식품은 그대로 튀기는 것
이 좋으나, 새우튀김 같이 재료의 수분이 유지되어야 하는 것은 튀김옷
을 입혀서 튀긴다.
  - **밀가루** 튀김에는 글루텐이 적어 흡습성이 약하고 탈수가 잘 되는 박

TIP
-

호박전을 부칠 때 밀가루를 묻히는 이유는?
호박전을 부칠 때 밀가루를 묻히면 호박의 표면이 거칠어지는 효과가 생겨 마찰력이 커지므로 달걀이 미끄러지는 것이 줄어들어 모양이 예쁘게 된다.

력분이 좋다. 박력분이 없으면 중력분에 전분을 섞어 사용한다. 튀김옷을 입혀 튀기면 재료의 수분 및 단맛의 증발을 줄이고 기름을 흡수하여 맛이 좋아진다.

- **식소다** 밀가루 중량의 0.01~0.2% 정도의 식소다를 넣으면 탄산가스 발생과 동시에 수분이 증발하여 습기가 차지 않으며 가볍고 바삭하게 된다.

- **물** 단백질의 수화를 늦게 하고 글루텐의 형성이 잘 되지 않도록 하기 위하여 15℃ 정도의 찬물을 2.2~2.5배 넣으면 튀김옷이 두꺼워지지 않고 바삭하게 튀겨진다.

- **달걀** 달걀은 반죽의 글루텐 형성을 도와 튀김옷의 경도를 도와주고 맛도 좋게 한다. 하지만 튀김이 오래되면 눅눅해지는 단점이 있다.

- **설탕** 설탕은 튀김옷의 글루텐 형성을 방해하여 연하게 만들고 튀김옷을 적당히 갈변시킨다.

- **튀김옷 만드는 방법** 튀김옷은 튀기기 직전에 물과 달걀 푼 것에 체친 가루를 넣고 글루텐이 지나치게 형성되지 않도록 가볍게 섞은 후 차게 하여 사용한다.

② 전·볶음

전이나 볶음은 재료에 유지의 향미를 첨가하고 부드러운 맛을 증가시키며, 유지의 열전도체에 의한 조리방법 중의 하나이다.

• **기름의 양** 수분 함량이 90% 이상인 양배추, 콩나물 등 빨리 볶아야 하는 식품은 재료 무게의 3% 정도, 얇게 썬 소고기나 생선처럼 단백질이

식품	사용량(%)	비고
양배추	3	0.1cm 정도로 가늘게 채친 것
콩나물	3	그대로
달걀	4	
밥	10	그대로
쇠고기	5	두께 0.5cm 정도
생선	5	넙치 자른 것
양파	7	다진 것
	6~12	채친 것
감자	8~14	
당근	6~10	
시금치	6~10	

표 **12-8**
볶음에 사용하는 기름의 양

자료: 衫田浩一(2006). 新裝版「こつ」の科学, 調理の 疑問 に答え (p.121). 紫田書店.

쉽게 응고되는 식품은 5% 정도, 기름을 흡수하기 쉬운 밥은 10%의 기름을 사용하여 볶는 것이 좋다.

• **조리 요령** 볶음은 잘게 썬 재료의 물기를 잘 제거한 후 기름으로 달군 팬에 재료를 냄비의 반 정도 넣고 짧은 시간 안에 볶아야 한다.

조리용도	부침, 튀김	나물, 샐러드 드레싱
식용유의 종류	콩기름, 옥수수기름, 면실유, 해바라기씨유, 포도씨유, 카놀라유	참기름, 들기름, 호두유, 엑스트라 버진 올리브유

표 **12-9**
조리용도에 따른 식용유의 종류

4. 유지의 산패와 산패방지법

1) 산패

식용유지나 지방질 식품을 장기간 저장할 때 산소, 광선, 효소, 물, 미생물 등의 작용을 받으면 색이 짙어지고 나쁜 냄새가 발생하여 품질이 저하되는 데 이러한 현상을 산패rancidity라고 한다. 이러한 산패는 포화지방산보다는 불포화지방산의 함량이 많은 식물성유 및 생선기름 등에서 쉽게 일어나므로 주의하여야 한다.

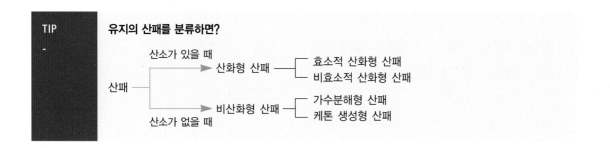

유지의 산패를 분류하면?

2) 산패방지법

유지의 산패를 방지하려면 불투명한 용기에 넣어 어둡고 서늘한 곳에 보관하는 것이 좋다. 식품을 튀긴 후 고운 체를 사용하여 기름을 걸러 부스러기를 없애야 하고, 쓰던 기름은 새 기름과 혼합하여 사용하지 않는 것이 좋다.

유지의 산패 진행을 늦추기 위하여 유지에 항산화제를 사용할 수 있다. 천연항산화제로는 식물성기름에 토코페롤tocopherol, 참기름에 세사몰sesamol, 면실에 고시폴gossypol이 함유되어 있으며, 합성항산화제로는 BHTbutylated

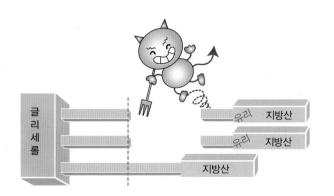

그림 **12-9**
유지의 가수분해에 의한
유리지방산 생성

hydroxy toluene, BHAbutylated hydroxy anisol, PGpropyl gallate, EPethyl protocatechuate 등
이 있다.

또한 이러한 항산화제에 구연산, 비타민 C, 인산 등과 같은 물질을 첨가하면
항산화 효과를 증대시킬 수 있는데 이러한 물질을 상승제synergist라고 한다.

3) 변향

콩기름은 변향이 일어나기 쉽고 옥수수유는 변향이 잘 일어나지 않는다.
콩기름은 정제 과정에서 콩비린내를 제거하지만 저장 과정 중에 원래의 콩
비린내가 다시 나타나기 때문이다. 변향취는 콩기름의 리놀렌산이 자동산화

> **변향**
> flavor reversion
> 식용유지에서 정제하기
> 전의 유지 본래 냄새와
> 비슷한 냄새를 갖게 되
> 는 현상

기능	예
향미부여	나물, 볶음, 튀김
가소성	패스트리, 제과, 아이싱
크리밍성	버터케이크, 파운드케이크, 제과
쇼트닝성	케이크, 쿠키, 비스킷, 패스트리
유화성	마요네즈, 샐러드 드레싱, 푸딩, 크림 수프
열전도	튀김, 전, 볶음
부착방지	고기구이, 생선구이

표 **12-10**
유지의 기능과 예

> **푸딩**
> pudding
> 젤라틴을 녹인 액에 우
> 유, 크림, 설탕, 과일 등
> 을 넣어 굳힌 것

초기 과정에 생성되는 휘발성 카르보닐화합물에 의한다.

초콜릿과 크림도 지방으로 만드나?

• 초콜릿chocolate

카카오 콩에서 추출한 카카오 버터와 카카오 매스에 유제품과 유화제를 넣고
50~80℃에서 24~48시간 정도 반죽한 후 29~31℃에서 1시간 정도 온도 조
절tempering을 하고 모양을 만들어 냉각하면 초콜릿이 된다.

– 카카오 매스cacao mass

　초콜릿의 원료가 되는 카카오콩을 볶는 과정에서 만들어진 죽 상태

– 카카오 버터cacao butter

　카카오매스에서 기름을 추출해 가공한 것

– 코코아cocoa

　기름이 빠진 카카오의 찌꺼기를 아주 작은 분말로 처리한 것

– 템퍼링tempering

　초콜릿을 녹이고 식히는 과정을 거쳐 초콜릿을 안정화 시키는 방법

• 크림cream

우유를 원심분리하면 비중이 작아 위에 뜨는 층이 생기는데 이것을 크림이라
고 한다. 생크림 케이크, 커피, 아이스크림 등에 사용된다.

유지의 보관방법

버터나 마가린은 냉장고에 보관하는 것이 좋고, 쇼트닝과 대부분의 식물성유는 뚜껑을 꼭 닫고 실온의 빛
이 없는 어두운 장소에서 저장한다. 특히 올 리브유와 들기름은 다른 식물성유보다 유통기한이 짧아 개봉
후 빨리 사용한다.

CHAPTER
13

: 채소류

CHAPTER
13

: 채소류

채소는 오랜 재배 역사를 가지고 있으며 전 세계적으로 800여 종류가 있다.
채소는 수분 함량이 많고 다양한 향기와 색을 지니고 있으며 비타민과
무기질이 많아 건강상 중요한 식품으로 인식되고 있다. 채소는 조리하는 과정
중 색과 질감이 변하고 영양학적으로도 많은 변화를 겪으므로 조리과정에
대한 이해가 필요하다.

1. 채소의 성분

채소는 평균 약 90%의 수분을 함유하고 있고 1~3%의 단백질, 0.1~0.5%의 지질, 2~10%의 탄수화물을 함유하고 있어 에너지원으로는 거의 이용되지 않는다. 무기질과 비타민 함량이 많으며 식이섬유를 0.5~2% 정도 함유하

표 **13-1** 채소의 성분

(가식부 100g 당)

식품명	일반성분								무기질					비타민				
	에너지 (kcal)	수분 (g)	단백질 (g)	지질 (g)	회분 (g)	탄수화물 (g)	총당류 (g)	총식이섬유 (g)	칼슘 (mg)	철 (mg)	인 (mg)	칼륨 (mg)	나트륨 (mg)	베타카로틴 (μg)	비타민 B₁ (mg)	비타민 B₂ (mg)	니아신 (mg)	비타민 C (mg)
가지*	19	93.9	1.13	0.03	0.58	4.36	2.32	2.7	16	0.26	35	232	0	52	0.035	0.163	0.366	0
고추*(빨간색)	85	77.4	3.12	2.73	1.41	15.34	5.48	10.2	14	0.75	81	575	1	3537	0.390	0.383	2.539	122.74
고추*(풋고추)	29	91.1	1.71	0.19	0.58	6.42	1.80	4.4	15	0.50	38	270	1	458	0.008	0.076	0.558	43.95
당근*(뿌리)	31	91.1	1.02	0.13	0.72	7.03	6.23	3.1	24	0.28	42	299	23	5516	0.037	0.062	0.882	3.02
마늘*(구근)	123	65.3	7.03	0.12	0.90	26.65	0.47	3.3	8	0.82	124	357	2	0	0.118	0.276	0.613	11.86
무*(조선무)	15	95.3	0.63	0.09	0.62	3.36	0.97	0.6	23	0.18	37	268	6	4	0.059	0.021	–	7.34
무청*(조선무잎)	31	88.9	2.9	0.2	1.9	6.1	–	–	341	11.5	85	388	154	166	0.21	0.17	0.7	72
배추*	12	95.6	1.1	0	0.6	2.7	–	–	29	0.5	18	222	15	5	0.20	0.03	0.4	10
부추*(재래종)	22	93.0	1.8	0.3	0.8	4.1	–	–	28	3.4	23	–	3	87	0.16	0.08	0.6	5
브로콜리*	32	89.4	3.08	0.20	1.00	6.32	0.79	3.1	39	0.80	68	365	3	264	0.033	0.143	1.024	29.17
시금치*(하우스)	27	90.1	2.60	0.33	1.87	5.10	1.61	2.9	42	1.22	66	813	37	4979	0.048	0.157	0.274	43.70
양배추*	33	89.7	1.68	0.08	0.62	7.92	4.79	2.7	45	0.27	35	241	8	13	0.035	0.033	0.573	19.56
양상추*	18	94.5	0.6	0	0.3	4.6	–	1.5	15	0.4	17	179	2	78	0.19	0.02	0.3	0
양파*	27	92.0	0.95	0.04	0.33	6.68	5.74	1.7	15	0.20	27	145	3	2	0.035	0.011	0.099	5.88
오이*(개량종)	14	95.2	1.22	0.02	0.51	3.05	1.38	0.7	15	0.20	39	196	3	61	0.002	0.034	0.091	11.25
파*(대파)	23	92.8	1.78	0.15	0.47	4.80	2.63	1.6	24	0.82	30	181	0	277	0.066	0.094	0.143	3.55
피망*(초록색)	22	93.2	0.90	0.04	0.50	5.36	1.35	2.7	14	0.50	25	187	1	198	0.013	0.040	0.922	21.52
호박*(애호박)	22	93.1	1.07	0.09	0.60	5.14	2.43	2.2	15	0.23	38	224	0	270	0.038	0.080	0.348	3.11

자료: 농촌진흥청(2020). 국가표준식품성분 DB 9.2
* 표시는 생것을 의미함

고 있다. 채소는 여러 가지 색소, 맛과 향기성분을 함유하여 식욕을 돋우어
준다.

2. 채소의 종류

일반적으로 섭취하는 부위에 따라 엽채류, 경채류, 근채류, 과채류, 화채류
등으로 분류하며 엽채류에 속하는 채소는 줄기를 함께 먹기도 한다.

그림 **13-1**
채소류의 분류

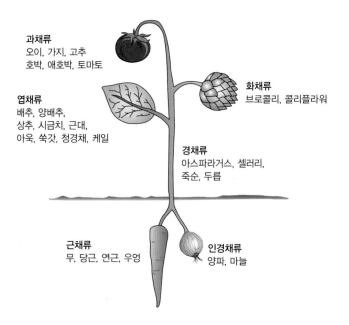

과채류
오이, 가지, 고추
호박, 애호박, 토마토

화채류
브로콜리, 콜리플라워

엽채류
배추, 양배추,
상추, 시금치, 근대,
아욱, 쑥갓, 청경채, 케일

경채류
아스파라거스, 셀러리,
죽순, 두릅

근채류
무, 당근, 연근, 우엉

인경채류
양파, 마늘

1) 엽채류

배추, 양배추, 시금치, 상추, 깻잎, 부추, 쑥갓, 갓, 근대, 아욱 등 채소의 잎을 섭취하게 되는 엽채류는 수분이 90% 이상 함유되어 있고 당질, 단백질, 지질 함량이 적다. 철분, 칼슘 등의 무기질, 비타민 C와 비타민 A의 전구체인 카로틴, 리보플라빈이 풍부한 식품으로 식이섬유도 많이 함유하고 있다. 시금치에 함유된 수산은 칼슘과 불용성 수산칼슘을 형성하여 신체 내에서 칼슘의 이용을 저해한다.

배추

시금치

TIP
-

쌈채소

엽채류는 쌈채소로 이용되며 쌈채소의 종류는 상추, 깻잎, 청경채, 치커리, 케일, 겨자, 당귀, 신선초, 쌈배추, 오크린, 로메인, 비타민(채소) 등이 있다.

시금치의 종류

시금치는 잎의 수가 많고 두껍고 색깔이 진한 것이 좋다. 시금치의 종류로는 재래종과 서양종이 있다. 재래종 시금치 중 포항초는 뿌리 쪽이 붉고 잎이 뾰족하며 튼튼해 보이는 것으로 가을에 심어 겨울에 수확하는데 맛이 좋고 영양성분도 우수하다. 서양종은 크고 잎이 두꺼우며 잎에 패인 흔적이 적고 뿌리의 붉은 색도 적은 것으로 일반적으로 봄시금치라고 한다.

'상추를 먹으면 졸리다'

상추하면 잘 알려져 있는 말 중 하나가 '상추를 많이 먹으면 졸리다'는 말이다. 이는 상추 줄기를 잘랐을 때 나오는 흰즙 안에 함유된 락투신lactucin이라는 성분 때문이다. 또한 락투신은 신경을 안정시킨다.

2) 경채류와 인경채류

양파

셀러리, 아스파라거스, 죽순, 두릅 등 채소의 줄기를 먹는 것을 경채류라 하고 비늘줄기를 먹는 양파, 마늘 등은 인경채류라 한다. 경채류는 엽채류와 같이 수분 함량이 많고 당질이 적게 들어 있다.

TIP
-

파

파는 대파, 실파, 쪽파 등이 있으며, 고기의 누린내나 생선의 비린내를 제거하고 나물이나 볶음 등 다양한 음식에 사용된다. 파를 양념으로 사용할 때는 흰 부분을 곱게 다져서 쓰고, 마늘의 2배 정도 사용하는 것이 좋다. 푸른 잎 부분은 찌개나 국에 사용하는 것이 좋다. 굵은 파의 푸른 부분은 진액이 많고 쓴맛이 나므로 다지지 말고 물에 주물러 진을 뺀 후 헹구어 사용하는 것이 좋다. 파는 조직이 파괴된 후 오래되면 불쾌한 냄새가 나므로 오래 끓이면 맛이 없어진다.

3) 근채류

토란

무, 당근, 우엉, 연근, 생강, 순무, 콜라비 등 뿌리를 이용하는 채소로 다른 채소에 비하여 당질 함량이 많고 수분 함량이 적다.

4) 과채류

고추

오이, 고추, 호박, 토마토, 가지, 수박, 참외 등의 열매가 채소로 이용되는 과채류는 일반적으로 당질 함량이 적고 수분 함량이 많다. 오이는 수분 함량이 97% 정도로 많고 늙은 호박이나 단호박은 당질이 많아 단맛을 준다. 토마토, 풋고추에는 비타민 C의 함량이 매우 높다. 반면 당근, 오이, 호박 등에는 비타민 C를 산화하는 아스코르브나제ascorbinase가 있다.

표 **13-2**
오이, 고추, 호박의 종류

오이 Cucumber		
재래종 오이 (다다기 오이, 조선오이)		크기가 작고 색깔이 연하며 씨가 적은 것이 특징으로 맛이 좋아 오이소박이나 오이지 등에 주로 이용한다.
가시오이		표면에 돌기가 많이 돋아 있는 오이로 오이무침, 냉채, 샐러드 등의 반찬으로 주로 이용한다.
취청오이		가시오이와 비슷하게 생겼으나 색이 조금 더 짙고 표면이 윤기가 나면서 매끈하며 육질이 단단해서 볶음용으로 좋다.
늙은 오이		완전히 성숙하여 누렇게 된 오이를 말하며 노각이라고도 한다. 노각무침은 늙은 오이의 겉껍질을 제거한 후 채를 썰어서 고추장에 무친 것으로 여름철에 맛볼 수 있는 별미이다.
고추 Pepper		
풋고추 (청고추)		완전히 성숙하지 않은 푸른색 고추다. 매끈하고 짙은 녹색을 띠며 두꺼우면서도 연한 것이 좋고 씨를 빼고 조리해야 음식이 깨끗하다. 날로 먹거나 찌개의 양념, 장아찌, 부각 등에 이용된다.
꽈리고추		풋고추보다는 크기가 작고 표면이 쭈글쭈글한 고추로, 조림이나 볶음 등의 요리에 이용된다.
청양고추		캡사이신 capsaicin이 많아 매운맛이 강한 고추로 작고 끝이 뾰족하며 비타민 함량이 많다.
홍고추		풋고추가 익어서 된 것으로 조리나 고추장 제조에 사용한다. 밝은 적색으로 광택이 강하고 매끈하며 과피가 두껍고 통통하며 속씨가 적은 것이 좋다.
호박 Pumpkin		
애호박		과피색이 연한 녹색으로 감촉이 부드러우며 육질이 치밀하고 단단한 것이 좋다. 전이나 선에 주로 이용된다.
돼지호박 (마디호박, 쥬키니 호박)		과피색이 진한 녹색으로 선명하며 육질이 과숙되지 않고 씨가 적은 것이 좋다. 나물 등에 주로 이용된다.
단호박 (밤호박)		과피색이 진한 녹색으로 잘랐을 때 과육의 색이 진하고 씨가 많은 것이 좋다. 전분과 카로틴 함량이 높고 비타민도 많아 영양가가 높다.
늙은 호박 (청둥호박)		과육이 진한 주황색이고 카로티노이드 색소를 가지고 있다. 호박죽, 호박범벅 등으로 이용된다. 늙은 호박 말린 것을 호박고지라고 한다.

5) 화채류

콜리플라워

브로콜리

아티초크

콜리플라워, 브로콜리, 아티초크 등은 꽃을 먹는 채소이다. 브로콜리의 비타민 C 함량은 레몬의 두 배 정도이며 비타민 A도 풍부하고 티아민, 리보플라빈, 칼슘, 칼륨이 많고, 특히 암 예방효과가 있는 설포라판sulforaphane도 많이 함유되어 있다.

표 13-3 계절별 채소

계절	종류
봄	냉이, 달래, 씀바귀, 쑥, 돌나물, 취, 원추리
여름	열무, 깻잎, 호박잎, 꽈리고추, 고추, 고추잎, 근대, 비름, 부추, 상추, 오이, 호박, 가지, 양파, 토마토
가을	무, 당근, 도라지, 더덕, 아욱, 토란대, 고구마 줄기, 양상추, 배추, 늙은 호박

3. 채소의 조리 특성

채소를 조리할 때는 아름다운 색과 향기 그리고 특유의 맛이 손실되지 않도록 해야 한다. 비타민과 무기질의 급원이 되는 중요한 식품이므로 이 성분들이 손실되지 않도록 취급해야 한다.

채소는 대부분 생식할 수 있으나 호박과 같이 전분이 많은 식품은 호화시키고, 우엉과 같이 조직이 단단한 것은 가열해서 부드럽게 하여 섭취하고 떫은 맛이나 아린 맛 등을 함유한 고사리나 씀바귀 등의 채소는 그 맛을 우려낸 후 섭취한다.

서양음식의 향신료 – 허브와 스파이스

음식의 맛과 향 및 색을 내기 위해 사용되는 향신료는 크게 허브herb와 스파이스spice로 구분한다. 허브는 주로 신선한 상태의 잎을, 스파이스는 주로 건조된 상태의 잎, 줄기, 열매, 뿌리, 껍질 등을 사용한다.

향신료	사용 부위	맛	향	이용
월계수 sweet bay	잎	달고 쓴맛	나무향	양고기의 냄새를 없애고 수프, 소스, 피클 등의 이탈리아 요리에 다양하게 사용
바질 basil	잎, 줄기	약간 매운 맛	향긋하고 달콤한 향	토마토와 잘 어울리는 향신료로 토마토 요리, 수프, 소스, 피자, 스파게티, 샐러드 등 다양한 요리에 사용
로즈마리 rosemary	잎, 줄기	–	상큼하고 강렬한 향	양고기, 돼지고기, 닭고기 등의 육류 요리나 생선요리, 수프, 빵, 구운 감자 등에 사용
파슬리 parsley	잎, 줄기	상큼한 맛	진한 풀향	달지 않은 요리와 어울리며 통으로 장식하거나 잎을 잘게 다져 육류요리, 샐러드, 수프, 소스, 드레싱, 파스타 등에 사용
타임 thyme	잎, 꽃	달콤한 맛	상큼한 소나무향	가금류 및 생선 조리에 사용하여 비린내를 없애고, 치즈나 술의 감칠맛을 더해 주며 피클, 샐러드 등에도 사용. 오래 끓일수록 맛이 우러나와 처음부터 넣고 끓이는 것이 좋음
오레가노 oregano	꽃, 잎	톡쏘는 맛	달콤한 향	파스타, 샐러드, 빵 등의 이탈리아 요리에 필수적으로 사용하는 향신료로 피자 소스로 사용
레몬그라스 lemongrass	잎, 뿌리	신맛	레몬향	세계 3대 수프인 태국의 톰얌쿵에 사용
고수 coriander	잎, 줄기	매운맛	버터향	육류, 소시지 등의 요리, 중국요리 및 베트남 쌀국수 등의 요리에 많이 사용
시나몬 cinnamon	줄기 (껍질)	달짝지근한 맛	계피향	통계피는 계피차, 수정과 등에 사용되고, 계피가루는 경단 등의 떡고물, 약식, 약과, 카푸치노 커피, 초콜릿 등에 사용
후추 black pepper	열매	매운맛	상큼하고 자극적인 향	소스, 수프 또는 생선의 비린내나 육류의 누린내를 없애는 데 사용. 통후추는 배숙, 육수, 탕 등에 사용하며 미숙 후추 열매를 건조하여 가루를 낸 검은 후추는 향이 강하여 육류의 누린내를 제거하거나 일반 요리에 많이 사용되고 완숙 후추를 가루 낸 흰 후추는 매운맛이 부드럽고 약해 흰살 생선이나 흰색 요리에 사용
아니스 anise	꽃, 잎, 열매	단맛	–	캔디, 쿠키, 피클 등에 사용
사프란 saffran	꽃	쓴맛	독특한 요오드향	노란색이 나며 스페인에서는 밥을 지을 때 넣으며 수프, 과자, 케이크, 빵의 재료로 사용
넛멕 nutmeg	열매	맵고 쓴맛	강한 향	육두구라고도 하며 육류와 생선음식의 냄새를 없애는 데 사용

그림 **13-2**
클로로필의 구조

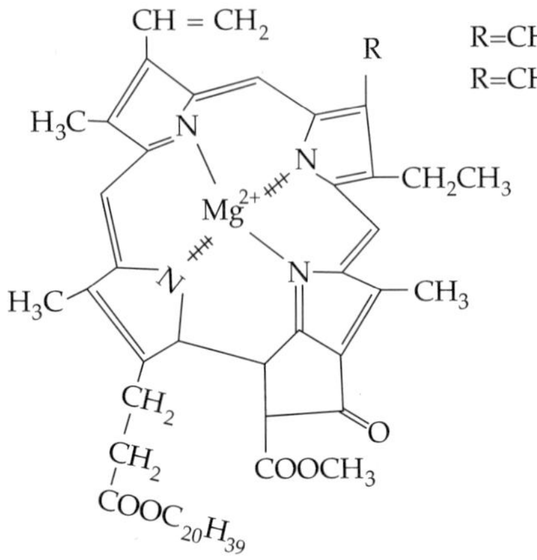

$$CH=CH_2$$

R=CH$_3$ 클로로필 a
R=CHO 클로로필 b

H$_3$C

N

N

Mg^{2+}

N

N

CH$_2$CH$_3$

H$_3$C

CH$_3$

CH$_2$

O

CH$_2$

COOCH$_3$

COOC$_{20}$H$_{39}$

1) 조리 시 색의 변화

채소의 선명하고 아름다운 색을 보여 주는 식물성 색소는 크게 클로로필, 카로티노이드, 플라보노이드 등으로 구분된다.

(1) 클로로필

클로로필엽록소, chlorophyll은 식물의 잎과 줄기세포 내 엽록체에 단백질과 결합되어 존재한다. 클로로필에는 a와 b가 있는데 a는 청녹색, b는 황녹색으로 식물에 따라 클로로필의 a와 b의 함유비가 다르나 보통 3 : 1의 비율로 존재한다.

① 산에 의한 변화

클로로필을 산용액에 방치하면 클로로필의 마그네슘이온Mg^{2+}이 수소이온 H$^+$으로 치환되어 갈색의 페오피틴pheophytin이 형성된다. 이 페오피틴에 계속해서 산이 작용하면 클로로필에 존재하는 피톨phytol이 제거되어 갈색의 페오포비드pheophorbide가 형성된다.

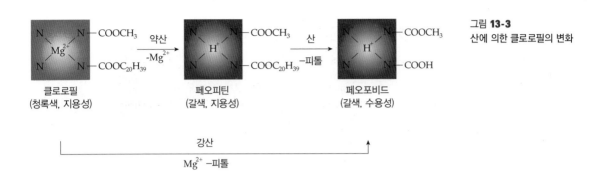

그림 **13-3**
산에 의한 클로로필의 변화

클로로필
(청록색, 지용성)

페오피틴
(갈색, 지용성)

페오포비드
(갈색, 수용성)

강산

Mg^{2+} −피톨

표 **13-4**
산에 의한 클로로필 변화의
조리 예

구분	특징
시금치 데치기	시금치를 데치면 시금치에 함유되었던 유기산이 유리되어 클로로필과 접촉함으로써 갈색으로 변하게 된다.
배추김치와 오이소박이	배추나 오이의 녹색이 김치를 담근 후 갈색을 띠는 것은 발효에 의해 생성된 젖산이나 초산이 클로로필에 작용하여 페오피틴을 형성하기 때문이다.
채소국	간장이나 된장을 넣은 국물은 산성이므로 녹색채소는 시간이 지남에 따라 색이 변색된다. 따라서 녹색채소를 사용하는 된장국이나 맑은 장국에 채소는 먹기 직전에 넣는 것이 좋고 녹색채소를 국건더기로 넣을 때는 녹색 채소를 미리 데쳐서 국물에 넣으면 색이 보기 좋다.
오이생채	오이생채를 하는 경우 오이가 식초의 산 때문에 누렇게 변색되므로 먹기 직전에 무치는 것이 좋다.

TIP
-

시금치의 수산과 칼슘
시금치에는 수산이 풍부하게 들어 있는데 수산은 체내 흡수된 칼슘과 결합하여 칼슘의 이용률을 감소시키고 신장 또는 요도에 결석을 만든다. 그러나 시금치의 수산은 데치기만 해도 물에 쉽게 용출되어 제거되므로 시금치를 데치면 칼슘 흡수는 저해되지 않는다.

채소의 유기산
채소는 여러 가지 유기산을 가지고 있으나 함량이 적고 대부분 염의 형태로 존재하므로 신맛이 적거나 없다. 채소의 유기산은 비휘발성 유기산과 휘발성 유기산으로 나눌 수 있다. 비휘발성 유기산의 종류로는 구연산citric acid, 사과산malic acid, 수산oxalic acid, 호박산succinic acid, 주석산tartaric acid 등이 있다. 당근의 주된 산은 사과산이고 시금치에는 수산이 상당히 많이 함유되어 있다. 비휘발성 유기산은 끓는 물에 채소를 가열하면 조리하는 물에 용해되어 나오지만 수증기와 함께 증발하지 않는다. 그러므로 유리된 유기산은 조리수의 pH를 산성으로 만들어 녹색채소를 녹황색으로 변하게 한다. 휘발성 유기산은 채소를 가열하면 수증기와 함께 증발하는 것으로 분자량이 작은 것일수록 빨리 휘발한다. 채소를 끓는 물에 넣고 가열하면 휘발성 유기산은 가열 초기에 대부분 증발한다.

그림 **13-4**
채소를 데치는 요령

채소를 데칠 때는 뚜껑을 열고 가열함으로써 휘발성 유기산이 증발될 수 있도록 한다. 또한 조리수를 다량(채소 무게의 5배) 사용함으로써 비휘발성 유기산의 농도를 희석시켜 푸른색을 선명하게 해야 한다.

TIP **채소를 1~2% 소금물에 데치는 이유는?**
1. 데치는 물의 농도가 채소의 세포액의 농도와 같아지기 때문에 채소의 수용성 성분이 적게 용출된다.
2. 소금물로 데치면 물로만 데치는 것보다 채소의 색이 선명한데 이는 소금이 클로로필의 용출을 적게 함으로써 클로로필의 안정화에 좋은 역할을 하기 때문이다.

식소다
중조, 중탄산나트륨, 탄산수소나트륨으로도 불리며 분자식은 $NaHCO_3$이다. 가열하면 이산화탄소CO_2와 물H_2O을 발생시키고, 수용액은 가수분해에 의해서 약한 알칼리성을 보인다.

② 알칼리에 의한 변화

조리수가 약알칼리일 때 지용성의 클로로필에서 피톨이 떨어져 나가 녹색 채소는 짙은 푸른색의 수용성 클로로필리드chlorophyllide가 되고 계속해서 클로로필의 메탄올이 떨어져 나가 짙은 청록색의 클로로필린chlorophylline이 된다. 녹색채소를 식소다를 넣은 끓는 물에 데치면 짙은 청녹색이 된다.

그림 **13-5**
알칼리에 의한 클로로필의 변화

클로로필   클로로필리드   클로로필린
(청록색, 지용성)   (짙은 청록색, 수용성)   (짙은 청록색, 수용성)

TIP **채소를 식소다(중탄산소다, 중조) 넣은 물에 데치면?**
데친 물은 알칼리성이므로 수용성 비타민 특히 비타민 C와 티아민의 파괴가 크다. 또한 섬유소는 알칼리에 의해 연화되어 뭉그러질 염려가 있어 잘 사용하지 않으나 마른 고사리, 고비 등과 같은 산채의 질감을 부드럽게 하기 위해 데칠 때 식소다를 사용하기도 한다.

③ 썰기에 의한 변화

조직을 자르거나 갈거나 하여 조직이 파괴되면 클로로필라제chlorophyllase
가 유리되는데 이 효소가 지용성인 클로로필에서 피톨을 제거하여 수용성
인 짙은 청록색의 클로로필리드로 분해하기 때문에 조리수에 잘 녹게 된다.

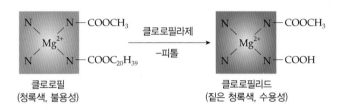

클로로필
(청록색, 불용성)

클로로필리드
(짙은 청록색, 수용성)

그림 **13-6**
효소에 의한 클로로필의 변화

④ 금속이온에 의한 변화

클로로필은 구리, 아연 등의 금속이온과 함께 가열하면 클로로필 중의 마
그네슘 이온Mg^{2+}이 이들 금속이온과 치환되어 안정하고 선명한 녹색의 구
리-클로로필, 아연-클로로필을 형성한다.

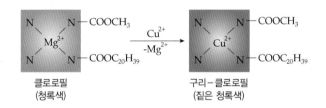

클로로필
(청록색)

구리-클로로필
(짙은 청록색)

그림 **13-7**
금속이온에 의한 클로로필의
변화

⑤ 산화에 의한 변화

클로로필은 불포화도가 높기 때문에 산화에 의해 파괴되어 퇴색, 변색되
며 자동 산화에 의해서도 파괴된다.

(2) 카로티노이드

카로티노이드carotenoid는 자연계에 가장 많이 존재하는 천연색소로 당근, 고구마, 옥수수 등의 황색, 주황색 그리고 약간의 적색을 나타내는 색소이다. 카로티노이드는 유색체chromoplasts에 존재하거나 푸른 채소의 엽록체에서 클로로필과 함께 존재한다. 엽록체에서 클로로필과 함께 존재하면 진한 녹색에 가려서 황색이 나타나지 않는 경우도 있다.

카로티노이드는 이소프렌$CH_2=C(CH_3)-CH=CH_2$, isoprene 기본구조의 연속된 공액이중결합체에 의하여 선명한 색을 나타내며, 분자 내의 이중결합의 수가 증가할수록 색이 붉어지고, 감소할수록 황색을 띤다.

카로티노이드의 종류는 탄소와 수소만으로 구성되어 있는 카로틴carotene과 두 원소 외에 산소를 가지고 있는 잔토필xanthophyll로 구분된다. 카로틴에는 α-카로틴, β-카로틴, γ-카로틴, 리코펜lycopene 등이 있다. 그중 당근, 고구마, 호박, 오렌지에 들어 있는 β-카로틴이 가장 대표적이며 토마토, 수박, 자몽에 들어 있는 리코펜은 β-카로틴보다 더 붉은색을 띤다. 그 이유는 리코펜은 β-카로틴보다 공액이중결합이 2개 더 많기 때문이다. 잔토필에는 루테인lutein, 제아잔틴zeaxanthin, 크립토잔틴cryptoxanthin 등이 있다.

표 13-5
카로티노이드의 색과 함유
식품

	색소	색깔	함유식품
카로틴	α-카로틴	주황색	당근, 오렌지
	β-카로틴	주황색	당근, 고구마, 호박, 오렌지
	γ-카로틴	주황색	살구
	리코펜	적색	토마토, 수박, 자몽
잔토필	루테인	주황색	오렌지, 호박
	제아잔틴	주황색	옥수수, 오렌지
	크립토잔틴	주황색	감, 옥수수, 오렌지

카로티노이드는 천연색소 중 비교적 안정하여 일반적인 조리방법으로는 색이나 영양가의 영향을 거의 받지 않는다. 당근 조리 시 조리시간이 길어지면 색깔이 갈변되는 경우가 있는데 이는 카로티노이드의 변화가 아니라 채소 내에 함유되어 있는 당에 의한 캐러멜화에 의한 것이다.

> 캐러멜화
> caramelization
> 당을 가열하면 분해반응을 일으켜 갈색으로 착색하는 것

TIP
-

카로티노이드의 흡수율을 높이려면?
카로티노이드는 지용성이어서 당근과 같이 이 색소를 많이 함유한 채소를 기름에 볶을 때에는 색소가 용해되어 침출되는 것을 볼 수 있다. 또한 유지와 공존하는 경우는 체내에서 흡수가 좋으므로 녹황색 채소는 볶거나 튀기는 것이 좋다. 토마토의 항산화와 항암작용을 나타내는 리코펜도 지질에 녹는 물질이어서 토마토를 올리브유 등의 기름과 함께 먹는 것이 좋고 가열하여 먹으면 흡수가 더 잘 된다.

(3) 플라보노이드

플라보노이드flavonoid의 기본구조는 탄소 6개로 구성된 고리구조인 벤젠핵이 탄소 사슬로 연결된 $C_6 - C_3 - C_6$의 플라반flavan을 갖고 있는 페놀 화합물이다. 자연계에 존재하는 대부분의 플라보노이드는 당과 결합되어 있는 배당체로 수용성이다.

플라보노이드 종류에는 안토시아닌anthocyanin, 안토잔틴anthoxanthin, 루코안토시안leucoanthocyan, 카테킨catechin 등이 있다. 루코안토시안, 카테킨은 본래의 색이 없고 산화되어 갈색으로 변하여 탄닌으로 분류된다.

① 안토시아닌

홍당무, 비트beets, 자색 양배추, 가지, 자색감자에 있는 안토시아닌은 채소의 적색, 청색, 자색 등의 선명한 색으로 수용성이어서 많은 양의 색소가 물속에 용해되면 색이 엷어진다. 안토시아닌은 조리과정에서 매우 불안정한 색소이며 pH에 따라 가역적으로 색이 변한다.

그림 **13-8**
pH에 의한 안토시아닌 색소
의 변화

산성
(적색)

중성
(자색)

알칼리성
(청색 또는 녹색)

- **pH에 의한 변화** 안토시아닌은 pH에 따라 색이 변한다. 산에 안정하여 pH 4 이하에서는 적색을 나타내거나 색 자체가 더욱 선명하게 유지되고, pH 8.5 부근에서는 자색, pH 11.0 보다 알칼리성일 때는 청색 또는 녹색으로 변색이 된다. 그러나 이 반응은 가역적이어서 다시 식초나 기타 유기산이 많은 식품으로 처리하면 다시 적색으로 환원된다. 또한 안토시아닌을 함유한 채소에 산을 넣으면 아름다운 적색이 되는 것을 조리에 응용한다. 예를 들면, 회나 초밥을 먹을 때 함께 나오는 생강초절임의 색은 적색에 가까운 분홍색이고 자색 양배추를 식초에 절이면 자색에서 적색으로 변한다. 또한 우엉을 삶을 때 청색으로 변하는 이유는 우엉 속에 들어 있는 알칼리성 무기질인 칼슘, 나트륨, 마그네슘 등이 녹아 나와서 우엉의 안토시아닌 색소를 청색으로 변화시키기 때문이다.

- **금속이온에 의한 변화** 안토시아닌은 알루미늄이온$_{Al^{3+}}$이나 철이온$_{Fe^{2+}}$과 결합하면 안정된다. 과거에는 가지를 조리할 때 오래된 쇠못을 넣어 변색을 방지하기도 했다.

- **효소에 의한 변화** 안토시아닌은 분해효소인 안토시아니나제$_{anthocyaninase}$의 작용에 의해 퇴색 또는 암갈색으로 변한다.

- **가열에 의한 변화** 안토시아닌 색소는 열에 불안정하여 열처리하는 동안 색소가 쉽게 분해·중합되어 색이 변한다.

② 안토잔틴

• **pH에 의한 변화** 안토잔틴은 양파, 연근, 우엉, 양배추, 감자 등의 백색채소에 들어 있는 무색 또는 담황색의 수용성 색소로 산에는 안정하여 선명한 백색을 유지하고 알칼리에서는 불안정하여 황색이 된다. 그러므로 백색채소를 조리할 경우 극히 소량의 산을 조리수에 첨가하면 선명한 백색을 유지할 수 있다.

그림 **13-9**
pH에 의한 안토잔틴색소의
변화

산성
(선명한 백색)
안정

중성
(무색 또는 담황색)

알칼리성
(황색)
불안정

• **금속이온에 의한 변화** 안토잔틴은 분자 내 여러 개의 페놀성 수산기$_{OH}$ group를 갖고 있어 금속과 반응하면 불용성 착화합물을 만든다. 즉, 철과는 적갈색, 알루미늄과는 황색 화합물을 만든다. 양파를 철로 만든 칼로 다져서 방치하면 적갈색으로 변하고 알루미늄 팬에서 조리하게 되면 황색으로 변하는데 이것은 이 색소가 금속이온과 결합하였기 때문이다.

2) 조리 시 향기의 변화

채소는 각각 고유한 냄새를 갖는다. 이러한 채소의 독특한 냄새는 소량의 유기산, 알데히드, 알코올, 에스테르, 케톤 등 저분자 휘발성 화합물이 복합적으로 영향을 주어 나타난다. 이와는 다르게 마늘, 양파, 파, 배추, 무, 고추냉이, 겨자 등을 썰거나 다지면 조직이 파괴되면서 효소작용에 의해 마늘, 양파 등에 함유되어 있던 황화합물이 휘발성이 강한 저분자 화합물로 분해되어 강한 냄새를 나타낸다.

(1) 마늘

마늘에는 냄새를 내는 물질의 전구체로 알린alliin, S-allyl-L-cysteine sulfoxide이 존재하며 이와 동시에 조직 세포 내에는 이 물질의 분해효소인 알리나제allinase가 있다. 마늘을 썰거나 다지거나 씹으면 마늘 조직이 파괴되고 알린과 알리나제가 접촉하여 알리신allicin을 형성한다. 알리신은 마늘의 주요 매운맛 성분으로 독특하고 강한 향이 나지만 불쾌한 냄새는 없다. 그러나 알리신은 대단히 불안정한 화합물이므로 곧 분해하여 불쾌하고 강한 냄새를 지닌 디알릴디설파이드diallyl disulfide를 형성한다. 따라서 마늘을 양념으로 사용할 경우 바로 다진 마늘을 사용해야 하고, 가열하면 점차 그 향미성분이 없어지므로 끓이는 음식에 마늘의 향을 살리기 위해서는 불에서 내려놓기 직전에 넣는 것이 좋다.

그림 **13-10**
알린의 변화

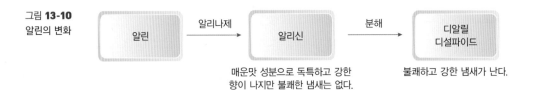

매운맛 성분으로 독특하고 강한 향이 나지만 불쾌한 냄새는 없다.

불쾌하고 강한 냄새가 난다.

TIP
-

돼지고기와 마늘의 조화
마늘의 알리신allicin은 돼지고기의 티아민과 결합하여 알리티아민allithiamin을 형성하여 티아민의 흡수를 증가시키므로 돼지고기를 먹을 때 마늘과 함께 먹으면 좋다.

(2) 양파

양파를 썰면 눈을 자극하여 눈물이 나게 하는 최루성분은 양파에 들어 있는 S 프로페닐 시스테인 설폭사이드S-propenyl-L-cysteine sulfoxide가 알리나제에 의해 변한 티오프로파날-S-옥사이드thiopropanal-S-oxide이다. 이 물질은 휘발성이고 물에 잘 녹아서 양파에 물을 많이 넣고 장시간 가열하면 냄새가 거의 나지 않는다.

그림 **13-11**
양파의 최루성 성분 생성

(3) 십자화과 채소

배추, 양배추, 갓, 브로콜리 등의 십자화과 채소와 겨자, 와사비 등의 가공품에는 황화합물이 함유되어 있다.

배추에는 시니그린이라는 알릴이소티오시아네이트allylisothiocyanate의 배당체인 황화합물이 함유되어 있는데 이 상태에서는 매운맛이 나지 않는다. 그러나 배추류를 칼로 썰거나 강판에 갈면 세포에 상처가 나서 미로시나제가

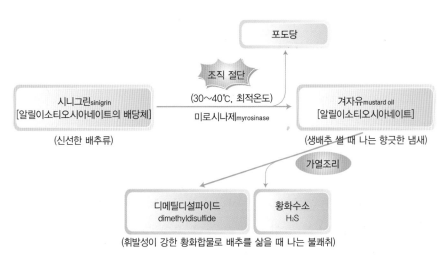

그림 **13-12**
배추의 냄새성분 생성

자료: 이주희 외(2019). 과학으로 풀어 쓴 식품과 조리원리(p.169). 교문사.

나오게 된다. 미로시나제는 당과의 결합을 끊어주므로 배추는 독특한 향기와 매운맛을 나타내는 겨자유를 생성한다. 겨자유를 가열 조리하면 겨자유가 분해되어 디메틸디설파이드와 황화수소 등이 생성되어 강한 불쾌취를 나타내므로 배추 등은 단시간 가열하는 것이 좋다.

겨자는 갓의 씨를 말려서 가루로 낸 것으로 겨자는 소금, 식초, 설탕을 넣어 겨자채, 해파리냉채, 냉면에 사용된다. 겨자에는 흑겨자와 백겨자가 있다. 흑겨자에는 시니그린이 들어 있는데 그 자체로는 향미가 나지 않으나 물을 첨가하여 일정 온도에서 보관하면 미로시나제의 작용으로 알릴이소티오시아네이트가 생성되어 매운맛과 특유의 향이 난다. 백겨자는 신알빈sinalbin이 미로시나제에 의해 가수분해되어 파라하이드록시벤질 이소티오시아네이트 p-hydroxybenzyl isothiocyanate로 되어 매운맛을 낸다. 미로시나제의 최적온도는 30~40°C이므로 겨자가루의 매운맛을 강하게 내기 위해서는 따뜻한 물에 개어야 한다.

와사비는 고추냉이 뿌리를 갈아서 사용하는데 겨자처럼 알릴이소티오시아네이트에 의해 매운맛과 톡 쏘는 매운 향을 낸다. 보통 생선회, 초밥 등에 곁들이는데 요즘은 초고추장 만들 때도 사용한다.

3) 조리 시 맛의 변화

시금치, 쑥갓, 오이, 가지, 호박 등의 채소는 약한 향미를 가지고 있다. 이러한 채소의 향미성분은 물에 삶으면 수용성 맛 성분이 용출되어 맛을 잃게 되므로 소량의 물에 단시간 조리하는 것이 좋다. 가지나 호박 등은 물에 삶는 것보다는 증기에 찌거나 오븐에 구우면 향미성분이 더 많이 남아 있다. 채소 중에는 매운맛, 쓴맛, 떫은맛, 아린맛 등의 맛이 있다. 고추에는 매운맛 성분으로 캡사이신이 들어 있고, 죽순, 토란, 우엉, 고사리 등의 아린맛 성분은 호모겐티스산이다. 오이 꼭지의 쿠쿠르비타신, 양파껍질의 케르세틴, 쑥

물 또는 1% 소금물에 담근다.
(씀바귀, 도라지)

끓는 물에 데친다.
(고사리, 고비)

쌀뜨물에 삶는다.
(죽순, 토란)

그림 **13-13**
아린맛, 쓴맛, 떫은맛 등의
제거법

의 투존은 쓴맛 성분이며 가지의 클로로겐산은 떫은맛 성분이다. 이런 성분은 소량이면 식품의 풍미를 높일 수 있으나 다량인 경우에는 불쾌감을 주므로 제거해야 한다.

양파의 매운맛 성분으로 프로필 알릴디설파이드propyl allyldisulfide 등이 있는데 이 물질은 가열하면 기화되나 일부는 분해되어 설탕의 50배의 단맛을 내는 프로필 메르캅탄propyl mercaptane을 형성한다. 그러므로 볶음 등의 조리를 할 때 양파를 먼저 가열하거나 볶아 단맛을 낸다.

표 **13-6**
주요 식품의 맛 성분

맛	식품	성분
매운맛	마늘	알리신allicin
	고추	캡사이신capsaicin
	양파	프로필 알릴디설파이드propyl allyldisulfide
쓴맛	오이꼭지	쿠쿠르비타신cucurbitacin
	양파껍질	케르세틴quercetin
	쑥	투존thujone
떫은맛	가지	클로로겐산chlorogenic acid
아린맛	죽순, 토란, 우엉	호모겐티스산homogentisic acid

TIP
-
양파 껍질의 케르세틴
양파 껍질에 있는 플라보노이드의 일종인 케르세틴은 강력한 항산화제로 세포의 손상을 막아 고혈압 예방 및 노화방지 효과가 있다. 우리나라에서는 혈압 강화와 당뇨에 효과적이라고 하여 양파 껍질을 달여서 먹는 민간요법이 사용되기도 했다.

그림 **13-14**
양파의 단맛 성분 생성

프로필 알릴 디설파이드 → 가열 분해 → 프로필 메르캅탄

매운맛   단맛(설탕의 50배)

4) 조리 시 질감의 변화

조리는 채소의 조직에 영향을 준다. 채소는 수분이 많아서 농도가 높은 조미액에 넣으면 삼투압에 의해 채소 세포 내의 수분이 조미액으로 이동하여 채소의 아삭함이 없어지고 시들게 된다. 또한 채소를 가열조리하면 채소의 반투막이 파괴되어 세포 내의 물질들이 조리수로 흘러나와 채소가 쪼그라져서 부피가 줄어든다. 그러므로 채소는 되도록 간을 약하게 하여 단시간에 가열하는 것이 좋다.

조리하는 물에 중조를 넣으면 섬유소를 분해하여 질감을 부드럽게 하고, 산을 넣으면 질감을 단단하게 한다. 연근에 식초를 넣고 끓이면 아삭아삭해지지만 장기간 가열하면 씹는 맛이 좋지 않게 된다.

조리하는 용액에 포함되어 있는 칼슘이온이나 마그네슘이온은 채소의 펙틴과 불용성 복합체를 형성하여 조직을 단단하게 만든다. 따라서 상업적으로 토마토 통조림을 만들 때 약간의 칼슘을 첨가하면 토마토가 더 단단해진다.

가열에 의해 펙틴과 헤미셀룰로오스는 부드러워진다.

5) 조리 시 영양소의 변화

식품에 함유되어 있는 영양소는 조리하는 동안 열이나 pH의 변화에 의해 화학적인 성분변화가 일어나거나 산화 및 기계적인 손상에 의해 손실이 일어날 수 있다. 채소의 당, 비타민 B군과 C, 무기질 등은 조리하는 동안 조리액으로 흘러나와 손실될 뿐만 아니라 가열에 의해서도 파괴된다. 이런 현상은 오래 가열할수록, 조리용액이 많을수록 채소의 표면적이 넓을수록 심해진다.

특히, 비타민 C는 수용성이기 때문에 삶거나 데치면 국물 속에 용출되므로 국물과 함께 이용하면 좋다. 채소와 같이 수분이 많은 재료는 고온에서 단시간 가열하여야 재료에서 물이 나오는 것을 방지하고 비타민 C의 손실도 줄일 수 있다. 볶음이나 튀김은 단시간의 가열이기 때문에 비타민 C의 손실도 적을 뿐 아니라 지용성인 카로틴의 흡수를 좋게 한다. 당근, 오이, 호박 등에는 비타민 C를 파괴하는 아스코르비나제ascorbinase를 갖고 있어 무와 같이 갈면 무의 비타민 C가 파괴된다.

4. 채소의 조리 및 이용

1) 채소무침생채

채소무침은 싱싱한 채소들을 익히지 않고 생으로 초장, 초고추장 또는 겨자장 등을 사용하여 달고 새콤하게 무쳐 먹는 나물류이다. 도라지생채, 오이생채, 무생채, 더덕생채, 겨자채 등이 있다. 채소에 초장, 초고추장 또는 겨자장을 넣으면 간이 맞고 부드럽게 되나 세포액의 수분과 무기성분이 유출된다. 따라서 생채를 조리할 때 미리 무쳐 놓으면 색깔이 변하고 맛이 싱거워지며 국물이 많이 생기므로 모든 재료를 준비해 두었다가 먹기 직전에 무치는 것이 좋다.

TIP

-

무는 조리에 따라 사용부위가 다르다.

초록색이 있는 머리 부분은 달고 윤기가 있어 무즙, 샐러드, 초무침 등 날로 먹는 요리에 어울린다. 가운데 부분은 매운맛이 적고 부드러우므로 생선조림 등에 적당하다. 꼬리에 가까운 쪽은 약간 심이 있고 매운맛이 강해 국 건더기나 절임에 사용한다.

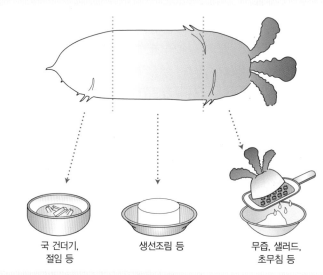

국 건더기, 절임 등	생선조림 등	무즙, 샐러드, 초무침 등

자료: 와타나베 카즈코(2006). 요리 기본 상식(p.125). 넥서스Books.

2) 나물숙채

나물은 산나물, 들나물 등의 채소를 데치거나 볶아서 갖은 양념을 하여 만든 것으로, 조리방법에 따라 크게 기름에 볶아서 양념하는 볶는 나물과 뜨거운 물에 데쳐서 양념으로 무치는 나물로 구분된다. 그 종류로는 도라지나물, 고사리나물, 애호박나물, 오이나물, 가지나물, 박나물, 무나물, 시래기

TIP

-

산채류

쑥, 취나물, 참나물, 씀바귀, 두릅, 달래, 냉이, 원추리, 돌나물, 고들빼기, 머위, 고사리, 고비, 도라지, 더덕, 곤드레, 병풍나물 등 산이나 들에서 자생하는 식물로 특유의 향기가 있고 비타민과 무기질 등이 풍부하다. 근래에는 재배되는 것도 많다. 산채류는 채소무침이나 나물로 많이 이용된다.

나물, 물쑥나물, 두릅나물, 씀바귀나물 등이 있다.

3) 채소샐러드

채소샐러드는 여러 가지 채소를 먹기 좋은 크기로 만든 후 드레싱을 뿌려 먹는 것으로 채소를 씻은 후 찬물에 담가 채소를 아삭아삭하게 만든다. 채소를 물에 담그면 삼투압의 차이 때문에 수분이 세포 내로 흡수되는 침투 현상이 일어나 세포는 팽윤되어 압력이 증가하므로 씹었을 때 아삭아삭하게 된다. 아삭아삭한 채소에 물기가 남아 있으면 샐러드로 만들었을 때 물이 배어 나와 드레싱 맛을 희석시키므로 드레싱을 뿌리기 직전에 채소의 물기를 잘 빼준다.

TIP -	**새싹채소**
	다양한 식물의 종자에 싹을 틔워 먹는 새싹채소는 본 잎이 1~3개 정도 달린 어린 채소로 싹채소 또는 싹기름채소라고도 하는데 다 자란 채소 못지않은 풍부한 영양성분을 갖고 있다. 새싹채소는 재배 특성상 무농약으로 재배되며, 발아한 후 1주일 안에 수확하여 샐러드, 비빔밥을 비롯한 요리에 활용되고 있다. 새싹채소로는 콩나물, 숙주나물, 무순, 순무순, 메밀순, 배추순, 양배추순, 브로콜리순, 유채순, 다채순(비타민), 청경채순, 들깨순, 옥수수순, 홍화순, 부추순, 적채순, 크로바순, 비트순, 땅콩나물 등이 있다.

4) 채소볶음

채소를 볶을 때는 넓은 프라이팬에 채소의 양을 적게 하여 볶는다. 프라이팬의 표면적이 클수록 채소를 펼칠 수 있는 부위도 넓어져 물기가 나올 시간도 없이 빨리 익게 된다. 볶을 채소의 양이 많을 경우 한 번에 다 넣지 않고 나누어서 볶는다. 물기가 빠져 나오지 않아야 맛있는 채소볶음을 만들 수 있다.

5) 오이지

오이지는 길이가 짧고 육질이 단단한 것을 선택하여 항아리에 넣고 10% 소금물을 가열한 후 뜨거운 상태에서 오이에 부어 무거운 돌로 눌러둔다.

6) 김치

우리나라의 대표 음식인 김치는 세계적으로 영양과 조리 과학적인 면에서 우수성이 인정되었다. 김치는 주원료인 절임배추에 고춧가루, 마늘, 생강, 파 및 무 등의 여러 가지 양념류를 혼합하여 저온에서 저장하여 숙성시켜 만 든 발효음식이다.

(1) 조리과정
① 1단계 - 배추 절이기

김치를 담그기 전 배추를 소금으로 절이는 과정은 보통 "숨을 죽인다."라 고 표현하는데 이는 저농도에서 고농도로 수분이 이동하는 삼투압의 원리 를 이용한 것으로 10~15% 소금물에 절이는 것이 적당하다.

그림 **13-15**
세포 내외의 수분이동

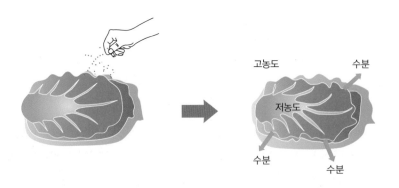

절임 시 좋은 소금과 농도는?

• 절임 시 좋은 소금은?

소금은 정제염보다 호렴으로 절이는 것이 좋다. 호렴에 마그네슘이나 칼슘이 함유되어 있어 펙틴질과 결합하여 채소의 조직을 단단하게 하기 때문이다.

• 절일 때 소금의 적당한 농도는?

약 10~15% 소금물이 적당하며 배추의 최종 염농도는 3% 정도가 좋다. 3%의 염농도가 되게 하려면 20%의 소금물에 3시간, 15%의 소금물에 6시간, 3%의 소금물에 24시간 절이는 것이 좋다.

② 2단계 – 소 넣기

절인 배추를 씻어 물기를 뺀 후 여러 가지 양념과 부재료를 배합하여 소를 만들어 절인 배추잎 사이사이에 넣는다.

③ 3단계 – 숙성

소를 채워 넣은 김치는 혐기적인 상태에서 숙성되므로 용기에 담을 때 차곡차곡 눌러 담고, 무거운 돌로 눌러 공기를 제거한다.

김치의 숙성과정은 탄수화물과 단백질 등이 효소에 의해 분해되고 이것이 여러 가지 미생물에 의해 발효되는 과정이다. 김치의 숙성에 영향을 미치는 요인은 소금의 농도와 온도이며 5℃에서 20일 정도 저장되었을 때 맛과 영양이 가장 우수하다.

(2) 숙성 중 맛 성분의 변화

김치의 숙성 과정 중 생성되는 유기산, 이산화탄소, 알코올류, 유리아미노산이 김치의 맛을 낸다. 숙성 과정 중 생성되는 대표적인 유기산은 젖산이며 이 밖에도 호박산, 사과산, 초산, 구연산, 주석산 등이 있다. 이들 유기산에 의해 pH는 감소하며, pH가 4.3일 때 김치가 가장 맛이 있다. 김치에 젓갈을 넣으면 생성되는 각종 유리아미노산도 김치의 맛을 좋게 한다.

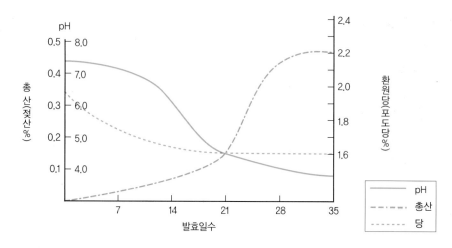

그림 **13-16**
김치 발효 중 당, pH 및 총산
의 변화

(3) 숙성 중 영양성분의 변화

김치에 들어 있는 영양성분 중 가장 중요한 것은 비타민 C이다. 김치의 발효초기에 비타민 C는 일단 감소하지만 곧 증가하여 김치가 가장 맛이 있을 때 비타민 C의 함량 역시 최대로 증가하다가 이 시기가 지나면 다시 감소한다. 비타민 C의 함량이 증가하는 이유는 배추 속에 함유되었던 포도당과 갈락투론산galacturonic acid 으로부터 비타민 C가 생합성되었기 때문이다.

티아민과 리보플라빈, 니아신도 비타민 C와 마찬가지로 김치를 담근 직후에 감소하였다가 증가하기 시작해 맛이 가장 좋을 때 최고를 이룬 다음 감소한다.

TIP
-

김치 숙성에 관여하는 미생물은?

• 세균: 처음 김치를 담갔을 때의 상태는 염분이 3% 정도이므로 내염성균만이 살아남다가 점차 유기산이 형성되어 pH가 감소하고 혐기적 상태가 유지되면 *Lactobacillus plantarum*, *Leuconostoc mesenteroid*, *Lactobacillus brevis* 등의 혐기성균들이 증식한다.

• 효모: 호기성균인 *Saccharomyces* 속으로 김치의 내부보다 공기와 접촉한 김치액의 표면에서 활발히 작용한다.

(4) 숙성 중 일어나는 바람직하지 않은 현상

① 산패현상

김치의 발효과정에 유기산이 생성되어 점차 pH가 낮아지는데 이것이 지나치면 일종의 과숙현상으로 산패현상이 일어난다.

② 연부현상

김치가 공기와 접촉하면 호기성 산막 미생물에 의해 분비되는 효소(폴리갈락투로나제)로 인해 펙틴질이 분해되어 김치가 물러지는 연부현상이 일어난다. 김치를 담그거나 저장하는 과정에서 공기와의 접촉을 막으면 연부현상은 억제된다.

③ 김치 국물이 걸쭉해지는 현상

김치를 담글 때 첨가한 설탕이 가수분해되어 덱스트린을 생성시키기 때문이다.

5. 채소의 저장

채소는 약간 미성숙할 때 수확하여 숙성적기에 먹는 것이 좋다. 대부분의 채소들은 성숙함에 따라 수분이 적어지고 섬유질이 많아져서 질겨진다. 무나 당근의 중심부 또는 채소의 뿌리 부분이 질긴 것은 그 부분에 목질이 다량 축적되었기 때문이다.

채소는 농약의 피해가 적고 신선한 제철 채소를 골라 상하지 않고 싱싱하게 보관하는 것도 중요하다. 대개 채소는 씻지 않고 구멍을 1~2개 뚫은 비닐봉지에 넣어 냉장하는 것이 기본이나 채소의 종류에 따라 다르다.

그림 **13-17**
채소의 적정 저장 온도

5℃ 이상이 적정온도인 채소들
오이, 가지, 피망, 호박, 생강, 토마토

0~5℃가 적정온도인 채소들
당근, 무, 아스파라거스, 배추, 셀러리, 양상추,
양배추, 시금치, 브로콜리, 부추, 콜리플라워

엽채류와 화채류는 보관할 때 수분이 증발하지 않도록 젖은 종이로 싸거나 비닐팩 등에 넣어 세워서 보관한다. 근채류나 경채류는 물기가 닿으면 썩기 때문에 서늘한 장소에 종이 등으로 싸서 건조시켜 보존한다.

표 **13-7**
채소의 보관방법

채소	보관방법
시금치	시금치는 축축하게 물을 묻힌 종이에 싸서 보관한다. 장기간 보관할 경우 씻어서 데친 다음 냉동 보관한다.
쑥	쑥은 이른 봄부터 초여름까지만 나오므로 질이 좋은 쑥을 골라 끓는 물에 살짝 데친 후 꼭 짜서 냉동실에 보관한다.
양상추, 양배추	양상추나 양배추는 구입하면 심을 파낸 곳에 물에 적신 종이를 박은 후 젖은 종이에 말아 보관한다.
셀러리, 파슬리	잎채소의 경우 위를 향하는 성질이 있어 뉘어 놓으면 에너지를 빨리 소모하여 노화하기 쉬우므로 냉장고 채소실에 보관할 때는 세워 두는 것이 바람직하다. 또한 컵에 물을 붓고 꽂아 뚜껑을 꼭 맞게 덮어 냉장고에 넣어 두면 언제나 신선한 것을 사용할 수 있다.
파	녹색과 흰색 두 부분으로 나누어 녹색 부분은 종이에 싸서, 흰색 부분은 비닐봉지에 넣어서 냉장고에 보관한다.
양파	그물에 넣어 바깥에 걸어 두는 것이 제일 좋다. 양파를 겹쳐 두면 호흡에 의해 습기가 쌓이게 되고 상처가 생기므로 주의해야 한다.
당근	마디가 없고 모양이 둥글며 잘랐을 때 단단한 심이 없는 것이 좋다. 종이에 싸서 통풍이 잘 되는 서늘한 곳에 세워 둔다. 흙당근은 실온에서 보관할 수 있으므로 사용하지 않는 분량은 종이에 싸서 통풍이 잘 되는 서늘한 곳에 세워 둔다. 세척당근은 표면에 상처가 있기 때문에 쉽게 산화해서 오래 가지 못한다. 따라서 젖은 종이나 랩으로 싸서 냉장고에 두고 가능하면 빨리 먹어야 한다.
오이	껍질이 우둘투둘해서 만지면 아플 정도이고 색깔이 짙으며 윤기가 도는 것이 좋다. 종이 등에 싸서 냉장하면 일주일 이상 보존할 수 있다. 오이는 90%가 수분이어서 그대로 냉동시키는 것은 부적합하지만 소금으로 절여 충분히 물기를 꼭 짜낸 다음 냉동보관한다.
무	알이 차고 무거우며 잔털이 없고 색깔, 모양이 좋은 것을 선택하여 잎을 떼어낸 후 세워서 보관한다. 잎을 떼지 않으면 무의 영양분을 흡수해 구멍이 나게 된다.

CHAPTER
14

: 과일류

CHAPTER
14

: 과일류

과일은 채소와 같이 비교적 수요가 많은 식품으로 새콤달콤한 맛, 아름답고
화려한 색, 독특하고 향긋한 향을 갖고 있어, 식욕을 증진시키며 영양이
풍부한 식품이다. 과일은 비타민과 무기질, 식이섬유 외에도
피토케미칼phytochemical을 비롯한 여러 가지 특수 성분을 함유하고 있다.

1. 식물세포의 구조

식물세포의 구조는 조직에 따라 다르나 모든 식물세포는 세포벽으로 둘러 싸여 있고, 그 안에 세포막이 있다. 세포막의 내부는 세포질로 채워져 있으 며 세포질에는 핵, 액포, 색소체 등 소기관이 있다.

1) 세포벽

세포막 주위에 있는 단단한 세포벽은 형태를 지지해 주는 역할을 한다. 세 포벽의 주요 구성성분인 셀룰로오스cellulose는 질기면서도 부드러운 성질을 가진다. 리그닌은 나무 같은 특성을 생기게 하여 조직을 질기고 딱딱하게 만든다. 펙틴질은 비결정체 물질로 세포와 세포 사이를 채우면서 세포벽의 셀룰로오스 섬유 사이를 연결해 준다.

2) 세포질

세포질은 젤리와 같이 말랑말랑한 교질 상태로 존재한다. 세포질에는 핵 과 미토콘드리아, 액포, 그리고 엽록체 같은 색소체가 존재하며 이들은 세포 질에서 자유롭게 이동할 수 있다.

(1) 액포

어린 식물은 여러 개의 액포를 가지고 있고 식물이 자람에 따라 작은 액 포들이 합쳐져서 크기가 큰 액포가 되어 세포의 대부분을 차지하게 된다. 성장이 완료된 액포에는 세포액cell sap이라고 불리는 용액으로 차 있다. 세포

> **셀룰로오스**
> **cellulose**
> 식물체의 세포벽 골격을
> 형성하는 주성분. D-포
> 도당이 β-1, 4 결합을 한
> 곧은 사슬 모양의 다당류
>
> **리그닌**
> **lignin**
> 목재, 짚, 대나무 등의
> 목질부에 다량으로 포함
> 되어 있는 물질로 세포
> 가 성숙함에 따라 세포
> 사이 또는 세포벽에 리그
> 닌이 침착하여 목질부를
> 보다 강하게 만든다.

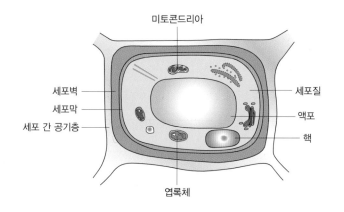

그림 **14-1**
식물세포의 주요 구조

미토콘드리아

세포벽
세포막
세포 간 공기층

세포질
액포
핵

엽록체

액의 대부분은 수분이고 여기에 당, 수용성 색소인 안토시아닌, 염류, 유기산 등이 용해되어 있어 액포는 식품 특유의 향미와 산도 등에 관여한다. 액포에 들어 있는 수분량에 따라 수분 함량이 달라지며 식물의 수분 함량이 적당할 때 팽압이 잘 유지된다. 팽압이 높은 식물은 아삭아삭한 질감을 가진다. 식물을 물과 같은 저장액에 넣으면 삼투압의 차이 때문에 세포가 물을 흡수해서 액포 속에 물을 많이 저장하게 된다. 따라서 식물은 팽압이 높아져 더 아삭아삭한 질감이 된다. 지질이 많은 식물의 세포에서는 유액포를 볼 수 있다.

팽압
세포막이 세포벽에 가하는 압력

(2) 색소체

엽록체, 백색체, 유색체chromoplasts 등의 색소체들은 식물 종류에 따라 다르

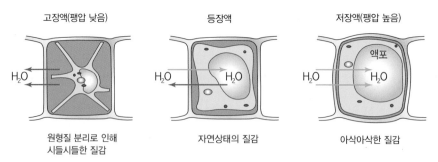

그림 **14-2**
식물세포의 팽압에 따른 질감

고장액(팽압 낮음)

H_2O

원형질 분리로 인해
시들시들한 질감

등장액

H_2O H_2O

자연상태의 질감

저장액(팽압 높음)

액포

H_2O H_2O

아삭아삭한 질감

자료: 이주희 외(2019). 식품과 조리원리(p.150). 교문사.

게 분포되어 있다. 엽록체는 녹색의 엽록소chlorophyll를 함유하고 있고, 백색체는 주로 무색의 전분입자를 저장하고 있으며, 유색체는 황색의 카로티노이드 색소를 가지고 있다.

3) 세포 간 공기층

식물의 세포와 세포는 완전히 밀착되어 있지 않고 세포들 사이에 공기가 함유되어 있는 세포 간 공기층이 있다. 세포 간 공기층은 식물의 조직을 불투명하게 만들고 아삭아삭한 질감을 주고 부피를 증가시킨다. 시금치를 데치면 세포 간 공기층이 제거되고 물로 채워져 색이 더 진해지고 선명해지며 아삭아삭한 조직이 연화되어 질감이 물러지고 부피가 줄어든다.

2. 과일의 성분

과일의 성분은 그 종류에 따라 차이가 있으나, 대체로 과일에는 수분이 약 80~90% 정도로 수분 함량이 많고, 지질은 적게 함유되어 있다. 그러나 아보카도나 코코넛은 지질 함량이 높다. 과일에는 비타민과 무기질이 풍부하다. 귤, 딸기, 멜론에는 비타민 C가 많고 과육이 등황색인 바나나, 살구, 황도 등에는 비타민 A의 급원인 카로틴이 풍부하다. 과일은 무기질인 칼륨과 칼슘이 많아 알칼리성 식품이다. 바나나에는 칼륨이 많고 오렌지, 자몽, 유자에는 칼슘이 많이 들어 있다. 또한 과일에는 셀룰로오스와 펙틴 등의 식이섬유가 많아 과일을 섭취하면 장을 적당히 자극하며 변통을 좋게 한다.

과일맛을 내는 주요 성분은 당과 유기산으로 당과 유기산의 비율에 따라

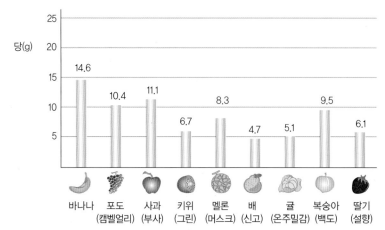

그림 **14-3**
과일 가식부 100g에 함유된
총 당량

자료: 농촌진흥청(2020). 국가표준식품성분 DB 9.2

과일맛이 달라진다. 과일의 단맛은 주로 당에 의한 것인데 대부분의 과일에는 포도당과 과당이 많으나 바나나, 복숭아 그리고 감귤류에는 설탕자당이 많다. 과일의 신맛은 주로 유기산에 의한 것이다. 사과에 주로 들어 있는 유기산은 사과산malic acid이며, 감귤류에는 구연산citric acid, 포도에는 주석산 tartaric acid이 함유되어 있다. 이들 유기산 때문에 대부분 과일은 약 pH 2.0~4.0 정도이나 수박은 pH 6.0, 바나나는 pH 4.6 정도이다.

과일의 세포 속에는 여러 종류의 효소가 들어 있다. 사과에는 갈변에 관련된 효소인 폴리페놀옥시다제polyphenoloxidase가 들어 있고 일부 과일에는 단백질 분해효소가 들어 있다. 과일의 단백질 분해효소로는 파인애플의 브로멜라인bromelain, 파파야의 파파인papain, 무화과의 피신ficin, 키위의 액티니딘actinidin이 있다.

표 **14-1** 과일의 성분 (가식부 100g 당)

식품명	일반성분Proximates								무기질Minerals					비타민Vitamin				
	에너지 (kcal)	수분 (g)	단백질 (g)	지질 (g)	회분 (g)	탄수화물 (g)	총당류 (g)	총 식이섬유 (g)	칼슘 (mg)	철 (mg)	인 (mg)	칼륨 (mg)	나트륨 (mg)	베타카로틴 (μg)	비타민 B₁ (mg)	비타민 B₂ (mg)	니아신 (mg)	비타민C (mg)
감(단감)	51	85.6	0.41	0.04	0.29	13.66	10.52	6.4	6	0.15	15	132	0	81	0.057	0.051	0.305	13.95
감(연시)	65	81.6	0.29	0.04	0.31	17.76	12.32	6.5	8	0.12	23	171	1	308	0.028	–	0.221	1.22
곶감(말린 것)	214	39.4	1.93	0.08	1.14	57.45	29.76	8.5	14	0.62	69	551	1	286	0.009	0.243	0.438	2.67
귤(조생)	39	89.0	0.7	0.1	0.3	9.9	–	–	13	–	11	173	11	5	0.13	0.04	0.4	44
귤(천혜향)	44	87.4	0.86	0.04	0.35	11.35	9.02	1.2	17	0.16	17	153	0	365	0.139	0.043	0.114	62.47
대추	105	70.2	1.45	0.10	0.69	27.56	24.34	3.0	14	0.28	42	310	1	25	0.018	0.231	0.427	85.99
대추(말린 것)	276	20.9	3.73	0.25	2.55	72.57	59.09	9.5	39	0.75	116	805	2	42	0.140	0.815	1.027	18.79
딸기(설향)	34	90.4	0.70	0.07	0.33	8.50	6.09	1.4	17	0.33	30	153	2	9	0.081	0.062	0.400	67.11
레몬	28	89.6	0.71	0.08	0.31	9.30	1.88	1.0	32	0.10	22	122	2	0	0.058	0.064	0.544	52.07
망고	61	82.9	0.72	0.10	0.31	15.97	5.35	1.7	7	0.18	17	142	0	1392	0.035	0.054	0.299	14.85
매실	41	89.4	1.1	1.1	0.6	7.8	–	–	28	3.7	24	301	3	14	0.06	0.02	0.5	11
바나나	84	76.1	1.10	0.10	0.76	21.94	14.63	1.9	7	0.29	26	346	0	25	0.049	0.075	0.493	5.94
배(신고)	46	87.0	0.30	0.04	0.31	12.35	4.70	1.4	1	0.05	12	128	0	0	0.016	0.049	0.147	2.76
복숭아(황도)	49	86.1	0.40	0.04	0.43	13.03	9.29	4.3	5	0.09	20	188	2	105	0.018	0.022	0.233	1.67
사과 (부사, 후지)	53	85.2	0.20	0.03	0.21	14.36	11.14	2.7	4	0.10	11	107	0	25	–	0.019	0.388	1.41
수박(적육질)	31	91.1	0.79	0.05	0.23	7.83	5.06	0.2	6	0.18	12	109	0	853	0.024	0.030	0.285	–
아보카도	187	71.3	2.5	18.7	1.3	6.2	(0.7)	5.3	9	0.7	55	720	7	53	0.10	0.21	2.0	15
오렌지	44	87.4	0.9	0.1	0.4	11.2	–	–	33	0.2	20	126	1	90	0.11	0.02	0.3	43
용과(적육종)	45	87.3	0.9	0.2	0.4	11.2	–	–	11	0.2	28	232	2	19	0.08	0.03	0.4	9
유자	40	88.3	0.87	0.06	0.49	10.28	2.24	5.9	32	0.15	18	234	2	3	0	0.042	0.168	50.77
자두	26	93.2	0.5	0.6	0.4	5.3	–	–	3	0.2	12	164	1		0.04	0.03	0.3	5
자몽(그레이프프루트)	32	90.8	0.84	0.05	0.39	7.92	4.20	1.2	31	0.12	19	164	1	551	0.097	0.022	0.128	31.75
참외(씨 포함)	47	86.1	1.57	0.29	1.03	11.01	9.08	1.7	6	0.26	51	450	2	6	0.006	0.080	0.184	1.99
키위	64	82.8	0.8	1.0	0.6	14.8	–	–	30	1.0	24	257	2	25	0.13	0.03	0.5	72
파인애플	53	84.9	0.46	0.04	0.28	14.32	10.26	2.5	16	0.09	5	97	0	62	0.052	0.087	0.137	45.43
파파야	38	88.9	0.7	0.1	0.5	9.8	–	–	22	0.8	12	223	9	53	0.09	0.02	0.3	37
포도(캠벨얼리)	60	83.4	0.66	0.04	0.42	15.10	10.38	1.1	3	0.11	15	170	2	39	0.063	0.051	0.225	0.12

자료: 농촌진흥청(2020). 국가표준식품성분 DB 9.2

3. 과일의 종류

일반적으로 과일은 꽃받침이나 씨방이 발달한 인과류나 준인과류, 씨방이 성장하여 발달한 핵과류, 중과피와 내과피가 즙이 많은 육질로 구성되어 있는 장과류, 외과피가 단단한 견과류, 열매를 식용으로 하는 과채류, 열대나 아열대 지방에 나는 열대과일류 등으로 분류한다.

1) 인과류 및 준인과류

인과류는 꽃받침이 발달하여 과육이 된 과일로 사과, 배, 감 등이 있고 준인과류는 씨방이 발달하여 과육이 된 과일로 감귤류 등이 있다.

(1) 사과

사과의 당분은 주로 과당과 포도당이며 주된 유기산은 사과산malic acid이다. 칼륨이 많아 혈압을 낮추어 주는 역할을 하며 비타민 C는 많지 않다. 사

표 14-2
과일의 분류와 특징

분류	특징	종류
인과류 및 준인과류	꽃받침이나 씨방이 발달하여 결실한 과일	• 인과류: 사과, 배, 감 • 준인과류: 감귤류
핵과류	내과피가 단단한 핵을 이루고 그 속에 씨가 있으며, 중과피가 과육을 이루고 있는 과일	복숭아, 자두, 살구, 대추, 앵두
장과류	중과피와 내과피로 구성되어 있고 그 속에 즙이 많은 육질로 구성되어 있는 과일	포도, 딸기, 바나나, 오디, 무화과, 파인애플
견과류	외피가 단단하고 식용부위는 곡류나 두류처럼 떡잎으로 된 과일	밤, 호두, 잣, 은행
과채류	열매를 식용으로 하는 과일	수박, 멜론, 참외

과에는 펙틴이 많아 잼이나 젤리를 만들기에 좋다. 사과는 껍질을 벗기거나 절단하면 갈변되기 쉬우므로 이를 방지하려면 소금물이나 설탕물에 담가두면 된다.

(2) 배

배는 수분과 당분의 함량이 높은데 당분은 과당이 대부분이고 포도당은 적다. 쇠고기를 재어둘 때는 양념장에 배즙을 사용하는데 배에는 단백질 분해효소가 함유되어 있어 단단하고 질긴 육류를 연하고 부드럽게 만든다. 따라서 고기 양념에 배를 갈아 넣거나 육류 섭취 후 배를 후식으로 먹으면 소화가 잘된다.

(3) 감

감에는 단감과 떫은 감이 있다. 단감은 생과로 완숙되었을 때 수확하여 바로 먹을 수 있고, 떫은 감은 수확 후 떫은맛을 없앤 후 생과로 이용하거나 말려서 곶감을 만든다. 감의 단맛은 주로 포도당과 과당 때문이다. 곶감은 감에 비해 단맛이 4배 정도 증가하고 곶감 표면의 흰색가루는 당알코올인 만니톨로 설탕의 60%의 단맛을 가진다. 감에는 비타민 C와 A가 많다. 유기산이 없어 신맛은 없고 탄닌의 일종인 시부올shibuol이 많아 떫은맛이 난다. 미숙한 감은 떫은맛이 나는데 시부올은 수용성으로 세포 내에 존재하며 먹을 때 혀에 녹아 떫은맛이 난다. 그러나 감이 익으면 호흡에 의해서 생긴 알데히드aldehyde와 시부올이 결합하여 불용성인 콜로이드를 이루어 혀에 녹지 않으므로 떫은맛이 감소한다. 떫은맛을 없애려면 감을 두꺼운 종이에 싸서 10일쯤 방치하면 된다. 감으로 냉동연시나 감말랭이를 만드는데, 감말랭이는 감 껍질을 벗기고 3~4조각으로 자른 후 건조시킨 것으로 달고 쫄깃하다.

(4) 감귤류

귤에는 비타민 C의 함량이 많은데 과육보다 귤껍질에 4배 정도 많이 함유되어 있다. 귤이 덜 익었을 때에는 당분이 적고 구연산의 함량이 많으며 익어감에 따라 당분이 많아지고 구연산의 함량은 적어 단맛이 증가하고 신맛은 감소한다.

레몬은 굴이나 회처럼 세균이 번식하기 쉽고 시간이 지남에 따라 탄력이 떨어지는 어패류에 이용하면 좋다. 생선의 신선도가 떨어지면 알칼리성인 아민 등 좋지 못한 냄새 성분이 나오므로 산성인 레몬즙으로 이를 중화시킨다.

한라봉은 귤과 오렌지를 접목시킨 개량종으로 오렌지보다 신맛이 덜하고 향이 순하며 단맛이 난다.

그림 **14-4**
감귤류의 비타민 C 함량

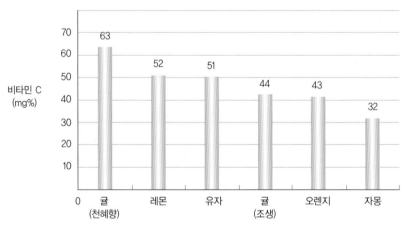

자료: 농촌진흥청(2020). 국가표준식품성분 DB 9.2

2) 핵과류

과육의 중간에 씨방이 발달하여 단단한 핵을 이루고 그 안에 종자가 들어 있는 과일로 복숭아, 자두, 대추, 매실, 살구, 앵두 등이 해당된다.

(1) 복숭아
과육이 흰색인 백도와 노란색인 황도가 있다. 백도는 그대로 생과일로 먹고 살이 단단한 황도는 통조림에 이용된다. 비타민 A는 황도에 더 많으며 과육에는 아스파라긴산이 많다. 펙틴이 많아 잼이나 젤리를 만들기에 적당하다.

(2) 자두

과육에는 카로티노이드 색소가 많아서 색이 노랗다. 유기산으로는 사과산이 많아 신맛이 있으며 펙틴이 많이 들어 있다. 서양자두plum를 말린 푸룬prune은 식이섬유가 많다.

(3) 대추

열매가 많이 열리는 대추는 풍요와 다산의 의미가 있다. 9월에 따서 말린 건조 대추는 대추차, 약식 등의 요리에 이용한다. 생대추에는 비타민 C가 60mg% 함유되어 있으나 건조 대추에는 없다.

(4) 매실

매화나무의 열매를 매실이라고 한다. 덜 익은 매실의 과피를 벗겨 핵을 제거하고 연기 중에 건조시킨 오매는 한약재로 쓴다. 덜 익은 푸른 매실인 청매에는 아미그달린amygdalin이 들어 있어 중독을 일으키므로 생으로 먹기보다는 즙, 장아찌, 술, 매실엑기스 등으로 가공하여 먹는다.

> **아미그달린**
> **amygdalin**
> 청매, 살구씨 등에 함유
> 되어 있는 청산배당체.
> 아미그달린을 함유하는
> 살구씨는 기침방지와 진
> 통제로 이용된다.

3) 장과류

중과피와 내과피로 구성되어 있고 그 속에 즙이 많은 육질로 이루어진 과일로 포도, 딸기, 무화과, 오디 등이 해당된다.

(1) 포도

포도는 품종과 성숙도에 따라 성분의 차이가 있고 단맛을 내는 당질의 주성분은 포도당과 과당이며, 신맛은 주석산에 의한 것이다. 포도의 껍질에는 안토시아닌 색소, 식이섬유인 펙틴과 레스베라트롤resveratrol이 있다. 레스베라트롤은 산화를 방지하고 암을 예방할 뿐만 아니라 심장병에도 효과적이다.

(2) 딸기

딸기는 붉은색이 진하고 꼭지가 파릇파릇하며 꽃받침이 녹색으로 신선한 것이 좋다. 딸기의 붉은색은 안토시아닌계 색소이며 딸기에는 비타민 A와 C가 많이 들어 있다.

(3) 무화과

무화과는 생것으로 사용하거나, 생것으로 사용할 경우 저장기간이 짧아서 건조시켜 이용하기도 한다. 무화과의 흰색의 유즙 속에는 단백질 분해효소인 피신ficin이 많아서 고기를 연화시키는 작용을 한다.

4) 견과류

견과류는 외피가 단단해진 것으로, 가식부는 종자의 자엽부이다. 밤, 호두, 잣, 은행, 아몬드 등이 해당된다.

(1) 밤

밤은 수분 함량이 60% 정도이고 쉽게 건조되고 쉽게 썩는다. 전분이 30% 가량이고 지방과 단백질이 거의 없다. 밤의 속껍질에는 엘라그산ellagic acid이 들어 있어서 떫은맛이 있다. 밤은 저장성이 없어 빨리 부패하므로 말려서 보관하거나 통조림 혹은 병조림으로 보관한다. 밤을 말린 것을 황률이라고 하며 이는 약재로 사용한다.

> 엘라그산
> ellagic acid
> 탄닌의 일종으로 2분자의 갈산이 축합되어 떫은맛을 낸다.

(2) 호두

호두는 지방 함량이 많다. 특히 불포화지방산이 많아 오래 보관하면 산패가 일어나 산패취가 나기 쉽다. 호두의 속껍질은 떫은맛이 강하므로 조리에 사용할 때는 벗겨서 사용한다. 호두의 속껍질은 뜨거운 식초물에 담그면 잘 벗겨진다.

(3) 잣

잣은 불포화지방산 함량이 많아 보관 시 산패가 빨리되므로 잘 밀폐하여 냉동 보관한다. 잣에 있는 아밀라아제는 내열성이 있어 잣죽을 끓일 때 묽어지게 하는 원인이 된다. 잣은 꼭지 부분에 있는 잣꼬깔을 반드시 떼어낸 후 그대로 쓰거나 비늘 잣 또는 잣가루로 사용한다. 비늘 잣이란 잣을 반으로 갈라놓은 것을 말하며 떡이나 약과 등의 장식으로 사용한다. 잣가루는 잣을 곱게 다져 놓은 것을 말하는데 잣은 기름기가 많아 그냥 다지면 기름과 엉겨서 잣가루가 잘 만들어지지 않으므로 반드시 도마 위에 종이나 한지를 깔아 기름이 종이로 배어들게 한다.

(4) 은행

은행 겉의 딱딱한 껍질을 제거한 후 속 알맹이를 사용하는데 알맹이에 붙어 있는 속껍질을 벗긴 후 음식에 사용한다. 속껍질은 물에 불린 후 벗기거나 기름을 약간 두른 프라이팬에 은행을 살짝 굴려서 뜨거울 때 속껍질을 벗긴다.

5) 과채류

과채류는 과실과 씨를 식용으로 하며 수박, 참외, 멜론 등이 있다.

(1) 수박

수박은 수분이 91% 정도로 많고, 단맛이 강한 과일이다. 익은 수박을 잘랐을 때 과육의 색깔이 적색인 수박에는 리코펜lycopene 함량이 높아 항산화 작용을 한다. 수박의 외피 안쪽의 흰 부분에는 시트룰린citrulline이 들어 있어 이뇨작용을 돕는다.

(2) 참외

수박과 더불어 여름철 대표적인 과일인 참외에도 수분(86%)이 많고 당질이 9%로 단맛이 있다. 당질은 익어감에 따라 그 함량이 증가하여 단맛이 증가한다. 참외 꼭지부분에는 쿠쿠르비타신cucurbitacin이 있어 쓴맛이 난다.

6) 열대과일류

열대과일은 우리나라 과일에 비해 단맛이 더 강하다. 열대지방은 햇빛이 강하여 광합성이 활발히 일어나 포도당도 더 많이 만들어지기 때문이다. 열대과일은 냉장고에 넣지 않고 실온에서 보관해야 한다.

(1) 바나나

바나나는 다른 과일에 비해 열량이 높고 칼륨 함량이 많다. 후숙과일인 바나나는 숙성이 되면서 바나나의 전분이 당분으로 분해되어 단맛이 증가한다. 바나나를 구입할 때에는 덜 숙성된 것을 구입하여 실온에서 숙성시키는 것이 좋다. 바나나를 냉장고에 넣어 두면 냉해가 발생하여 껍질이 단시간 내에 검게 변색된다. 껍질에 검은 점이 생기게 되면 오래 저장할 수는 없지만 당도는 가장 높은 상태가 된다.

냉해(저온장해)
cold injury
가을에 수확 후, 온도가 내려가면서 농작물이 받는 피해를 냉해라고 한다. 온도가 동결점 이상이라도 저온이 장기간 지속된 경우에 피해를 받으며 특히 과실과 채소류에 많이 발생한다.

(2) 파인애플

파인애플은 단맛이 있고 향기가 좋으며 즙이 많은 과일이다. 파인애플의 신맛은 입맛을 살려 주고 식이섬유가 풍부해서 변비 예방에 도움을 준다. 질긴 고기에 파인애플을 넣으면 단백질 분해효소인 브로멜라인bromelain에 의해 고기가 연해진다. 그러므로 파인애플을 고기와 같이 먹거나 후식으로 먹으면 소화가 잘 된다. 파인애플 통조림의 경우 브로멜라인이 열에 의해 효소가 불활성화되므로 육류를 연화시키기 위해서는 생파인애플을 사용해야 한다.

(3) 키위

키위는 열대과일이라기보다는 온대과일이라 할 수 있다. 키위의 껍질에 황갈색의 털이 있어서 뉴질랜드의 키위새의 이름을 따서 키위라고 한다. 키위는 수확 후 후숙이 필요하며 실온에서 익혀서 먹는다. 비타민 C의 함량이 높고 단백질 분해효소인 액티니딘actinidin이 있어서 고기를 연하게 하는 데 사용된다. 키위의 종류로는 그린키위, 골드키위, 레드키위가 있다.

(4) 파파야

멜론의 한 종류로 껍질은 초록색을 띠고 있으나 과육은 오렌지색으로 수분이 많고 매우 달콤하다. 파파인papain이라고 하는 단백질 분해효소가 들어 있어 고기를 연하게 하므로 스테이크, 갈비, 불고기 등에 이용한다.

(5) 아보카도

지질 함량이 13~26%로 많고 특히 지방산 중 85%가 혈관 건강에 유익한 불포화지방산으로 이루어져 있다. 아보카도는 혈압을 조절해 주는 칼륨이 열대과일 중 가장 많이 들어 있어 고혈압, 동맥경화 환자에게 유익하다. 요즘 김밥이나 샌드위치의 재료로도 많이 이용되고 있다.

(6) 코코넛

코코넛은 윗부분을 자르고 빨대를 꽂아 액체를 마시는 공 모양의 과일로 차게 먹어야 제 맛이 난다. 코코넛 안의 과육을 긁어 먹으면 구수한 맛이 난다. 과육은 식용유의 원료로 사용될 정도로 지질 함량이 높고 포화지방산 비율이 89%이며, 열량도 높다.

(7) 구아바

비타민 C가 귤의 3배 이상 들어 있으며 칼륨이 풍부해서 혈압조절 효과도 있다. 구아바 잎에는 당흡수를 억제하고 인슐린과 유사한 작용을 하는 성분이 들어 있어 당뇨병 환자에게 효과적이다.

(8) 망고

단맛이 많이 나며 우리나라의 복숭아와 비슷한 맛이 난다. 망고는 단맛에 비해 열량이 낮아 생으로 또는 주스로 먹거나 후식과 과자 재료로도 쓰인다.

(9) 망고스틴

짙은 자주색의 사과 정도의 크기로 감과 비슷한 꼭지를 가지고 있으며 새콤달콤한 맛을 가진 과일이다. 껍질은 상당히 두꺼운 편이나 잘 익은 것은 쉽게 벗겨진다.

(10) 두리안

일명 열대과일의 왕으로 불리는 과일로, 도깨비 방망이 모양이며, 굵은 가시를 많이 가지고 있다. 지독한 냄새가 나서 지옥 같은 향기를 가진 천국의 맛이라고 말하기도 한다.

(11) 용과

용과는 선인장의 열매로 용의 여의주 모양을 하고 있어 용과라 불린다. 백육종의 용과는 과피는 붉은색이고 과육은 흰색이며 바나나처럼 껍질을 벗겨 먹을 수 있다.

(12) 리치

리치는 둥글고 껍질은 갈색으로 우둘투둘하고 딱딱하나 쉽게 벗겨진다. 껍질을 벗기면 흰색의 과육이 나오는데 달고 신맛이 나며 독특한 향기가 난다.

(13) 람부탄

털 모양의 돌기로 과피가 덮여 있는 람부탄은 과육은 하얀색이며 과즙은 달고 신맛이 난다.

(14) 패션프루트(passion fruit, 백향과)

대개 탁구공보다 조금 크고 속에 젤라틴 상태의 과육과 종자가 많으며 매우 좋은 향기가 난다. 즙이 많은 과육과 맛이 없는 씨를 아삭아삭 씹어 먹는다.

> **TIP**
> -
>
> **열대과일의 보관**
> 바나나, 파인애플 및 구아바, 코코넛, 아보카도 등 열대과일은 냉장고에 넣지 않고 실온에서 보관해야 한다.
> 저온보관 시 냉해(저온장해)가 일어난다.

4. 과일의 조리 특성

1) 과일의 갈변현상

(1) 효소적 갈변

사과, 바나나, 복숭아, 살구의 껍질을 벗기거나 잘라 놓으면 자른 단면이 공기 중에 노출되며 조직 속에 함유되어 있는 폴리페놀화합물이 산소와 접촉하게 되어 갈색물질이 생성된다. 이는 효소적 갈변현상으로 폴리페놀옥시다제polyphenol oxidase, polyphenolase에 의한 갈변현상이다. 과일의 갈변현상은 바람직하지 않으나 홍차와 같이 의도적으로 효소적 갈변을 일으키는 경우도 있다.

TIP
-

감자의 갈변현상이란?
티로시나제tyrosinase, monophenol oxidase에 의한 갈변현상으로 감자의 조직 속에 함유되어 있는 모노페놀화합물인 티로신이 산화되어 일어나는 현상이다.

---

(2) 효소적 갈변방지법

효소적 갈변반응은 식품의 가공 저장 중 식품의 품질을 저하시키는 요인이 되므로 효소적 갈변방지법은 중요하다.

> **이취**
> **off flavor**
> 식품으로 바람직하지 못한 풍미이다. 이취는 지방이 산화 또는 가수분해되어 산패하는 경우 생성된다. 또는 단백질과 아미노산이 분해하는 경우 식품성분의 화학적 변화에 의해 생기거나 외부로부터의 혼입에 의하여 2차적으로 생긴다.

① 가열 처리

효소는 복합단백질이므로 과일통조림이나 잼 등의 제조 시 고온에서 적당 시간 열처리를 하면 효소가 불활성화되어 효소적 갈변이 억제된다. 그러나 데치는 동안 이취 발생, 질감 변화, 연화 등의 문제가 발생할 수 있으므로 가열온도와 시간에 대한 주의가 필요하다.

② 효소의 최적조건 변화

사과에서 추출된 폴리페놀옥시다제의 최적 pH는 5.8~6.8이고, pH 3.0 이하에서는 활성이 상실되므로 과일을 식초, 레몬즙 또는 오렌지즙 등의 산성 용액에 담그거나 냉각, 냉동하면 폴리페놀옥시다제의 효소작용을 억제하여 갈변을 방지할 수 있다.

또한 폴리페놀옥시다제는 구리를 가진 금속효소이므로 구리 및 철 이온에 의해 활성화되며 염소 이온에 의해 활성이 억제된다. 따라서 구리 용기에 사과나 배 등을 넣으면 갈변이 촉진되나 이들 과일을 묽은 소금물에 담가 두면 갈변이 방지된다.

③ 산소의 제거

효소적 갈변은 산소가 없으면 일어날 수 없다. 그러므로 갈변반응을 일으

표 14-3 효소적 갈변방지법

종류	방법	예
가열 처리	효소는 단백질로 구성되어 있으므로 폴리페놀옥시다제, 티로시나제 등을 가열하여 불활성화시킨다.	채소나 과일 통·병조림 제조 시 데치거나 끓이기를 한다.
pH 조절	식품의 pH를 산성으로 변화시켜 폴리페놀옥시다제최적 pH 5.8~6.8의 활성을 억제한다.	과일을 벗긴 후 구연산 등의 산 용액에 담근다.
온도 조절	식품의 온도를 효소작용이 억제되는 −10℃ 이하로 유지한다.	동결 저장한다.
효소촉진제 제거	폴리페놀옥시다제와 티로시나제는 구리를 가진 금속효소로 칠, 구리에 의해 효소의 활성이 촉진된다.	칠제 금속 용기를 사용하지 말고, 대나무나 스테인리스 그릇을 사용한다.
효소저해제 이용	아황산가스, 아황산염, 염소Cl^- 등은 폴리페놀옥시다제와 티로시나제에 대해 강한 저해작용을 가진다.	감자, 사과, 복숭아 등의 가공 시 갈변 방지를 위해 아황산SO_2, 아황산염, 소금 등을 사용한다.
효소 및 기질 제거	갈변 기질과 효소가 수용성인 경우 물에 담가 침출시키면 폴리페놀 화합물에 의한 갈변을 막을 수 있으며 산소의 접촉도 막을 수 있다.	감자, 고구마, 밤은 껍질을 벗긴 후 물에 담근다.
산소 제거	산소가 존재하면 효소적 갈변이나 비효소적 갈변이 촉진되므로 산소를 제거하여 산소의 접촉을 억제한다.	껍질 깐 밤을 진공포장하여 산소를 제거한다. 과일을 물, 소금물, 설탕물에 담가 산소를 차단한다.
환원성 물질 첨가	갈색화 반응은 산화반응이므로 환원성 물질을 가하면 갈변을 억제할 수 있다.	아스코르빈산을 첨가하거나 −SH 화합물시스테인, 글루타티온을 첨가한다.

키는 산소의 접촉을 피하기 위해서는 껍질을 벗기거나 절단한 과일을 물에 담그는 것이 좋다. 또는 진공포장을 하거나 질소가스나 탄산가스로 대체하면 갈변 억제에 효과적이다. 그러나 산소를 제거한 혐기적인 상태가 오래 지속되면 이상 대사물질이 형성되고, 세포의 파괴현상이 일어나므로 산소제거 시 주의하여야 한다.

④ 환원성 물질의 첨가

강한 환원력을 가진 아스코르빈산ascorbic acid은 갈변방지에 효과가 있어 아스코르빈산이 많이 들어 있는 감귤류로 만든 주스를 과일에 뿌려 주면 갈변이 억제된다.

또한 황화수소-SH 화합물인 시스테인cysteine, 글루타티온glutathione 등도 퀴논quinone류와 부가화합물을 형성하여 산화의 진행을 막아 준다. 파인애플 주스에는 황화합물이 많기 때문에 파인애플 주스에 깎은 과일을 담가 두면 갈변을 막을 수 있다.

2) 조리 중의 변화

과일을 조리할 때는 영양소의 손실을 적게 하고 색을 아름답게 유지하는 것이 중요하다.

(1) 질감의 변화

생세포의 수분은 주로 삼투압에 의해 이동하나 가열하면 원형질막의 단백질이 변성되어 선택적 투과성을 잃어 세포막을 통한 삼투현상이 없어지고 세포 안의 용질이 확산에 의해 조리수로 용출된다. 삶은 과일은 세포 간에 불용성 프로토펙틴이 가열에 의해서 수용성 펙틴으로 전환되기 때문에 아삭한 질감이 없어지고 조직은 더욱 연하게 된다. 한편, 세포 간 공간에 차 있

그림 **14-5**
배숙과 질감의 변화

배숙은 끓는 생강물에 통후추를 박은 배를 넣고
다시 끓여 식힌 전통음료로 가열에 의해 배의 조
직이 연화되고 불투명한 배가 투명하게 된다.

던 가스는 물과 대치되어 삶은 과일은 생과일보다 투명하게 된다.

(2) 향기의 변화

과일의 향기성분은 휘발성인 유기산과 에스테르로 과일을 오래 가열하면
과일 자체가 가지고 있던 향기를 잃게 된다.

(3) 색의 변화

조리 중 과일의 색 변화는 과육 내에 함유되어 있는 유기산과 조리수의
pH 및 무기질 등에 의해서 일어난다.

5. 과일의 조리 및 이용

과일은 대부분 생으로 섭취하나 주스, 건과, 통조림 또는 냉동하여 먹기도
한다. 과일은 용도에 따라 물이나 설탕물에 졸이기, 찌기, 굽기, 튀기기 등의
조리 방법을 사용하며 건과는 물에 불려서 물기를 제거한 후 이용한다.

1) 생과일

생과일은 아름다운 색과 모양을 가지고 있으며 단맛과 신맛 그리고 향미 성분을 함유하고 있어 생으로 매일 먹는 것이 가장 좋은 이용법이다. 그러므로 과일은 신선하고 농약의 피해가 적은 것을 선택해야 한다. 제철 과일은 3~5개월 만에 속성 재배한 비닐하우스 과일에 비해 비타민, 무기질 등 영양소가 훨씬 많다.

또한 배, 파인애플브로멜라인, 키위액티니딘, 파파야파파인, 무화과피신 등에는 단백질 분해효소가 있어 질긴 고기를 연하게 해주는 연화작용이 있기 때문에 불고기 등에 이용하기도 한다.

2) 건조과일

과일을 건조하여 수분 함량을 감소시킨 것으로 대추, 건포도는 수분 함량이 15~18%이며, 곶감은 수분 함량이 28~30% 정도로 미생물 번식이 어렵다. 과일이 건조될 때 휘발성 성분이 손실되며 셀룰로오스가 연화되고 당도가 증가한다. 건조과일은 맛과 영양소가 농축되어 있으므로 간식으로 이용할 수 있다.

3) 냉동과일

냉동저장은 과일을 장기간 저장할 수 있는 방법으로 생으로 얼리거나 냉동하기 전에 데치기를 하여 영양과 색의 파괴 원인인 효소를 불활성화시킨다. 배, 사과, 복숭아 등의 변색을 방지하기 위하여 아스코르빈산이나 구연산을 사용하기도 한다. 얼리기 전에 과일을 설탕 또는 시럽에 절여 얼리면

과편류란?

과일을 삶아 거른 즙에 전분과 설탕이나 꿀을 넣어 조려서 엉기게 한 다음 식혀서 썬 것이다. 재료에 따라 앵두편, 복분자편, 모과편, 산사편, 살구편, 오미자편 등이 있다.

그 형태와 질감을 보존할 수 있다. 냉동과일은 색과 맛이 잘 유지되나 냉동 과정에서 얼음 결정이 형성될 때 부피가 팽창하면서 세포막이 파괴되므로 해동 시 조직이 너무 무르고 뭉개져서 질감이 크게 저하된다. 그러나 조리법 을 잘 수정하면 조리할 때 신선한 과일 대용으로 활용할 수 있다.

4) 잼과 젤리

대부분의 과일은 함량은 다르지만 펙틴을 가지고 있어 당과 산이 적당량 존재하면 잼이나 젤리, 마멀레이드 등과 같은 펙틴겔을 만들 수 있다. 일반적 으로 펙틴 1.0%, 산 0.3%(pH 3.0~3.3), 당 65%의 조건에서 젤리화가 가장 잘 일어난다.

과일 이용의 예

- 잼jam: 과일에 설탕을 넣어 조린 것이다. 잼은 펙틴, 산, 설탕이 있어야 만들어지며, 사과(국광), 포도, 자 두, 머루, 딸기 등이 잼에 이용된다.
- 젤리jelly: 과즙에 설탕을 넣어 조린 것이다.
- 마멀레이드marmalade: 감귤류의 껍질과 과육에 설탕을 넣어 조린 것이다.
- 컨저브conserve: 여러 가지 과일을 혼합해서 잼과 같이 만든 것이다.
- 프리저브preserve: 과일에 설탕을 넣고 조린 것으로 과일의 형태가 있는 것이다.

그림 **14-6**
펙틴질의 종류

프로토펙틴protopectin	→ 프로토펙티나제 →	펙틴산pectinic acid, 펙틴pectin	→ 펙티나제 →	펙트산pectic acid
미성숙한 과일 불용성 겔 형성 못함		성숙한 과일 수용성 겔 형성		과숙한 과일 수용성 겔 형성 못함

(1) 펙틴질

과일의 껍질과 조직에 주로 함유된 펙틴질은 세포벽 사이에 존재하며 세포를 결착시키는 접착제의 역할을 한다. 펙틴질에는 불용성인 프로토펙틴protopectin과 수용성인 펙틴산pectinic acid, 펙틴pectin, 펙트산pectic acid이 있다.

익지 않은 과일이나 과피는 대부분이 불용성인 프로토펙틴 상태이지만 성숙해감에 따라 불용성 프로토펙틴이 프로토펙티나제protopectinase에 의해 가수분해되어 수용성 펙틴과 펙틴산이 된다. 이때 세포들의 조직이 연화되고 겔을 형성한다. 그러나 과일이 너무 익으면 펙틴이 펙티나제pectinase에 의해 펙트산으로 분해되므로 겔형성 능력이 저하되어 젤리화에 적당하지 않다.

펙틴은 갈락투론산이 연결된 중합체로 분자 내에 음전하COO-를 많이 띠기 때문에 물에서는 교질상의 졸sol을 형성한다. 과일에 들어 있는 펙틴을 추출하려면 과일을 최소한의 물과 함께 끓여야 하며 다량의 물을 사용하면 펙틴이 희석되어 겔이 잘 형성되지 않는다.

TIP
-

펙틴 함량 측정법
• 알코올 침전법: 펙틴질에 알코올과 같은 탈수제를 넣으면 응석이 일어나 과실에서 추출한 과즙 중의 펙틴량을 추정할 수 있다. 진하고 젤리 같은 침전물이 생기면 펙틴의 양이 많은 것이고, 가늘고 약한 침전물이 생기면 펙틴의 양이 적은 것으로 판정할 수 있다.
• 점도 측정법: 점도계를 이용하여 측정한 점도가 높은 것이 펙틴 함량이 많은 것이다.

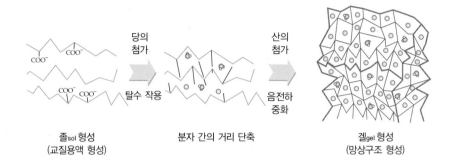

그림 **14-7**
펙틴, 당, 산에 의한 겔
형성 단계

졸sol 형성
(교질용액 형성)

분자 간의 거리 단축

겔gel 형성
(망상구조 형성)

당의
첨가

탈수 작용

산의
첨가

음전하
중화

(2) 당

주로 설탕을 첨가하는데 이는 설탕이 탈수제의 역할을 하기 때문이다. 펙틴분자로 이루어진 교질용액에 설탕을 첨가하면 교질용액 내의 물분자나 펙틴 표면에 수화되어 있는 물 분자들이 설탕의 수화에 이용되어 제거되므로 펙틴 분자 간의 간격이 줄어들어 접촉이 쉽게 된다. 설탕을 나중에 넣고 가열하면 강도가 약해지므로 처음부터 설탕을 넣어 가열하는 것이 좋다.

(3) 산

설탕 첨가 후 산이 존재하면 산에서 형성된 수소이온에 의해 펙틴분자들이 가진 음전하가 중화되어 펙틴분자끼리의 결합과 침전이 쉬워지고 펙틴분자 간에 다리를 놓아 펙틴이 망상구조를 형성하게 한다.

그림 **14-8**
젤리점

젤리점jelly point
젤리나 잼을 조리할 때 펙틴겔이 적절히 형성되어 졸이는 것을 끝마치는 점을 젤리점이라 하고 스푼법,
컵법, 온도계법, 당도계법 등이 있다.

스푼법
과즙액을 스푼으로 떠서 흘러내리는 모양을 관찰
하여 묽은 시럽 모양으로 떨어지면 부적당하고,
일부는 떨어지고 일부는 붙어 오르면 적당하다.

적당　　　　부적당

컵법
끓는 과즙을 한 스푼 떠서 충분히 냉각시킨 다음
냉수를 담은 컵 속에 떨어뜨려 당액이 뭉쳐지는
모양을 관찰한다. 도중에 풀어지면 부적당하다.

적당　　　　부적당

온도계법
끓고 있는 과즙에 온도계를 넣어서 103∼104℃가
될 때까지 농축시킨다.

온도계
103℃

당도계법
당도계로 당도를 측정하여 65%가 될 때까지 농
축시킨다.

6. 과일의 숙성과 저장

과일이 익으면서 전분이 분해되고 포도당과 과당이 생성되어 단맛이 증가한다. 또한 효소작용에 의해 프로토펙틴이 펙틴으로 전환됨에 따라 조직이 부드러워진다. 유기산이 호흡작용에 의해 소모되고 과일 고유의 향기를 나타내는 에스테르로 전환되므로 산도가 저하되고 향기로워진다. 그러므로 과일은 숙성 적기에 맛과 향기성분의 함량이 최고에 달하여 품질이 가장 우수하다.

바나나, 토마토, 키위 등 후숙과일호흡기 과일은 미숙한 과일을 수확하여 일정 온도에서 후숙시키면 완숙과일이 된다. 후숙과일은 호흡속도를 높이기 위해 에틸렌 가스를 이용하여 숙성을 촉진시키기도 한다.

특성	숙성하는 과정에서의 변화
크기	증가한다.
조직	펙틴질 중 불용성 펙틴인 프로토펙틴이 수용성 펙틴으로 변하기 때문에 연해진다.
색	과일 특유의 색을 보여 준다.
유기산	신맛이 감소하고 맛이 부드러워진다.
당	전분이 당으로 분해되어 단맛이 증가된다.
탄닌	감이나 바나나 같이 미숙한 과일에는 탄닌이 많아 떫은맛을 나타내나 성숙됨에 따라 불용성이 되어 떫은맛이 없어진다.

표 **14-4**
과일 숙성과정 중 일어나는 변화

호흡여부	특징	과일의 종류
후숙과일 (호흡기 과일)	• 수확 후 호흡률의 증가 • 약간 덜 익었을 때 수확	바나나, 토마토, 키위, 살구, 자두, 감, 한라봉, 망고, 아보카도
완숙과일 (비호흡기 과일)	• 수확 후 호흡률 저하 • 완전히 익은 후 수확	딸기, 포도, 수박, 귤, 오렌지, 레몬, 체리, 버찌, 블루베리

표 **14-5**
후숙과일과 완숙과일

그림 **14-9**
후숙과일 에틸렌 가스

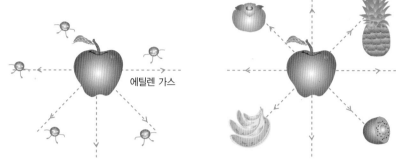

사과에서 에틸렌 가스가 방출된다.

에틸렌 가스로 과일들이 빨리 익는다.

호흡을 하면서 익는 감, 바나나, 키위, 망고, 파인애플 등의 후숙과일은 후숙을 위해서 주로 에틸렌 가스
ethylene gas를 이용한다. 후숙과일을 사과와 함께 보관하면 사과에서 방출되는 에틸렌 가스때문에 과일의
숙성이 촉진된다.

과일이 완전히 숙성한 후 시간이 경과할수록 과일에 있는 수분의 일부가
증발하여 무게 감소와 색 변화가 일어나고 펙틴이 펙트산이 되어 조직이 물
러지고 향미가 나빠져 과일의 질이 떨어진다.

대부분의 신선한 과일은 상하기 쉬우므로 냉장보관한다. 냉장보관하면 호
흡이 낮아져 부패가 지연되므로 마르지 않도록 비닐 봉투나 뚜껑이 있는 용
기에 넣어 냉장저장하는 것이 신선도를 오래 유지할 수 있다. 이와는 다르게
열대과일은 실온에서 보관해야 한다. 열대과일의 경우 냉장온도에서 냉해저온
장해를 입어 변색이 되고 숙성력을 잃게 된다.

TIP
-

냉장과일이 단 이유는?
과일의 주된 맛을 내는 과당은 α형과 β형이 있는데 β형이 α형보다 3배 정도 더 단맛을 낸다. 과당은 온도
가 낮을수록 β형이 증가하므로 단맛을 증가시키기 위해 냉장저장하는 것이 좋다. 보통 5℃일 때가 20℃일
때보다 20% 정도 당도가 높다.

CHAPTER
15

: 해조류 및 버섯류

CHAPTER
15

: 해조류 및 버섯류

해조류는 서식하는 바다의 깊이에 따라 녹조류, 갈조류, 홍조류가 있다.
버섯은 엽록체가 없어 나무에 기생하는 균류로 다양한 버섯이 있다.

1. 해조류

해조류는 뿌리, 줄기, 잎 등의 구별이 확실하지 않고, 서식하는 바다의 깊이에 따라 광합성을 하는 능력이 달라 녹조류, 갈조류, 홍조류로 구분된다.

1) 해조류의 성분

해조류는 일반적으로 저열량이면서도 무기질과 비타민, 식이섬유가 풍부하고 여러 가지 기능성 물질을 함유하고 있는 알칼리성 식품이다.

(1) 탄수화물

해조류는 수분 다음으로 탄수화물이 많다. 건조 해조류의 경우 25~45% 정도의 탄수화물을 함유하고 있다. 해조류에는 만니톨mannitol, 솔비톨sorbitol 등의 당알코올도 있어 약간의 단맛이 난다. 녹조류는 포도당, 갈조류는 알긴산alginic acid, 퓨신fucin, 푸코이딘fucoidin, 홍조류는 갈락탄을 많이 함유하고 있다.

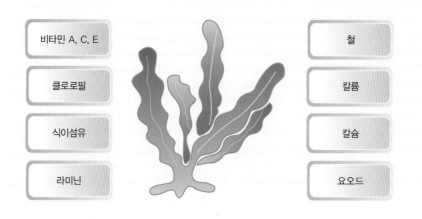

비타민 A, C, E

클로로필

식이섬유

라미닌

철

칼륨

칼슘

요오드

그림 **15-1**
해조류의 주요 성분

표 **15-1** 해조류의 성분　　　　　　　　　　　　　　　　　　　　　　　　(가식부 100g 당)

식품명	일반성분								무기질							
	에너지 (kcal)	수분 (g)	단백질 (g)	지질 (g)	회분 (g)	탄수화물 (g)	총당류 (g)	총식이섬유 (g)	칼슘 (mg)	철 (mg)	인 (mg)	칼륨 (mg)	나트륨 (mg)	아연 (mg)	구리 (mg)	요오드 (μg)
김 (조선김)*	163	10.4	41.8	1.5	9.9	36.4	–	–	265	15.3	690	2,773	859	–	–	–
다시마*	110	12.3	7.4	1.1	34.0	45.2	–	–	708	6.3	186	7,500	3,100	2.50	0.239	–
모자반	15	86.2	1.8	0.2	5.1	5.2	–	0	209	2.1	61	–	–	–	–	–
미역*	149	6.3	20.31	4.83	24.91	43.65	0	35.6	1,109	6.10	355	432	7,535	–	–	29,097.69
우뭇 가사리	46	70.3	4.2	0.2	3.8	18.5	–	0	183	3.9	47	–	–	–	–	–
청각	8	92.1	1.4	0.4	4.5	1.6	–	0	37	2.5	12	–	–	–	–	–
톳	14	88.1	1.9	0.4	4.6	4.0	–	0	157	3.9	32	–	–	1.01	0.020	–
파래	11	93.8	2.18	0.15	0.92	2.95	0.04	2.1	55	4.10	38	131	122	–	–	1.26
클로렐라*	174	10.3	45.3	7.2	11.5	25.7	–	–	117	73.4	1,536	–	–	–	–	–
매생이	39	84.3	3.88	3.29	0.34	8.19	0.07	6.5	91	18.30	97	263	104	–	–	0
한천	154	20.1	2.3	0.1	2.9	74.6	–	0	523	7.8	16	–	–	–	–	–

식품명	비타민							지방산								
	베타 카로틴 (μg)	비타민 B_1 (mg)	비타민 B_2 (mg)	니아신 (mg)	비타민 B_{12} (μg)	비타민 C (mg)	비타민 K (μg)	팔미 트산 (mg)	스테아 르산 (mg)	올레산 (mg)	리놀 레산 (mg)	알파 리놀렌산 (mg)	아라키 돈산 (mg)	오메가 3 지방산 (g)	오메가 6 지방산 (g)	총 트랜스 지방산(g)
김 (조선김)*	11,690	0.65	1.13	9.8	–	16	–	–	–	–	–	–	–	–	–	–
다시마*	576	0.22	0.45	4.5	–	18	–	–	–	–	–	–	–	–	–	–
모자반	–	–	–	–	–	–	–	–	–	–	–	–	–	–	–	–
미역*	6,185	0	0.101	3.8	0	0	1,542.68	525.56	41.31	210.55	323.08	511.71	853.03	1.38	2.12	0.09
우뭇 가사리	2,160	0.04	0.43	1.1	–	15	–	–	–	–	–	–	–	–	–	–
청각	270	0.01	0.05	1.4	–	9	–	–	–	–	–	–	–	–	–	–
톳	378	0.01	0.07	1.9	–	4	–	–	–	–	–	–	–	–	–	–
파래	–	0.290	0.140	–	2.99	36.00	–	42.74	0.43	1.23	4.20	27.80	0	0.04	0.02	0.02
매생이	–	0	0.030	–	10.27	0	–	119.33	2.26	8.40	26.80	162.40	0	0.25	0.15	0.11

(계속) 표 **15-1** 해조류의 성분

(가식부 100g 당)

| 식품명 | 아미노산 | | | | | | | | | | | | |
	이소 루신 (mg)	루신 (mg)	라이신 (mg)	메티 오닌 (mg)	페닐 알라닌 (mg)	트레 오닌 (mg)	트립 토판 (mg)	발린 (mg)	히스 티딘 (mg)	아르 기닌 (mg)	아스파 르트산 (mg)	글루 탐산 (mg)	글리신 (mg)
미역*	816	1,487	1,138	537	870	831	0	1,053	454	835	1,812	2,574	1,162
파래	150	292	206	42	189	192	0	228	97	255	497	542	240
매생이	169	308	214	17	177	201	420	257	80	235	470	436	247

자료: 농촌진흥청(2020). 국가표준식품성분 DB 9.2
* 표시는 건조상태의 해조류

(2) 단백질

건조 해조류에는 단백질이 7~45% 정도 함유하고 있으며, 필수아미노산을 많이 함유하고 있다. 분석표에는 나타나지 않았지만, 김에는 글리신이 많아 구수한 맛을 내고, 다시마에는 글루탐산이 많아 감칠맛을 낸다.

(3) 지질

해조류에는 매생이에 약 3%, 건조미역에 약 5%, 건조 클로렐라에 약 7%의 지질이 함유된 것을 제외하고는 대부분 2% 미만의 적은 양의 지질을 함유하고 있다.

(4) 비타민과 무기질

해조류에는 베타카로틴이 많고, 비타민 B군과 C도 함유되어 있다. 또한 칼슘, 칼륨 등의 무기질이 많은 알칼리성 식품이며, 특히 미역에는 요오드가 풍부하다.

(5) 특수성분

해조류는 함황화합물인 디메틸설파이드dimethyl sulfide에 의해 독특한 냄새가 나며, 트리메틸아민trimethylamine, TMA에 의한 비린 냄새도 난다.

2) 해조류의 종류

(1) 녹조류

녹조류는 해수면의 가장 가까운 곳에 서식하는 조류로서 클로로필을 함유하고 있어 광합성을 한다. 클로로필 a에 의하여 초록색을 나타내고 소량의 카로티노이드가 함유되어 있다. 녹조류의 종류로는 파래, 청각, 매생이, 클로렐라가 있다.

① 파래

파래

파래는 디메틸설파이드에 의한 특유의 향을 가지며, 철, 칼륨, 비타민 C 등이 다량 포함되어 있다.

물파래는 바다냄새가 나며 잡티나 불순물이 없고 진한 초록색이 나는 것이 싱싱한 것으로 초무침을 해 먹는다. 마른 파래는 도톰하고 깨끗한 것으로 먼지를 털어내고 잡티를 고른 다음 김처럼 먹거나 볶아서 밑반찬으로 먹기도 한다.

② 청각

청각

청각은 냉국, 김치와 물김치에 넣어 시원하게 먹거나 샐러드 등 요리에 이용된다.

③ 매생이

매생이는 파래와 비슷하게 생긴 녹조류로 청정지역에 서식하며, 굴을 넣어 국을 끓이거나 칼국수를 만들어 먹는다. 매생이국은 펄펄 끓어도 김이 잘 나지 않아 먹다가 입을 데기 쉬워 "미운 사위에 매생이국 준다."라는 속담도 있다.

(2) 갈조류

갈조류는 카로티노이드인 β-카로틴과 푸코산틴fucoxanthin 등의 색소가 함유되어 있다. 아미노산인 리신의 유도체인 라미닌laminine이 혈압을 낮추고, 알긴산은 변비 예방 효과가 있다. 갈조류의 종류로는 미역, 다시마, 톳, 모자반, 곰피가 있다.

① 미역

미역은 재래식 장곽과 염장한 것, 굵은 실처럼 만든 것 등이 있다. 장곽은 필요한 만큼 잘라 물에 불려 씻어 사용하여야 하고, 염장한 것은 물에 씻어 염분을 제거한 후 사용하여야 하고, 실처럼 만든 것은 그대로 국을 끓이면 된다. 국이나 찌개, 부각, 튀각에 사용되는 마른미역은 8~9배 정도 불어나므로 사용량에 주의하여야 하며, 많은 물에 빨리 씻어 사용하여야 흐물흐물해지지 않는다. 물미역은 초무침, 냉채, 샐러드 등으로 먹고, 염장미역은 소금기를 뺀 다음 쌈밥이나 샐러드 등을 해 먹는다. 미역은 요오드, 칼슘, 칼륨, 철 등의 무기질을 다량 함유하고 있어서 임산부에게 좋은 식품재료이다.

> **장곽**
> 넓고 길쭉한 미역

미역

② 다시마

다시마는 쌈이나 국물을 낼 때 주로 사용되며 다시마 표면의 흰가루인 만

다시마

니톨은 단맛을 내므로 씻어서는 안 되고 젖은 행주로 닦아서 사용한다. 다시마는 글루탐산이 있어 감칠맛을 내나 오래 끓이면 쓴맛이 난다. 따라서 다시마 국물은 다시마를 젖은 행주로 닦아 10분 이내로 끓인 후 건져 내야 맛있다. 다시마는 색이 검고 두꺼운 것이 좋으며 튀각, 부각, 다시마 조림을 하기도 한다.

③ 톳

톳

톳은 봄부터 초여름에 번성하며, 초봄에 채취하는 것이 좋다. 칼슘, 철 등의 무기질이 다량 함유되어 있는 알칼리성 식품으로 날로 먹으면 비린 맛이 있으므로, 데친 후 나물로 볶아 먹거나 무침, 샐러드 등에 이용한다.

④ 모자반

모자반은 오독오독 씹는 맛이 있는 갈조류이다. 보통 염장이나 건조된 것으로 유통되고 있으며, 염장 모자반은 깨끗이 씻은 후 물에 담가 소금기를 제거하고 조리하며, 건조 모자반은 물에 불린 후 데쳐서 물기를 짠 후 무침이나 국을 끓여 먹는다.

⑤ 곰피

곰피는 부드러우면서도 쌉싸름한 맛과 꼬득꼬득한 씹는 질감이 있다. 주로 건조된 것을 삶거나 데쳐서 쌈이나 무침 또는 장아찌로 만들어 먹는다.

(3) 홍조류

홍조류는 피코에리스린phycoerythrin 등의 색소를 함유하여 적색을 나타내고 소량의 피코시안phycocyan, 클로로필과 카로티노이드가 함유되어 있다. 홍조류에는 김과 우뭇가사리, 꼬시래기 등이 있다.

① 김

김에는 재래김, 돌김, 파래김 등이 있다. 재래김은 크기가 약간 크고 김을 얇게 떠서 구멍이 많기는 하지만 부드러운 맛이 있어 밥에 싸서 많이 먹는다. 돌김은 두껍고 꺼칠꺼칠하고 파래김은 연녹색을 띠며 얇다.

김은 수분 함량을 10% 정도로 저하시켜 보존하고, 기름을 발라 160℃에서 굽는 것이 색과 맛이 좋다. 김에 기름을 발라 구우면 김의 향기와 맛이 좋아지고, 입안에서의 촉감이 부드러워지며, 김에 함유된 지용성 비타민인 카로티노이드의 흡수를 돕는다.

김은 적색의 피코에리스린phycoerythrin이 주성분이며, 클로로필, 카로티노이드와 청색의 피코시안phycocyan이 함유되어 김의 색을 나타내며 검고 윤기가 나는 것이 좋은 김이다. 겨울 김이 맛도 가장 좋고 단백질의 함량도 많다. 김을 말릴 때 햇빛을 오래 쪼이면 피코에리스린의 함량이 많은 붉은색이 되고, 김을 160℃에서 구우면 붉은 색소와 청색 색소 및 엽록소가 파괴되고 남은 색소들에 의하여 청록색이 된다. 김의 감칠맛 성분은 글리신에 의하고, 냄새는 주로 디메틸설파이드에 의해 생긴다. 김은 무침, 부각, 장아찌 등으로 이용된다. 김은 광선, 수분, 산소에 의해 붉게 되고 맛이 떨어지며, 향과 윤기를 잃는다. 따라서 김은 습기가 없고 어둡고 서늘한 곳에 보관해야 한다.

② 우뭇가사리

우뭇가사리에서 한천agar이라는 다당류를 추출할 수 있다. 한천은 아가로오스agarose와 아가로펙틴agaropectin으로 구성되어 있으며 주로 양갱을 만들 때 사용된다. 또한 겔 형성 능력이 좋아 빵과 과자를 만들 때 첨가제로도 이용된다.

③ 꼬시래기

남해안 일대에서 수확되는 꼬시래기는 무쳐 먹거나 볶거나 전으로 먹는다. 씹는 맛이 좋고 면발처럼 생겨서 바다의 국수라고도 하며 면요리에 사용하기도 한다. 또한 우뭇가사리와 섞어 한천을 만들기도 한다.

> **TIP**
> -
>
> **천사채**
> 다시마나 우뭇가사리 등 해조류로 만든 인공 국수로 씹히는 맛이 있어 국수 대신 사용하거나 샐러드 재료로 사용한다.

2. 버섯류

1) 버섯류의 성분

버섯은 엽록체가 없으므로 독립 영양을 할 수 없어 나무에 기생하는 균류로 영양기관인 균사체와 번식기관인 자실체로 되어 있다. 송이버섯, 양송이버섯, 표고버섯, 느타리버섯, 목이버섯, 팽이버섯, 석이버섯, 새송이버섯 등을 주로 식용하며, 갓이 많이 퍼지지 않고 싱싱하고 두꺼운 것이 좋다.

생버섯은 90% 정도의 수분과 5~8% 정도의 탄수화물, 2~4% 정도의 식이섬유, 2~3%의 단백질, 0.1~1% 정도의 지질을 함유한다. 버섯에는 에르고스테롤ergosterol이 있어 자외선에 의해 비타민 D_2로 된다. 버섯은 썰어 놓으면 폴리페놀옥시다제polyphenol oxidase에 의해 빨리 변색되므로 생것으로 사용할 때는 사용하기 직전에 썰어서 레몬즙이나 식초를 넣은 물에 묻혀 변색을 방지하는 것이 좋다.

한편, 독버섯에는 무스카린muscarine, 뉴린neurine 등의 독성분이 함유되어 있으므로 모르는 버섯은 먹지 말아야 한다.

2) 버섯류의 종류

(1) 송이버섯

송이버섯은 살아 있는 소나무에 기생하는 버섯으로 추석을 전후하여 생산된다. 글루탐산, 아스파르트산, 구아닐산이 있어 감칠맛이 나며, 메틸 시나메이트methyl cinnamate와 마츠다케올matsudakeol에 의해 좋은 향을 갖는다. 송이는 고유의 향을 보존하도록 소금 양념을 하거나 거의 양념을 하지 않는 것이 좋으며, 구이, 산적, 탕, 전골 등에 사용한다. 최근에는 송이버섯과 비슷한 모양으로 재배한 새송이버섯도 있다. 송이버섯처럼 향이 중요한 버섯은 씻을수록 향이 빠져 나가므로 톡톡 두드려 먼지를 제거하거나 젖은 행주로 살살 닦아 조리한다.

(2) 양송이버섯

양송이버섯은 송이버섯에 비해 자루가 짧은 버섯으로 통조림으로 많이 사용되며 수프, 피자, 구이 등에 사용된다. 양송이버섯은 자르면 폴리페놀옥시다제polyphenol oxidase에 의하여 갈변이 되어 식감이 떨어지므로 레몬즙 등을 뿌려 갈변을 방지하는 것이 좋다.

(3) 표고버섯

표고버섯은 비타민 D의 전구체인 에르고스테롤을 많이 함유하고 식이섬유인 베타글루칸 성분이 있어 영양이 우수하다. 표고버섯의 감칠맛은 구아닐산에 의하여 고기와 비슷한 맛을 내고, 독특한 향은 렌티오닌lentionine에

표 **15-2** 버섯류의 성분 　　　　　　　　　　　　　　　　　　　　　　　　　(가식부 100g 당)

식품명	일반성분							무기질				
	에너지 (kcal)	수분 (g)	단백질 (g)	지질 (g)	탄수화물 (g)	총당류 (g)	총식이섬유 (g)	칼슘 (mg)	철 (mg)	마그네슘 (mg)	인 (mg)	칼륨 (mg)
송이버섯, 생것	21	89.0	2.05	0.15	8.12	0.31	4.6	1	1.85	6	33	317
양송이버섯, 생것	15	91.7	3.56	0.19	3.71	1.34	1.6	2	0.88	11	112	392
표고버섯, 배지재배, 말린 것, 삶은 것	29	85.6	3.20	0.36	10.55	0.55	10.5	6	0.33	10	51	97
표고버섯, 참나무재배, 말린 것, 삶은 것	35	82.4	3.0	0.7	13.0	–	–	5	0.6	–	34	246
느타리버섯, 생것	15	91.9	2.60	0.14	4.70	0.74	2.9	0	0.78	14	100	256
목이버섯, 말린 것	169	12.9	11.88	1.26	69.66	1.98	43.5	694	5.10	216	319	1,085
팽이버섯, 생것	21	89.2	2.41	0.51	7.00	0.77	3.7	1	1.02	11	82	369
팽이버섯, 데친 것	20	90.1	2.60	0.39	6.43	0.29	5.2	2	0.74	9	64	226
석이버섯, 말린 것	165	12.9	11.75	0.96	68.47	0.33	60.9	47	54.60	85	89	403
큰느타리버섯 (새송이버섯), 생것	20	89.6	2.92	0.23	6.54	0.25	3.2	1	0.36	13	93	307
싸리버섯, 생것	20	90.1	2.8	0.6	5.7	–	–	41	6.2	–	44	–

식품명	비타민						아미노산		지방산			
	베타카로틴 (μg)	비타민 B$_1$ (mg)	비타민 B$_2$ (mg)	니아신 (mg)	비타민 C (mg)	비타민 D (μg)	아스파르트산 (mg)	글루탐산 (mg)	팔미트산 (mg)	스테아르산 (mg)	리놀레산 (mg)	알파리놀렌산 (mg)
송이버섯, 생것	0	0.016	0.402	3.758	1.18	0	98	144	19.96	17.37	94.20	0
양송이버섯, 생것	0	0.057	0.423	4.551	0	0	134	202	29.70	8.43	127.06	0
표고버섯, 배지재배, 말린 것, 삶은 것	2	0	0.130	–	0.09	0	202	413	35.14	3.95	301.55	0
표고버섯, 참나무재배, 말린 것, 삶은 것	0	0.06	0.27	2.0	0	–	–	–	–	–	–	–
느타리버섯, 생것	0	0.134	0.150	5.127	0.21	0	169	343	25.95	3.26	40.14	0.23
목이버섯, 말린 것	0	0.147	0.897	2.047	0	4.04	599	733	93.32	13.10	644.53	38.84
팽이버섯, 생것	0	0	0.097	0.262	1.277	0	117	287	31.44	1.87	111.26	50.91
팽이버섯, 데친 것	0	0	0.060	0.128	1.082	0	125	255	34.43	4.53	112.76	51.13
석이버섯, 말린 것	1,185	0	0.284	2.277	0	0	810	1,656	130.31	20.83	475.04	147.03
큰느타리버섯 (새송이버섯), 생것	0	0.049	0.229	5.260	0.58	0	215	290	31.42	3.57	111.37	0
싸리버섯, 생것	0	0.09	0.43	46.3	3	–	–	–	–	–	–	–

자료: 농촌진흥청(2020). 국가표준식품성분 DB 9.2
– 표시는 수치가 애매하거나 측정되지 않음

갓의 형태에 따른 건표고의 이름

• 백화고(1등급): 일년 중 봄에만 수확이 가능하며, 거북이 등처럼 흰줄 무늬가 많다. 검은 부분이 극히 적은 1등품 버섯이다.

• 흑화고(2등급): 버섯 등이 약간 갈라지고 봄, 가을에 채취하는 버섯이다.

• 동고(3등급): 봄, 가을에 수확하며 버섯의 갓이 약간 퍼져 있으며 종균을 접종해서 많이 생산되는 버섯이다.

• 향고(4등급): 갓이 조금 핀 상태로 약간 노란빛을 띠고, 고유의 형태를 갖추지 못하며 동고보다는 조금 크다.

• 향신(5등급): 향고가 크게 자라서 갓이 벌어진 것으로 갓의 모양이 넓고 크며, 두께는 얇고, 누런색을 띤다.

• 등외(6등급): 갓이 만개하여 옆으로 퍼지고 두께가 가장 얇으며 일정한 형태가 없다.

의한다. 표고버섯은 생으로 먹기도 하고, 말려서 먹기도 하는데, 생표고버섯은 씻으면 맛이 빠져 나가므로 씻지 말고, 건표고는 미지근한 물이나 설탕물에 잠깐 담가 두면 약 6~7배 정도까지 무게가 불어날 수 있다. 이때 너무 뜨거운 물에 담그면 표고버섯 특유의 향이 없어지므로 주의하여야 한다.

표고버섯은 갓이 갈색이고 주름이 없으며 표면이 갈라져 흰살이 드러나는 것은 국산이고, 갓이 진한 갈색이고 두께가 얇고 주름이 많은 것은 수입산이다. 표고버섯은 전, 찌개, 찜 등 다양하게 사용되며, 전을 부칠 때는 작은 것으로 사용하고, 채로 썰어 쓸 것은 크고 두꺼운 것을 얇게 저며 썰어서 사용한다.

(4) 느타리버섯

느타리버섯은 향이나 맛은 약하지만 찢어서 잡채, 찌개, 나물 등에 주로 사용한다.

(5) 목이버섯

색깔은 갈색이고, 사람의 귀 모양과 비슷하게 생겨 목이버섯이라 한다. 비타민 D를 함유하고 있으며 맛과 향이 강하고 씹는 촉감이 좋고 검은색이 음식에 독특한 색을 부여한다. 목이버섯은 말려서 잡채, 중국요리 등 각종 요리에 사용한다.

(6) 팽이버섯

팽이버섯은 밑둥을 자르고 물에 살짝 씻어서 찌개 등에 사용하는데, 너무 오래 가열하면 질겨지므로 조리할 때 맨 마지막에 넣어야 질겨지지 않는다.

(7) 석이버섯

검은색의 석이버섯은 되도록 부서지지 않은 큰 것으로 골라 미지근한 물에 불린 후 꼭지를 따고 뜨거운 물에서 양손으로 비벼 안쪽의 이끼를 벗겨낸 후 여러번 물에 헹구어 사용한다. 지단이나 떡, 보쌈김치, 국수 등의 고명으로 많이 사용되며, 고명으로 사용할 때는 말아서 채썰어 사용하거나 다져서 달걀 흰자에 섞어 지단을 부쳐서 사용한다.

(8) 새송이버섯

새송이버섯은 송이버섯 대용품으로 개발된 느타리과의 버섯으로 송이버섯보다 기둥이 두껍고 갓이 작다. 맛과 향은 송이버섯보다 못하나 질감은 비슷하여 전골, 찌개, 버터구이 등에 사용한다.

(9) 싸리버섯

싸리버섯은 싸리 빗자루처럼 생겼다하여 생긴 이름이며, 맛과 향 및 씹는 촉감이 좋아 구이, 무침, 장국 등에 사용된다. 그러나 독성이 있는 것이 있으니 주의하여야 한다.

(10) 만가닥버섯

굵기나 갓은 느타리버섯처럼 생겼으나 수많은 가닥이 다발로 자라서 만가닥버섯이라고 한다. 면역력을 높이는 베타글루칸 성분이 많으며 구이, 볶음, 국, 찌개 등에 사용한다.

(11) 노루궁뎅이버섯

노루궁뎅이버섯은 갓에 털이 붙은 모양이 노루궁뎅이처럼 생긴 버섯으로 죽, 볶음, 백숙요리에 사용한다.

(12) 동충하초(冬蟲夏草)

동충하초균은 나비, 벌, 매미, 거미 등 숙주가 되는 곤충을 죽이고 그 곳에 자실체를 내는 기생버섯이다. 겨울에는 벌레이던 것이 여름에는 버섯으로 된다는 의미에서 동충하초라 한다. 과거에는 주로 약용으로 사용되었으나, 최근에는 밥이나 국에 넣거나 구워 먹기도 하고, 다려서 차로 마시거나 가루를 내어 물이나 꿀에 타 먹기도 한다.

(13) 송로버섯

서양 송로버섯truffle은 철갑상어알caviar, 거위간foie gras과 더불어 세계 3대 진미에 속하는 식재료이다. 풍미가 좋아 생으로 먹거나 익혀먹는데 우리나라에서는 먹어 보기 힘든 귀한 버섯이다.

표 15-3 버섯류의 약효 및 주요 성분

약효	버섯명	주요 성분
항종양작용	양송이, 버들송이, 목이, 저령, 팽이, 말굽, 구름, 소나무잔나비, 잔나비걸상, 잎새, 노루궁뎅이, 느티만가닥, 풀버섯, 차가, 표고, 덕나무, 조개껍질, 자작나무, 느타리, 산느타리, 치마, 흰목이, 영지, 신령, 목질진흙버섯	베타글루칸, 헤테로글루칸, RNA복합체
면역증강(조절)작용	양송이, 저령, 팽이, 잔나비걸상, 영지, 잎새, 노루궁뎅이, 차가, 표고, 치마, 흰목이버섯, 상황, 동충하초	다당류, 베타글루칸, 헤테로글루칸
항균, 항세균, 항기생물작용	말굽, 소나무, 잔나비, 영지, 잔나비걸상, 표고, 느타리, 치마, 구름, 풀버섯, 잎새, 구름버섯, 덕다리, 끈적긴뿌리버섯, 버들송이, 뽕나무버섯, 팽이, 잎새, 자작나무버섯, 산느타리버섯	코리올린, 글리폴린, 일루딘
항에이즈바이러스작용	팽이, 영지, 잎새, 느타리, 구름, 풀, 표고, 잔나비걸상버섯	베타글루칸, 단백질
강심작용	풀버섯, 팽이버섯	볼바토톡신, 풀라마톡신
콜레스테롤저하작용	표고, 비늘, 버들송이, 산느타리버섯	에리타데닌, 스티그마스테롤
혈당강하작용	영지, 잎새, 표고, 흰목이버섯	가노데란, 펩티도글라이칸
혈압강하(조절)작용	영지, 잎새, 신령, 꽃송이, 차가, 망태, 장수, 뽕버섯, 목이, 표고, 황금목이, 왕송이, 비늘버섯	당단백질, 펩타이드, 가노데릭산
항혈전작용	표고, 영지, 잎새, 양송이, 신령, 비늘, 차가버섯	렌티난, 5'-AMP, 5'-GMP
간기능 개선작용	구름, 영지버섯	베타글루칸, 헤테로글라이칸
항염증	팽이, 영지, 차가, 표고, 연잎낙엽, 치마, 흰목이버섯	
심장혈관 장애방지	뽕나무, 목이, 영지, 조개껍질, 느타리버섯	
혈소판응집억제작용	차가, 신령, 장수, 잎새, 비늘, 꽃송이버섯	펩타이드
혈관신생(암전이)억제작용	차가, 비늘, 잎새, 장수버섯	
강신장	양송이, 저령, 영지, 표고, 구름버섯	
간장독성보호	저령, 소나무잔나비, 영지, 잎새, 차가, 표고, 치마, 구름, 흰목이버섯	
신경섬유 활성화(치매예방)	버들송이, 뽕나무, 영지, 노루궁뎅이, 연잎낙엽, 느타리버섯, 팽이, 신령, 표고버섯	
생식력증진	영지, 표고버섯	
만성기관지염완화(예방)	목이, 저령, 영지, 잎새, 노루궁뎅이, 황금목이, 흰목이버섯	
피부노화억제작용	비늘버섯	

자료: http://www.nongsaro.go.kr

CHAPTER
16

: 젤라틴과 한천

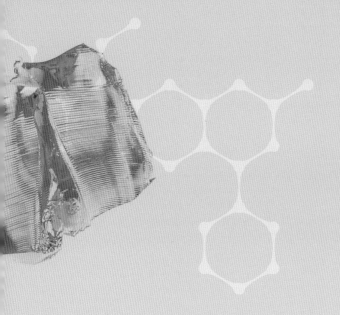

CHAPTER
16

: 젤라틴과 한천

동물성 단백질인 젤라틴gelatin과 해조류에 함유된 복합 다당류인 한천agar은
겔화 특성이 있어 젤리를 만들 수 있다.

1. 젤라틴

1) 젤라틴의 성분

젤라틴은 동물의 결합조직을 구성하고 있는 주요 단백질인 콜라겐이 가열·분해된 것이다. 젤라틴 자체는 맛이나 냄새가 없으며, 필수 아미노산 함량이 적은 불완전 단백질로 영양가는 낮으나 소화·흡수되기 쉽다. 편평한 모양의 판상이나 분말의 형태로 판매되고 있다. 젤라틴 분말은 5분, 판상은 20~30분 정도 불리면 팽윤하는 성질이 있으며, 일반적으로 약 10배 정도의 물을 붓고 40~50℃로 가온하면 용해되고 10℃ 이하로 냉각하면 겔화된다.

(1) 겔화

젤라틴은 가열하면 졸sol이 되고 냉각하면 겔gel을 형성하는 특성이 있다.

① 온도

젤라틴은 3~10℃에서 냉각하여야 겔화가 되며 젤라틴의 농도가 높으면 응고온도와 융해온도가 높아진다. 젤라틴 용해 시 끓는 물을 사용하면 응고력이 약해진다. 여름에 실온이 높을 때는 다시 졸화solution되어 액체로 되므로 주의해야 하며, 냉각하면 재응고된다.

② 농도 및 시간

1.5~2%의 농도에서 응고가 잘 되며 기온이 높은 여름에는 2배 정도인 3~4%의 농도가 필요하다. 냉각 온도가 높으면 냉각 시간이 길어지고, 냉각 온도가 낮으면 젤리 강도가 증가한다. 또한 젤라틴 농도가 낮으면 겔화되는 시간이 길다.

졸
sol
액체를 분산매연속상로 하는 유동성이 있는 콜로이드 분산계

겔
gel
콜로이드 용액의 콜로이드 입자가 구조를 가져 유동성을 잃고 고체로 변한 것

용해
고체가 액체 속에 녹는 것

융해
고체 상태의 물질이 열에 의해 액체 상태로 변화하는 것

표 16-1 젤라틴의 농도에 따른 응고·융해온도	농도(%)	응고온도(℃)	융해온도(℃)
	2	3.2	20.0
	3	8.0	23.5
	4	10.5	25.0

자료: 竹林 や ゑ子· 他(1991). 家政誌, 12.

③ 산

젤라틴의 등전점인 pH 4.7 근처에서는 분자 간의 응집력이 커져 응고력이 커지지만, 산을 더 넣어 pH가 등전점 이하로 떨어지면 응고력이 약해진다.

④ 염류

염류는 젤라틴이 물을 흡수하는 것을 막아 단단하게 응고하게 한다.

⑤ 설탕

설탕용액의 농도가 0~50%까지는 농도가 증가하면 젤리강도가 감소된다.

⑥ 단백질 분해효소

젤라틴은 단백질이므로 단백질 분해효소를 사용하면 젤라틴이 분해되어 응고력이 약해진다. 파인애플 젤리를 만들 때 생파인애플을 넣으면 파인애플에 함유된 단백질 분해효소인 브로멜라인 때문에 응고가 잘 안되므로 가열하여 효소의 활성을 잃은 통조림 파인애플을 사용하여야 한다.

그림 16-1
젤라틴 겔의 응고

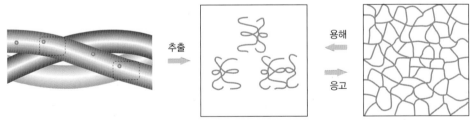

콜라겐(3중 구조)　　　　녹은 젤라틴

추출　　　용해　　응고

자료: 川瑞晶子, 畑明美(2004). 調理学(p.123). 建帛社. 일부 변형.

(2) 점탄성과 부착력

젤라틴 젤리는 한천 젤리보다 점탄성과 부착력이 강하므로 2층 젤리를 만들 수 있다.

(3) 기포성

단백질을 주성분으로 하는 젤라틴 용액은 기포성이 있어 거품을 내면 2~3배의 용량으로 증가하여 스폰지 같은 조직을 갖는다. 젤라틴의 기포성을 이용하여 마시멜로marshmallow, 누가nougat, 시폰케이크chiffon cake, 바바리안 크림bavarian cream, 샤로뜨charlotte 등을 만들 수 있다.

2) 젤라틴의 조리 및 이용

젤라틴은 입안에서 쉽게 녹고 매끄러우며 탄력성이 있다. 응고제로서 과일 젤리, 무스, 족편, 전약 등을 만드는 데 사용되고, 유화제, 결정형성 방해물질로서 아이스크림과 마시멜로, 냉동후식 및 저열량식을 만드는 등 다양하게 이용된다.

2. 한천

1) 한천의 성분

한천은 해조류 중 홍조류인 우뭇가사리에서 추출한 복합 다당류를 동결 건조한 것이다. 각한천, 실한천, 분말한천이 있으며, 각한천을 1로 보면 실한천은 0.8~0.9, 분말한천은 0.5 정도 넣으면 비슷한 경도를 얻을 수 있다. 한천은 식이섬유나 저에너지 식품소재로 많이 이용되고 있다. 한천은 겔화와 보수성이 큰 아가로오스와 겔화력은 약하나 점탄성이 높은 아가로펙틴으로 구성되어 있다.

2) 한천의 조리 특성

한천은 0.2~0.3%의 낮은 농도에서도 녹인 후 식히면 겔을 형성하며, 응고성, 점탄성, 보수성이 있어 저에너지 식품 소재로 많이 이용되고 있다. 겔화에 영향을 주는 요소는 다음과 같다.

(1) 온도
한천은 보통 실온 이상인 28~35℃에서 응고되는데, 온도가 낮을수록 단단하고 빨리 굳는다. 68~84℃에서 융해되므로 겔이 형성된 후에는 여름에도 잘 녹지 않는다.

(2) 농도 및 시간
한천은 보통 0.2~1.5% 이상의 농도에서 겔을 형성하며, 3%까지가 용해의 한계이다. 응고력의 강도는 젤라틴의 7~8배이며, 한천의 농도가 높을수록 빨리 응고되고 단단한 겔이 형성되지만, 농도가 너무 높으면 단단하고 결이 갈라진다. 한천 젤리는 만든 후 시간이 지나면 수분이 내부에서 표면으로 나오는 이수 현상이장 현상, syneresis이 발생한다.

(3) pH
한천은 알칼리성에서는 강하게 응고하지만 산성에서는 비교적 약하게 응고하므로 과즙을 첨가할 때는 한천용액을 60℃ 정도로 가열한 후에 첨가하

한천농도(g/100mL)	응고 개시온도(℃)	응고온도(℃)	융해온도(℃)	젤리강도(dyn/㎠)
0.5	35~31	28	68	1.8×10^5
1.0	40~37	33	80	2.2×10^5
1.5	42~39	34	82	4.4×10^5
2.0	43~40	35	84	6.7×10^5

표 16-2
한천농도에 따른 응고·융해온도와 젤리강도

자료: 中浜信子(1996). 家政誌, 17 (p.197, p.203).

여야 한다.

(4) 첨가물

① 설탕

설탕을 0~60%까지 첨가하면 설탕량의 증가에 따라 겔 강도를 증가시킨다. 설탕은 한천 겔의 탄성과 점성, 투명도를 높이고 이수 현상을 줄인다.

② 우유

우유 중의 지방과 단백질이 한천 겔의 망상구조 형성을 방해하여 겔 강도를 저해하므로 우유를 첨가할 때는 한천 농도를 증가시켜야 한다.

③ 난백

한천 겔에 거품 낸 난백을 첨가할 경우 난백의 비중이 한천보다 낮아 위에 뜨므로 분리되기 쉬운데, 이때 난백 거품에 설탕을 넣으면 거품이 안정되어 분리되는 것이 방지된다.

④ 기타

팥앙금, 밤, 고구마 등 내용물을 첨가하여 양갱을 만들 때는 첨가물이 무거워 가라앉을 수 있으므로 40℃ 정도의 한천 겔이 응고되기 직전에 넣고 잘 저은 후 응고시켜야 한다.

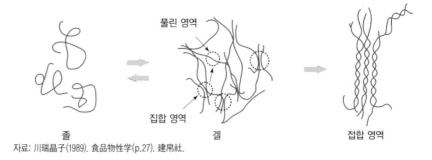

그림 **16-2**
한천 겔의 응고

풀린 영역

집합 영역

졸   겔   접합 영역

자료: 川端晶子(1989). 食品物性学(p.27). 建帛社.

3) 한천의 조리 및 이용

식물성 젤리 형성물질인 한천으로 과일젤리와 양갱 등을 만들 수 있다. 설탕에 조린 과일을 케이크 위에 장식하고 한천젤리로 고정하면 전체적으로 투명감과 윤기를 주고 제품의 수분 증발을 막는 효과가 있다. 알약의 코팅, 연고제의 원료, 아이스크림, 셔벗, 화장품을 제조할 때 색소나 첨가물이 침전되지 않도록 하는 안정제 그리고 미생물의 배지용으로도 한천이 쓰인다.

TIP
-

한천으로 양갱 만드는 법
팥양갱은 한천을 물에 30분 정도 담갔다가 끓여서 녹인 후 설탕을 넣고, 끓으면 팥앙금을 넣고 다시 끓여 틀에 넣고 40℃ 정도의 온도에서 굳혀야 분리되지 않는다. 팥앙금과 설탕의 농도가 높을수록, 혼합액을 부을 때의 온도가 낮을수록 분리량이 적은 균일한 제품이 된다.

3. 젤라틴과 한천의 비교

젤라틴은 응고점이 10℃ 이하인데 비해 한천의 응고점은 28~35℃ 정도로 비교적 높아, 젤라틴은 냉장온도에서 굳혀야 되지만 한천은 실온에서도 굳힐 수 있다. 또한 한천의 융해온도는 68℃ 이상이 되므로 기온이 높은 여름철에도 녹지 않으나 젤라틴은 25℃이므로 여름철 온도가 높아지면 녹게 된다.

TIP -
젤리를 만들 수 있는 물질들은?
- 동물성 단백질: 젤라틴
- 식물과 해조류: 한천, 펙틴 등

표 16-3
젤라틴과 한천 겔의 특성 비교

구분		젤라틴	한천
성분		동물성 단백질	식물성 다당류
원료		동물의 뼈나 가죽 등의 콜라겐	홍조류인 우뭇가사리
전처리 및 용해 방법		물을 흡수시킨 후 뜨거운 물을 넣음	물에 담가 불린 후 가열하여 끓임
용해온도(℃)		40~50	90~100
융해온도(℃)		25	68~84
겔화조건	농도(%)	1.5~4	0.2~1.5
	온도	10℃ 이하 냉장 필요	28~35℃의 실온에서 응고된다.
	pH	등전점인 pH 4.7 근처에서는 응고력이 크나, 그 이하는 약하다.	산에 약하다.
	기타	단백질 분해효소에 의해 분해된다.	-
겔 특성	촉감	연하고 독특한 점성이 있으며, 입안에서 녹는다.	투명감이 낮고 점성이 없으며 부서지기 쉽다.
	보수성	높다.	이수(離水)하기 쉽다.
	열안정성	여름철에는 붕괴되기 쉽다.	실온에서 안전하다.
	냉동내성	냉동할 수 없다.	냉동할 수 없다.
	소화흡수	소화, 흡수된다.	소화, 흡수되지 않는다.
사용 예		족편, 과일젤리, 무스, 아이스크림, 마시멜로, 전약	양갱, 과일젤리, 케이크 장식고정용, 알약의 코팅, 아이스크림, 셔벗, 미생물용 배지

자료: 河昌田子(1987). お菓子「こつ」科学(p.244). 柴田書店. 일부 변형.

참고문헌

국내문헌

국립수산과학원(2018). 표준수산물성분표.

김길환(1984). 두유. 미국대두협회.

김선아 외(2020). 조리과학. 한국방송통신대학교출판문화원.

김성곤 외(2019). 신고 식품가공학. 향문사.

김숙희 외(2018). 식품학 및 조리원리. 지구문화사.

김완수 외(2004). 조리과학 및 원리. 라이프사이언스.

김향숙 외(2014). 조리과학. 수학사.

농촌진흥청(2020). 국가표준식품성분 DB 9.2

리틀쿡(2010). 요리하고 조리하며 배우는 과학. 북스캔.

변광의 외(2008). 식품, 음식, 그리고 식생활. 교문사.

사마키 타케오, 이나야마 마스미(2004). 부엌에서 알 수 있는 과학(구성회, 역). 휘슬러.

손경희 외(2006). 한국음식의 조리과학. 교문사.

손숙미 외(2018). 임상영양학. 교문사.

손정우 외(2018). 한국조리. 파워북.

송태희 외(2017). 이해가 쉬운 조리과학. 교문사.

송태희 외(2019). 식품학. 교문사.

스기다고이치(1993). 조리요령의 과학(안용근, 역). 전파과학사.

식품의약품안전처(2020.1.14). 식품공전(고시 제 2020-3호).

신승미 외(2005). 우리 고유의 상차림. 교문사.

안미령 외(2019). 메뉴개발을 위한 조리원리. 지구문화.

오세인 외(2016). 한눈에 보이는 실험조리. 교문사.

와타나베 카즈코(2006). 요리 기본 상식. 넥서스 Book.

윤계숙(2014). 새로 쓴 식품학 및 조리원리. 수학사.

이경애 외(2019). 이해하기 쉬운 조리원리. 파워북.

이수정 외(2019). 식품학. 파워북.

이주희 외(2019). 과학으로 풀어 쓴 식품과 조리원리. 교문사.

이진규 외(2017). 한우사골, 꼬리, 우족 및 잡뼈 추출물의 이화학적 특성, 동물생명과학연구 9(6) pp.45-50.

정강현 외(2007). 식품가공학. 문운당.

정재홍 외(2019). 식품조리원리. 광문각.

조신호 외(2020). 새로 쓰는 식품학. 교문사.

주세영 외(2020). 재미있는 식품과 조리원리. 수학사.

최진(2010). 신나는 요리 맛있는 과학. 산책 주니어.

피터 바햄(2004). 요리의 과학(이충호, 역). 한승.

한국식품과학회(2004). 식품과학기술대사전. 광일문화사.

한국식품과학회(2015). 식품과학용어집. 교문사.

헤롤드 맥기 저, 이희건 역(2017). 음식과 요리. 이데아.

국외문헌

加田靜子, 高木節子(1981). 調理学−理論と實際−. 朝倉書店.

高野克己, 渡部俊弘.(2005) パソコンで 学ぶ 食品化学. 三共出版.

金谷昭子(2004). 食べ物と健康 調理学. 醫齒藥出版株式會社.

南出隆久·大谷貴美子. 松井元子(2000), 榮養科学シリーズNEXT 調理学. 講談社.

渡砠篤二, 海老根英雄, 太田輝夫(1980).″大豆食品″. 光琳.

衫田浩一(2006). 新装版「こつ」の 科学, 調理の 疑問 に答え. 柴田書店.

常用化学便覽編輯委員會 編(1976). 常用化学便覽. 誠文堂新光社.

遠藤仁子 外(2003). 調理学. 中央法規出版(株).

遠蘇仁子 外(2003). 調理学. 太洋社.

竹林 や ゑ子 · 他(1991). 家政誌, 12.

中浜信子(1996). 家政誌, 17.

川瑞晶子(1989) 食品物性学. 建帛社.

川瑞晶子, 大羽和子(2004). 新しい 調理学. 学建書院.

川瑞晶子, 畑明美(2004). 調理学. 建帛社.

川瑞晶子, 火田明美(2004). 調理学. 建帛社.

貝沼やす子(調理科学研究會 編)(1984). 調理科学. 光生館.

河昌田子(1987). お菓子「こつ」の 科学. 柴田書店.

下村道子. 和田淑子 編(2002). 調理學(p.93). 光生館.

Amy Brown(2008). *Understanding food Principle & Preparation* (3rd ed.), Thomson Wardworth.

Chen, S.(1988). Preparation of fluid soymilk. In Applewhite, T. H. & Kraft, Inc. (Eds), *Proceedings of the World Congress on Vegetable Protein Utilization in Human Foods and Animal feed stuffs*. American Oil Chemists'Society, Champaign, IL. U.S.A.

Dimler, R. J.(1963). Gluten−The key to wheat's utility. *Bakers Digest*, 37(1), 52−57. Holme, J.(1966). A review of wheat flour proteins and their functional properties. *Baker's Dig*, 40(5), 38−42.

EFSA Panel on Animal Health and Welfare. (2010). Scientific Opinion on African Swine Fever. EFSA Journal 8(3):1556.

Jane Bowers(1992). *Food theory and Applications* (p.274).

Kare Larsson, & Stig E. Friberg(1990). *Food Emulsions* (2nd Ed.). Marcel Dekker, Inc.

Korean, J.(1994). *Animal sei, 36*(1), 69–75.

Lowe, B.(1955). *Experimental Cookery* (4th ed.). NY: Willey.

Margaret McWilliams(2005). *Foods–Experimental Perspectives* (fifth ed.). Pearson Prentice Hall.

Marion Bennion, Barbara Scheule(2004). *Introductory Foods*. Pearson Prentice Hall.

Oszlanyi, A. G.(1980). Instant yeast. *Baker's Digest*, 54(8), 16.

Paul, P. C. and Palmer, H. H.(1972). *Food Theory and Applications*. Willey, New York.

Pomeranz, Yeshajahu(1991). *Functional Properties of Food Components* (p.418). Academic Press, Inc.

Smith, K. J. and Huyser, W.(1987). World distribution and significance of soybean. In Wilcox, J. R. (ed.) *Soybeans; improvement, production and uses* (pp.1–21). Agron.

Wall, J. S. & Huebner, F. R.(1981). Adhesion and cohesion. In Cherry, J. P.(Ed.), *Protein Functionality in Foods* (p.69). American Chemical Society, Washington, DC.

인터넷 사이트

http://www.ekape.or.kr(축산물품질평가원)

http://www.fsis.go.kr(수산물안전정보)

http://www.mafra.go.kr(농림축산식품부)

http://www.mfds.go.kr(식품의약품안전처)

http://www.kimchimuseum.com(김치박물관)

http://www.meatacademy.co.kr(축산물위생교육원)

http://www.mtrace.go.kr(축산물이력제)

http://www.science.go.kr(국립중앙과학관)

http://www.nias.go.kr(국립축산과학원)

https://www.nihhs.go.kr(농촌진흥청 국립원예특작과학원)

http://www.soyworld.or.kr(한국콩연구회)

https://koreanfood.rda.go.kr(농촌진흥청 국립농업과학원)

https://www.nifs.go.kr(국립수산과학원)

http://www.rda.go.kr(농촌진흥청)

http://www.nongsaro.go.kr(농사로)

http://www.kns.or.kr(한국영양학회)

http://www.kofmia.org(한국제분협회)

http://www.qia.go.kr(농림축산검역본부)

https://www.foodsafetykorea.go.kr(식품안전나라)

http://koreanfood.rda.go.kr(농식품올바로)

http://www.nongsaro.go.kr/portal/ps/psb/psbk/kidoContentsFileView.ps?ep=Fi@ZmQ/rcQG
  mbS@7N5aTj0iljcm01sBY7vMzc5RR1RE!

http://toffeesensations.com

http://www.codexalimentarius.net

https://koreanfood.rda.go.kr:2360/kfi/fct/fctIntro/list?menuId=PS03562

https://www.nifs.go.kr/page?id=aq_seafood_2_7&fim_col_id=2018-MF0010790-6-
  D01&mode=igfat

http://www.rda.go.kr/download_file/act/bookcafe078.PDF

http://www.nongsaro.go.kr/portal/ps/psz/psza/contentSub.ps?menuId=PS03798&sSeCode=
  374024&cntntsNo=102084&totalSearchYn=Y

http://www.nongsaro.go.kr/portal/ps/psb/psbk/kidofcomdtyDtl.ps;jsessionid=0j2x8I09RPZg7
  ebc9To8B3yusUot132fqwV2G14RYGdZIUDs0UqpKd8A08nQINIB.nongsaro-web_servlet_engi
  ne1?menuId=PS00067&kidofcomdtyNo=23057

http://www.nongsaro.go.kr/portal/ps/psb/psbk/kidofcomdtyDtl.ps?menuId=PS00067&kidofco
  mdtyNo=23056

http://blog.naver.com/kofmia/90170798135

http://www.soyworld.or.kr/bbs/nutrition/view?idx=2899&page=1&search_value=

https://byeolgom.tistory.com/45

http://health.chosun.com/site/data/html_dir/2012/09/28/2012092801252.html

http://soyworld.or.kr/bbs/kinds/view?idx=2169&page=9&search_value=

http://news.chosun.com/site/data/html_dir/2016/05/02/2016050200860.html

http://www.munhwa.com/news/view.html?no=2019072401072412000001

https://www.foodsafetykorea.go.kr/foodcode/03_02.jsp?idx=32

http://mykoweb.com/CAF/species/Hericium_erinaceus.html / ⓒ Fred Stevens

저자 소개

송태희
배화여자대학교 식품영양과 교수

우인애
전 수원여자대학교 외식산업과 교수

손정우
배화여자대학교 전통조리과 교수

오세인
서일대학교 식품영양학과 교수

신승미
청운대학교 호텔조리식당경영학과 교수

3판 이해하기 쉬운 조리과학

2011년 5월 20일 초판 발행
2017년 2월 13일 2판 발행
2020년 10월 12일 3판 발행
2022년 8월 20일 3판 2쇄 발행

지은이 송태희 · 우인애 · 손정우 · 오세인 · 신승미
펴낸이 류원식
펴낸곳 교문사
편집팀장 김경수
책임진행 이유나
디자인 신나리
본문편집 벽호미디어

주소 (10881) 경기도 파주시 문발로 116
전화 031-955-6111
팩스 031-955-0955
홈페이지 www.gyomoon.com
E-mail genie@gyomoon.com
등록번호 1968.10.28. 제406-2006-000035호
ISBN 978-89-363-2081-2(93590)
값 24,000원